U0299624

装配式建筑培训系列教材

# 装配整体式混凝土结构工程施工组织管理

宋亦工　主编
宋朝曦　周　毅　副主编

中国建筑工业出版社

图书在版编目（CIP）数据

装配整体式混凝土结构工程施工组织管理/宋亦工主编．
北京：中国建筑工业出版社，2017.9（2024.8重印）
装配式建筑培训系列教材
ISBN 978-7-112-21061-9

Ⅰ.①装⋯ Ⅱ.①宋⋯ Ⅲ.①装配式混凝土结构—混
凝土施工—施工组织—技术培训—教材 Ⅳ.①TU755

中国版本图书馆 CIP 数据核字(2017)第 189218 号


责任编辑：朱首明 李 明 李 阳 赵云波
责任校对：李欣慰 刘梦然

装配式建筑培训系列教材
装配整体式混凝土结构工程施工组织管理
宋亦工 主编
宋朝曦 周 毅 副主编
*
中国建筑工业出版社出版、发行(北京海淀三里河路 9 号)
各地新华书店、建筑书店经销
北京建筑工业印刷厂制版
建工社（河北）印刷有限公司印刷
*
开本：787×1092 毫米 1/16 印张：13¾ 字数：342 千字
2017 年 10 月第一版 2024 年 8 月第四次印刷
定价：38.00 元
ISBN 978-7-112-21061-9
（30714）

# 前　　言

近年来，工程建设领域正在发生革命性变化，随着建筑工程总承包模式逐渐推广，BIM 等信息化技术的日益普及，现代化的预制部件部品生产企业的逐年增多，工程咨询、规划、设计、部品生产、施工、运营管理深度融合水到渠成。装配式建筑的组织管理模式不同于传统现浇建筑，正在逐步地由单一的专业性组织管理，向综合的全过程组织管理模式发展，装配式建筑强调工程系统集成与工程组织管理整体优化。显现了全过程组织管理的优势。相应新的工程组织管理方法和施工模式将会推广应用。

装配式建筑组织管理同传统工程组织管理有较大差异，编者通过对近年来国内各地装配式建筑的分析，深感装配整体式混凝土建筑施工组织管理急需整合梳理。当前，国内各地政府均相继出台了有关装配式建筑的文件规定，相应的地方标准规范不尽相同，工程项目的组织管理模式差异明显，迫切需要系统的梳理和研究，因此系统的介绍装配式建筑组织管理知识尤为重要。《装配整体式混凝土结构工程施工组织管理》一书出版，必将对装配式建筑组织管理起到引领作用。

本书提供了一定素材。促使施工企业管理人员对于装配式建筑工程，尽快具备一定系统的理论基础，又能了解相关的工程材料、部品部件生产、安装施工工艺、相关机械知识、工程经济知识，为组织管理类似工程积累经验。

本书编写过程中，依据现行国家及部分地区的有关政策文件，参考了现行国家及部分地区设计、施工、检验验收和生产标准，引用了有关专业书籍的部分数据和资料。在本书编写过程中，得到了宋朝曦、周毅、张金树诸位同志的协助，为本书顺利成稿做出了出色工作，在此一并感谢，由于装配式建筑发展较快，现行国家及地区的有关政策文件、标准不断更新，各地管理措施及安装施工方法不尽相同，加之编者水平有限，因此本书存在不少错误和不妥之处，恳请读者批评指正。

# 目　　录

# 1 装配整体式混凝土建筑施工 组织管理特点及设计协调

装配整体式混凝土建筑施工同传统现浇混凝土结构施工在组织管理上有较大差异，首先多方参与工程图纸深化设计及预制构件或部品的拆分设计，建筑物的组成部分成为预制构件或部品，提前在专业生产企业加工并运到施工现场，促进了施工组织管理产生了革命性的变革。本章对于装配整体式混凝土结构施工在进度、劳动力、技术质量、物资材料、机械及安全、施工流程与验收、工程成本等方面的特点进行梳理，便于今后此类工程科学合理的组织管理，同时对于施工单位如何同设计单位进行前期深化设计协调也作了介绍。

## 1.1 装配整体式混凝土建筑施工组织发展前景

### 1.1.1 装配整体式混凝土建筑施工组织发展历史简介

20世纪50年代到80年代，国家组织设计、科研、施工、预制构件生产等单位对适合我国的各种结构类型做了大量实验研究，出台了相应政策、技术标准及各种标准图集，建筑工程中预制构件生产工业化、结构设计和选用模数化、现场施工装配化的实践成为一种潮流。当时钢筋混凝土主要结构形式有排架结构、装配式大板结构、"内浇外板"结构、全装配式预制框架结构等。预制构件厂家主要生产规格品种较少且重量不太大的部分构件，如混凝土大型屋面板、空心板、槽板及过梁等，上述预制构件由专用车辆运到现场；施工单位在施工现场生产规格品种较多且重量较大的预制构件，如混凝土桩、混凝土屋架、混凝土梁、混凝土柱、混凝土吊车梁，最后由施工单位通过汽车式起重机、履带式起重机或塔式起重机等吊装安装机械组合装配成混凝土结构整体。

### 1.1.2 组织管理方法创新方面

#### 1. 建筑产业现代化模式

建筑产业现代化是一种以标准化设计、工厂化生产、装配化施工、一体化装修、信息化管理的建筑工业化生产方式为核心的新模式。它对推动建筑业产业转型升级，保证工程质量安全，实现节能减排、降耗、环保和可持续发展有重要意义，是建筑业转变方式，调整结构，科技创新的重要举措，是实现建筑业协同发展，绿色发展的重要举措，是建立在传统预制构件生产工业化、结构设计和选用模数化、现场施工装配化基础上进行的产业革命，建筑产业现代化促使传统建筑业向可持续发展、绿色施工、以人为本方面、全过程项目管理、精细化管理发展，建筑业承包方式也会有革命性变化。

### 2. 发展绿色建筑方面

建筑工程要向具有更低生命周期成本、节约资源、有利于环境保护方面发展。建筑业要用新的、环保的、清洁的绿色施工管理及技术，以及更高效的管理来取代或革新传统的施工方式。具体体现在施工企业将可持续发展作为发展战略；设计管理方面，开发商和设计单位将设计建造绿色建筑产品，充分考虑建筑物全寿命周期成本，在工程项目上推广应用装配式建筑，能够很好的体现绿色建筑理念。

### 3. 材料管理方面

在建筑物建造前就考虑大量使用工业或城市固态废物，尽量少用自然资源和能源，生产出无毒害、无污染、无放射性的绿色建筑材料并应用到建筑物上。对于装配式建筑工程来说，施工单位在组织施工时，运用科学管理和技术进步，在确保安全和质量前提下，最大限度保护环境，进而实现节约能源、节约土地、节约水、节约材料的目标。

### 4. 以人为本方面

从产品角度而言，注重为建筑物使用者提供更舒适、更健康、更安全、更绿色的场所；建筑充分体现在建筑物全寿命周期中，尽力控制和减少对自然环境破坏，最大限度的实现节水、节地、节材、节能。从施工管理角度而言，人是工程管理中最基本的要素，应围绕和激发施工管理人员和操作人员主动性、积极性、创造性开展管理活动，实现每个员工都对建筑物认真负责，精益求精。

### 5. 全新价值观

将安全、健康、公平和廉洁的理念运用到建筑工程项目管理的实践中。工程管理者对施工过程施工现场的安全健康、公平和廉洁进行管理，并经过系统工程集成到具体工程管理流程中。安全管理方面，通过建立施工现场安全管理体系、健康文明体系实现施工全过程安全、文明、健康、发展。

### 6. 组织管理方法变革

生产效率的提高始终是建筑工程项目管理关注的焦点，提高生产效率对于建筑企业而言，可以提供更有价格优势的产品，生产的产品更好地满足市场要求。事实上，通过采用装配式建筑，相应新的组织管理方法和施工模式的将会推广应用，建筑工程项目的劳动生产率也会有所提高，社会效益和经济效益将会逐步显现。

（1）工程项目全过程组织管理

装配式建筑的工程项目组织管理模式不同于传统现浇建筑的组织管理模式，正在逐步地由单一的专业性组织管理向综合各个阶段管理的全过程项目组织管理模式发展，充分体现了全过程项目管理概念，装配式建筑工程摈弃原有工程项目的策划、设计、施工、运营由不同单位各自不同的建设管理系统，转而采用一种更具整合性的方法。以平行模式、而非序列模式来实施建设工程项目的活动，整合所有相关专业部门积极参与到项目策划、设计、施工和运营的整个过程，强调工程系统集成与工程整体优化。形象地显示了全过程项目管理的优势。

（2）精益建造理念

精益建造对施工企业产生了革命性的影响，现在精益建造也开始在建筑业应用，特别是装配式建筑工程中，部分预制构件和部品由相关专业生产企业制作，专业生产企业在场区内通过专业设备、专业模具、经过培训的专业操作工人加工预制构件和部品，并运输到施工现场；施工现场经过有组织科学安装，可以最大限度地满足建设方或业主的需求；改进工程质量，减少浪费；保证项目完成预定的目标并实现所有劳动力工程的持续改进。精益建造对提高生产效益是显而易见的，它为避免大量库存造成的浪费，可以按所需及时供料。它强调施工中的持续改进和零缺陷，不断提高施工效率，从而实现建筑企业利润最大化的系统性的生产管理模式。精益建造更强调面向建筑产品的全生命周期进行动态的控制，更好地保证项目完成预定的目标。

### 7. 工程承包模式改变

传统的建筑工程承包是设计-招标-施工，它是我国建筑工程最主要的承包方式。然而，现代化的施工企业将触角伸向建筑工程的前期，并向后期延伸，目的是体现自己的技术能力和管理水平，更重要的是，这样做不仅能提高建筑工程承包的利润，还可以更有效地提高效率。例如，工程总承包模式和施工总承包模式已成为大型建筑工程项目中广为采用的模式。对于工程项目的实践者，设计-建造一体模式和设计-采购-施工三位一体模式已经不是什么新鲜事物，在国外它们都经历了很长时间的发展历程，在大型工程中使用得比较成熟。然而，值得注意的是，这些承包模式的两种发展趋势；第一是这些通常应用于大型建筑工程项目的承包模式，特别适用于装配式建筑，并逐渐开始应用于一般的建筑工程项目中；第二是承包模式不断地根据项目管理的发展，繁衍出新的模式。这些发展趋势说明了我国建筑工程项目管理逐渐走向成熟。

## 1.1.3 施工安装信息技术应用

装配式建筑发展离不开建筑业信息化，建筑业信息化是以现代通信、网络、数据库技术为基础，把拟建造的工程各要素汇总至数据库，供工作、学习、辅助决策等的一种信息技术，便于信息交流，减少建造成本，使用该信息技术后，可以极大地提高施工组织管理的效率，为推动建筑业施工管理向科学化提供巨大的技术支持。

### 1. 建筑信息模型 BIM 在装配建筑组织管理中应用

建筑信息模型 BIM 建立有三个理念：数据库替代绘图、分布式模型、工具＋流程＝BIM 价值。对装配式建筑施工与管理而言，应该是基于同一个 BIM 平台，集成规划、设计、生产与运输、现场装配、装饰和管线施工、运营管理，使规划、设计信息、预制构件或部品生产信息、运输情况、现场施工情况、实际工程进度、实际工程质量、现场安全状态、甚至工程交付使用后运营管理都可以随时查询。具体表现在建筑信息模型 BIM 建立、虚拟施工、基于网络的项目管理三个方面。

（1）建立建筑信息模型 BIM

BIM 在预制构件或部品生产管理中的应用包括根据施工单位安装预制构件顺序安排生产加工计划、根据深化设计图纸进行钢筋自动下料成型、钢模具订货加工、预制构件或部品生产和存放、根据设计模型进行出厂前检验、预制构件或部品运输和验收。

（2）虚拟施工

虚拟施工是信息化技术在施工阶段的运用，在虚拟状态中建模，用来模拟、分析设计和施工过程的数字化。可视化，采用虚拟现实和结构仿真技术，对施工活动中的人、财、物、信息进行数字化模拟，优化装配式建筑设计和优化装配式建筑施工安装；提前发现设计或施工安装中存在的问题，及时找到解决方法，如装配式混凝土结构中预制构件或部品堆放地点的选择、现场安装使用的塔式起重机或履带起重机、汽车式起重机的选择、预制构件安装就位过程模拟、装饰装修部分的模拟应用、结构及装饰装修质量验收、各个专业管线是否有碰撞等内容，甚至施工部分的进度的控制与调整，预期施工成本和利润状况均可以预先分析判断，为施工企业科学管理提供高效的平台。

例如，在装配式混凝土施工中，存在预制叠合板板间的现浇混凝土板带有一定数量的后浇混凝土，通过采用 BIM 技术进行合理设计，提前对楼板模板支撑的施工安装顺序等进行模拟，提高施工安装的效率，避免现场安装施工安装时的盲目性。预制叠合板板间的现浇混凝土板带的 BIM 技术模拟情况如图 1.1-1 所示，现浇混凝土梁板 BIM 技术模拟情况如图 1.1-2 所示。

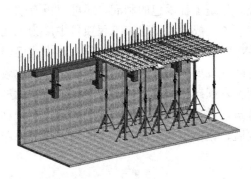 

图 1.1-1　现浇混凝土板带的 BIM 技术模拟　　　　图 1.1-2　现浇混凝土梁板 BIM 技术模拟

（3）基于网络的项目管理

基于网络的项目管理就是通过互联网和企业内部的网络应用，对于同一施工工程企业内部和诸多具体项目部能互相沟通协作，使企业内部能进行项目部人员管理、作业人员系统管理、预制构件物资科学调配，减少管理成本，提高工作效率；同时政府行业主管部门、业主、设计、监理等单位也可以对同一工程许多具体问题通过网络平台进行密切沟通协作；对于涉及的具体项目，各方人员有效管理协调，大大减少了相关各方的管理成本，实现了无纸化办公，有效地提高工作效率。

**2. 物联网在装配式建筑施工管理中的应用**

（1）物联网指的是将各种信息传感设备，如射频识别（RFID）装置、红外感应器、全球定位系统、激光扫描器等各种装置与互联网结合起来而形成的一个巨大网络。其目的是让所有的物品都与网络连接在一起，系统可以自动地、实时地对物体进行识别、定位、追踪、监控并触发相应事件。

（2）装配式建筑物联网系统

该系统是以单个部品（构件）为基本管理单元，以无线射频芯片（RFID）及二维码为跟踪手段，以工厂预制构件或部品生产、现场装配为核心；以工厂的原材料检验、生产过程检验、出入库、部品运输、部品安装、工序监理验收为信息输入点；以单项工程为信息汇总单元的物联网系统，单个部品（构件）信息标识如图 1.1-3 所示。

（3）物联网的功能特点：

1）预制构件部品钢筋网绑定拥有唯一编号的无线射频芯片（RFID）及二维码，做到单品管理。

2）集行业门户、行业认证、工厂生产、运输、安装、竣工验收、大数据分析等为一体。

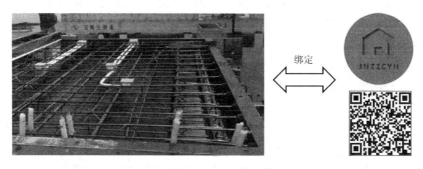

绑定

图 1.1-3 单个部品（构件）信息标识

### 3. 物联网全过程的应用

物联网可以贯穿装配整体式混凝土结构施工与管理的全过程，实际从深化设计就已经将每个构件唯一的"身份证"——ID 识别码编制出来，为预制构件生产、运输存放、装配施工、甚至现浇构件施工等一系列环节的实施提供关键技术基础，保证各类信息跨阶段无损传递、高效使用，实现精细化管理，实现可追溯性。

（1）预制构件生产组织管理

预制构件 RFID 编码体系的设计，在构件的生产制造阶段，需要对构件置入 RFID 标签，标签内包含有构件单元的各种信息，以便于在运输、存储、施工吊装的过程中对构件进行管理。由于装配整体式混凝土结构所需构件数量巨大，要想准确识别每一个构件，就必须给每个构件赋予唯一的编码。所建立的编码体系不仅能唯一识别单一构件，而且能从编码中直接读取构件的位置信息。因而施工人员不仅能自动采集施工进度信息，还能根据 RFID 编码直接得出预制构件的位置信息，确保每一个构件安装的位置正确。

（2）预制构件运输组织管理

在构件生产阶段为每一个预制构件加入 RFID 电子标签，将构件码放入库，根据施工顺序，将某一阶段所需的构件提出、装车，这时需要用读写器一一扫描，记录下出库的构件及其装车信息。运输车辆上装有 GPS 系统，可以实时定位监控车辆所到达的位置。到达施工现场以后，扫码记录，根据施工顺序卸车码放入库。

（3）预制构件装配施工的组织管理

在装配整体式混凝土结构的装配施工阶段，BIM 与 RFID 结合可以发挥较大作用的有两个方面，一是构件存储管理，二是工程的进度控制。两者的结合可以对构件的存储管理和施工进度控制实现实时监控。在此阶段，以 RFID 技术为主，追踪监控构件吊装的实际进程，并以无线网络即时传递信息，同时配合 BIM，可以有效地对构件进行追踪控制。RFID 与 BIM 相结合的优点在于信息准确丰富，传递速度快，减少人工录入信息可能造成的错误，使用 RFID 标签最大的优点就在于其无接触式的信息读取方式，在构件进场检查时，甚至无需人工介入，直接设置固定的 RFID 阅读器，只要运输车辆速度满足条件，即可采集数据。

1）工程进度控制组织管理

在进度控制方面，BIM 与 RFID 的结合应用可以有效地收集施工过程进度数据，利用相关进度软件，对数据进行整理和分析，并可以对施工过程应用 4D 技术进行可视化的模拟。然后将实际进度数据分析结果和原进度计划相比较，得出进度偏差量。最后进入进度调整系统，采取调整措施加快实际进度，确保总工期不受影响。在施工现场中，可利用手持或固定的 RFID 阅读器收集标签上的构件信息，管理人员可以及时地获取构件的存储和吊装情况的信息，并通过无线感应网络及时传递进度信息，并与计划进度进行比对，可以很好的掌握工程的实际进度状况。

2）预制构件吊装施工中的组织管理

在装配整体式混凝土结构的施工过程中，通过 RFID 和 BIM 将设计、构件生产、建造施工各阶段紧密的联系起来，不但解决了信息创建、管理、传递的问题，而且 BIM 模型、三维图纸、装配模拟、采购、制造、运输、存放、安装的全程跟踪等手段，为工业化建造方法的普及也奠定了坚实的基础，对于实现建筑工业化有极大的推动作用。

3）利用手持平板电脑及 RFID 芯片，开发施工管理系统，可指导施工人员吊装定位，实现构件参数属性查询，施工质量指标提示等，将竣工信息上传到数据库，做到施工质量记录可追溯。

# 1.2　装配整体式混凝土结构施工组织管理特点

## 1.2.1　装配整体式混凝土结构与传统现浇结构的不同点

装配整体式混凝土结构作为由工厂生产的预制构件和部品在现场装配而成的建筑，与传统现浇建筑比较有很多不同。

### 1. 建筑预制构件转化为工业化方式生产

与传统现浇框架或剪力墙结构不同之处就是建筑生产方式发生了根本性变化，由过去的以现场手工、现场作业为主，向工业化、专业化、信息化生产方式转变。相当数量的建筑承重或非承重的预制构件和部品由施工现场现浇转为工厂化方式提前生产，专业工厂制造和施工现场建造相结合的新型建造方式。全面提升了建筑工程的质量效率和经济效益。预制构件生产场区布置如图 1.2-1 所示，预制构件生产实景如图 1.2-2 所示。

图 1.2-1　预制构件生产场区布置图　　　　图 1.2-2　预制构件生产实景图

**2. 深化建筑设计特点**

深化建筑设计区别于传统设计深度的要求。具体体现在：预制构件深化图纸设计水平和完整性很高，构件设计与制作工艺结合程度深度融合、预制构件设计与运输和吊装以及施工装配结合程度深度融合。

**3. 建设生产流程发生改变**

建筑生产方式的改变带来建筑的建设生产流程的调整，由传统现浇混凝土结构环节转为预制构件工厂生产，增加了预制构件的运输与存放流程，最后由施工现场吊装就位，整体连接后浇筑形成整体结构。

## 1.2.2 装配式建筑项目招投标及合同特点

**1. 项目招投标特点**

装配式建筑招投标特点同传统现浇混凝土建筑招投标有较大差异，从当前市场状况分析，如果拟建工程项目预制率不高，仅仅是水平构件使用预制构件，项目招投标时预制构件生产运输及安装可以作为整体工程项目投标的一部分，如果拟建工程项目预制率很高，水平构件和竖向构件及其他构件均使用预制构件，此时，项目招投标时可以对预制构件生产、运输及安装单独分别进行招投标，无论是作为整体工程项目招投标的一部分还是单独进行招投标，基本要求是不会有较大改变的。

**2. 设置投标前置条件**

由于当前行业内的法律、法规对装配式建筑招投标诸多要求不够具体明确、在项目及构件采购前设置前置条件，采取间接的方式设立市场准入条件是必要的，如地方建设主管部门应建立地方预制构件和部品生产使用推荐目录，以引导预制构件生产企业提高质量管理水平，预制构件生产管理标准化、模数化，保障构件行业健康发展。

**3. 招投标环节关键节点**

根据工程建设项目开发建设的规律，项目获批前以及招投标环节是确立相应主体的关键节点，在该节点设置质量管理要求，促使预制构件和部品构件"生产使用推荐目录"能落实到具体工程，保证有相应预拌混凝土生产资质的企业中标生产，引导有实力企业提供高质量产品。

**4. 预制混凝土构件或部品招标前置条件**

预制混凝土构件生产企业的企业资质、生产条件、质量保证措施、财务状况、企业的质量管理体系都会对构件的质量产生影响，因此建设单位或施工单位对投标的构件生产企业设置上述条件、提出要求。

（1）投标人须具备《中华人民共和国政府采购法》规定的条件。

（2）投标人须是注册于中华人民共和国境内，取得营业执照；由于住建部已经取消预制构件生产资质要求，因此，投标人（即预制构件生产企业）应当具备预拌混凝土专业企业资质，且企业质量保证体系应满足地方规定条件。

（3）生产的预制构件应有质量合格证，产品应符合国家、地方或经备案的企业标准：

1）企业通过 IS09001 系列国际质量管理体系认证。

2）在以往的投标中没有违法、违规、违纪、违约行为。

3）近三年来已签署合同额若干万元及以上的预制构件供应工程不低于若干个，并且能提供施工合同及相关证明材料。

**5. 投标文件的技术标特点**

投标文件的技术标中应有施工组织设计，还要有生产预制构件专项方案，预制构件运输的专项方案，施工安装专项方案。生产预制构件专项方案中应介绍生产机械、模具、钢筋及混凝土制备情况，预制构件的养护方式及堆放情况，道路场外运输情况及施工现场运输方案；施工安装专项方案中应充分考虑预制构件安装的单个构件重量、形状及就位位置，选择吊装施工机械型号及数量，考虑预制构件安装同后浇混凝土之间的穿插及协调工序，竖向构件或水平构件的支撑系统的选择及使用要求，施工工期应充分考虑预制构件或部品的生产周期和现场运输及安装周期的特点。

**6. 投标文件的商务标特点**

工程造价方面，由于装配式建筑工程竣工项目偏少，装配式建筑造价各地尚有明显差异，现行《清单计价规范》及《计价定额》没有专门对装配式建筑进行分部分项划分、特征的描述、工程量计算规则的具体规定等内容，生产预制构件的人工费、材料费、机械费、运输费如何计取和摊销有待于更多的工程总结，当前市场上生产预制构件一般是以预制构件每立方米作为计价单位，其中的材料费内含有混凝土、钢筋、模板及支架、保温板、连接件、水电暖通及弱电系统的预留管、盒等，安装机械费及安全措施费也应充分考虑装配式建筑的特点合理科学计取。

## 1.2.3 施工图拆分及深化设计特点

装配式建筑设计阶段是工程项目的起点，对于项目投资和整体工期及质量起到决定性作用，它比传统建筑设计增加了深化设计环节和预制构件的拆分设计环节，目前多由构件生产企业完成或由设计单位完成深化设计图纸。装配式建筑设计的特点是设计阶段既要充分考虑到建筑、结构、给水排水、供暖、通风空调、强电、弱电等专业前期在施工图纸上高度融合，又要考虑部分预制构件或装饰部品提前在专业生产工厂内生产加工及运输的需求，在预制构件生产成品中就应当提前考虑包含水电暖通、弱电等专业系统的需求，仔细考虑施工现场预制构件吊装安装、固定连接位置和构造要求，以及同后浇混凝土的结合面平顺过渡的问题，因此施工组织管理应提前介入施工图设计及深化设计和构件拆分设计，使得设计差错尽可能少，生产的预制构件规格尽可能少，预制构件重量同运输和吊装机械相匹配，施工安装效率高，模板和支撑系统便捷，建造工期适当缩短。建造成本可控并同现浇结构相当。

## 1.2.4 现场平面布置特点

### 1. 预制构件现场堆放

由于预制构件型号繁多，预制构件堆场在施工现场占有较大的面积，项目部应合理有序的留出足够的预制构件堆放场地，合理有序的对预制构件进行分类堆放，对于减少使用施工现场面积，加强预制构件成品保护，缩短工程作业进度，保证预制构件装配作业工作效率，构建文明施工现场，具有重要的意义。

### 2. 预制构件堆场布置原则

施工现场预制构件堆放场地平整度及场地地基承载力应满足强度和变形要求。

### 3. 混凝土预制构件堆放

预制墙板宜通过专用插放架或靠放架采用竖放的方式。预制梁、预制柱、预制楼板、预制阳台板、预制楼梯均宜采用多层平放的方式。预制构件应标识清晰，按规格型号、出厂日期、使用部位、吊装顺序分类存放，方便吊运。预制墙板插放实景如图 1.2-3 所示，预制钢筋桁架板堆放如图 1.2-4 所示。

图 1.2-3　预制墙板插放实景图　　　　图 1.2-4　预制钢筋桁架板堆放

## 1.2.5　运输机械及吊装机械特点

由于预制构件往往较重较长，传统的运输机械及吊装机械无法使用，一般工程采用专用运输车辆运输预制构件，现场工程往往根据预制构件重量和所处位置确定起重吊装机械，如塔式起重机、履带式起重机、汽车式起重机，也可以根据具体工程情况特制专用机械，部分传统现浇结构使用的钢筋、模板、主次楞、脚手架等材料也要根据高效共用原则，使用到同类吊装机械运输就位，只有综合考虑机械使用率，才能降低机械费用。

## 1.2.6　施工进度安排及部署特点

装配整体式混凝土结构进度安排同传统现浇结构不同，应充分考虑生产厂家的预制构件及其他材料的生产能力，应对所需预制构件及其他部品提前 60 天以上同生产厂家沟通并订立合同，分批加工采购，应充分预测预制构件及其他部品运抵现场的时间，编制施工进度计划，科学控制施工进度，合理安排计划，合理使用材料、机械、劳动力等，动态控制施工成本费用。

每楼层施工进度应对预制构件安装和现浇混凝土科学合理有序穿插进行，单位工程预制率不够高时。可采用流水施工，预制率较高时，以预制构件吊装安装工序为主安排施工计划，使相应专业操作班组之间实现最大限度的搭接施工。预制剪力墙结构样板示意图如图 1.2-5 所示，正在安装的剪力墙结构施工实景如图 1.2-6 所示。

图 1.2-5　预制剪力墙结构样板示意　　　　图 1.2-6　剪力墙结构施工实景

### 1.2.7　技术管理及质量管理特点

（1）装配整体式混凝土结构施工图纸会审同传统现浇结构不同，施工图纸会审重点应在预制构件生产前，通过深化或拆分构件图纸环节，审查是否将结构、建筑、水、暖、通风、强电、弱电及施工需要的各种预留预埋等均在同一张施工图中展现。预制构件安装专项施工方案编制应根据具体工程，针对性介绍解决预制构件安装难点的技术措施，制定预制构件之间或同现浇结构节点之间可靠连接的有效方法；预制构件安装专项技术交底重点是预制构件吊装安装要求，钢套筒灌浆或金属波纹管套筒灌浆、浆锚搭接、钢筋冷挤压接头、钢筋焊接接头要求是重点关注部位。

（2）质量管理方面应根据现行质量统一验评标准中主控项目和一般项目要求，结合产业化工程特点设置具体管理内容，应有施工单位、监理单位对生产企业进行驻场建造预制构件或部品生产过程，施工现场也应充分考虑到竖向构件安装时的构件位置、构件垂直度，水平构件的净高、位置；后浇构件中钢筋、模板、混凝土诸分项的质量及同相邻预制构件的结合程度，预制构件中水电暖通线管、盒、洞位置及同现浇混凝土部分中线管、盒、洞关联关系；技术资料整理应该体现有装配整体式混凝土的特点设置相应的标准表格。

### 1.2.8　工程成本控制特点

装配式建筑造价构成与现浇结构有明显差异，其工艺与传统现浇工艺有本质的区别，建造过程不同，建筑性能和品质也会不一样，二者的"成本"并没有可比性：在同等造价条件下提高建筑各种性能，或者在同等建筑性能条件下降低造价。从全局和整体思考，为了绿色环保低碳和提高建筑品质，适当增加造价也是能接受的，并且随着建筑产业化技术的不断进步，工程项目不断增多，预制构件规格进一步统一，成本会逐渐下降。

## 1.3　装配式建筑项目设计协调

### 1.3.1　项目设计管理的必要性

#### 1. 传统房屋建筑设计简述

传统房屋建筑设计往往依靠设计单位自身力量完成，常常因技术和经验的局限而存在使用功能、结构构造诸多不合理现象；引入多方力量参与设计管理，发挥施工单位在管理、技术、经验等方面优势，优化深化设计，使建筑功能合理提升、结构更加安全、设计误差基本消除。

### 2. 装配式建筑设计前期介入

装配式建筑在设计过程中施工单位适当提前介入工程设计阶段，能确保拟建工程的施工更加科学合理，工期适当缩短、工程质量提高明显。建造成本尽可能降低，从而实现拟建工程的质量、成本、进度的目标完成。

### 3. 装配式建筑各方参与

装配式建筑项目管理中应充分认识到设计和施工的密切关系，两者是完整的系统，设计阶段的工作是创造性工作，通过图纸和设计说明系统描述了拟建工程状况；施工阶段是以组织和管理为重要手段，动用各种资源从而将设计图纸变为现实的过程。装配整体式混凝土结构工程就能充分体现了设计和施工两阶段高度融合的特点；从装配整体式混凝土结构现阶段推广情况看，预制构件部品的标准化、模数化尚未达到，预制构件生产规模化尚需提高，建筑物的多样化与预制构件部品的标准化仍存在着矛盾。只有经过多年探索实践，逐步实现预制构件、部品设计的标准化与模数化，才能更加深入地体会到建筑产业化的优越性。

### 4. 装配式建筑设计亟待解决的问题

当前，装配式建筑设计阶段问题表现为：施工图设计文件中装配式部分的结构设计不完善、设计文件深度不足、设计文件表达不到位、设计和构造措施不满足规范要求等，设计人员对规范理解有欠缺等问题较为普遍。

### 5. 各专业融合问题

应提前对拟建建筑物四周环境、水文地质、道路交通、日照风向、生态植被、当地民众生活习惯等充分了解，进而确定建筑的总平面图、空间、立面、平面，形成建筑、结构、给水排水、供暖、空调、电气、弱电等专业图纸。达到装配整体式混凝土结构设计、施工及使用管理三个方面顺利接力，高度统一。

## 1.3.2 项目设计经济性

### 1. 设计阶段对工程经济的影响

当前，许多企业开始研究建筑主体的工业化技术，做出了一些有益的尝试，从市场反应来看，普遍存在装配整体式结构的建设成本高于传统现浇结构的情况，这对装配整体式结构的发展和应用造成了不利的影响，通过从建筑工程造价构成的角度，剖析影响工程造价的主要因素进行，研究降低装配整体式混凝土结构造价的技术措施和手段，从经济性角度指明装配整体式混凝土结构的技术发展方向，是设计单位的职责，装配整体式混凝土结构项目设计经济性尤为重要。

### 2. 预制构件和部品经济性选择

装配式建筑的预制构件以设计图纸为制作、生产依据，设计的合理性直接影响项目的成本。因此要对多种构件和部品进行经济性比较和选择，完成所有构件、部品的深化设计，达到降低工程造价的目的。

### 3. 装配式建筑经济性比较

在假定设计技术标准和质量要求相同的前提下，重点对比和研究建筑工程的土建主体建设方法和造价，不包含机电安装工程的造价差异，从建筑设计全面剖析目前装配整体式结构造价高于传统现浇结构的原因，并提出相应的解决办法。

### 4. 传统设计优点

传统现浇方式，设计技术成熟、简单，图纸量少，各专业图纸分别表达本专业的设计内容，结构专业用平法表示结构特征信息，采用一般的设计院普遍掌握的绘图表现方法，容易出现"错漏碰缺"等情况。设计费便宜（$30\sim50$ 元$/m^2$）。

### 5. 装配式建筑设计难点

装配式建筑设计，技术尚不成熟，图纸量大，除了各专业图纸分别表达本专业的设计内容外，还需要设计出每个预制构件中综合多个专业内容的拆分图，只要按图检点即可避免"错漏碰缺"的发生。设计费较高（$100\sim500$ 元$/m^2$）。

### 6. 造价差异和对策

设计费的差异主要是构件拆分图工作量增加了设计成本，如果项目规模大，标准构件重复率高，模块种类就相对较少，设计费上升的比例就少。反之，项目规模越小，构件重复率越低，设计费上升的比例就越大。因此，应尽量优化设计，提高构件的重复率是控制设计费增加的有效手段。

### 7. 规模出效益

大投入需要大产量才能降低投资分摊，同时降低设计费单价，使构件成本下降，因此应鼓励在大楼盘中推广装配整体式混凝土结构，归并预制构件使用部位和规格尺寸。

### 8. 优化设计思路

提高预制率和相同构件的重复率。预制率越低、施工成本越高，因此必须提高构件重复率，可以减少生产构件的模具种类，增加模板周转次数，降低成本。推广设计预制楼板，尽量避免设计现浇水平构件，将会大大减少满堂模板和脚手架的使用。围护结构使用外墙保温装饰一体化，可节约人工成本并减少外脚手架或外挂吊篮费用。

### 9. 开拓性设计思路

由于设计对最终的造价起决定作用，因此项目在策划和方案设计阶段时，就应系统考虑到建筑设计方案对深化设计、构件生产、运输、安装施工环节的影响，考虑设计技术和图纸内容对施工生产的指导情况，合理确定方案，特别是对需要预制的部分，应选择易生产、好安装的结构构造形式，不可人为地增大项目实施的难度，应该重点把握单体工程的预制率和构件重复率，合理拆分构件模块，利用标准化的模块灵活组合来满足建筑要求，并合理设计预制构件与现浇连接之间的构造形式，降低生产、施工难度。

## 1.3.3 项目设计可行性

### 1. 装配式建筑工程整体策划

从事装配式工程的建筑设计人员应在设计方案阶段进行整体策划，结合建筑功能与造型，规划好拟建建筑尽可能多的采用的工业化、标准化和模数化的设计理念，因地制宜地尽可能采用标准模数的预制构件及部品，在总体规划中应考虑预制构配件的制作和堆放以及起重运输设备的服务半径，在设计过程中统筹考虑预制构件生产、运输、安装施工等条件的制约和影响。并与结构、水暖电通等专业密切配合，以保证装配式工程设计的合理性、经济性，实现预制构件和部品工业化生产、模数化设计、标准化安装、信息化管理。

### 2. 建筑设计方面

标准的装配式工程建筑设计应重视概念设计，要求外内装饰设计与建筑设计同步完成，不应采用特别不规则的平面形状和立面造型。预制构件详图的设计应表达出装饰装修工程所需预埋件和室内水电的点位。只有这样才能在装饰阶段直接利用预制构件中所预留预埋的管线，不会因后期点位变更破坏墙体。装配式建筑的预制外墙板及其接缝构造设计应满足结构、热工、防水、防火及建筑装饰的要求，并结合地方材料、制作及施工条件进行综合考虑。

### 3. 考虑整体厨卫设施

装配式建筑的厨房及卫生间尽可能采用整体厨卫设施，体现装配整体式混凝土结构的优势和特点，在围护结构中考虑外装饰面及保温层尽可能同结构构件一同制作，实现装饰结构保温一体化系统。

### 4. 结构设计方面

装配整体式混凝土结构的设计不应采用特别不规则的结构。装配整体式混凝土结构中的应遵循受力合理、连接可靠、施工方便，预制构件应少规格，组合多样化；在满足不同地域对不同户型的需求的同时，建筑结构设计尽量考虑预制柱（空心柱）、预制梁、预制实心墙（夹心墙）、预制叠合板，预制挂板、预制楼梯和其他预制构件的特点，以便实现构件制作的通用化、模块化、规范化。在地震、偶然撞击等作用下，结构设计中必须充分考虑结构的节点、拼缝等部位的连接构造的可靠性。在竖向预制构件设计及构造上，要保证上下预制构件之间钢套筒或金属波纹管连接或其他连接方式传力简捷合理，达到等同现浇效果，且连接部位能较早承受荷载，在水平预制构件设计及构造上，要保证预制构件之间、预制部分与叠合现浇部分的共同工作，构件连接达到等同现浇效果。非承重构件与主体结构的连接方式简捷合理。底层现浇楼层和第一次装配预制构件楼层的转换部位连接过渡措施齐备，以便于上部结构的继续施工，确保装配整体式混凝土结构的整体稳固安全使用、结构的整体性和抗倒塌能力足够强。

### 5. 预制构件生产及施工方面

装配式建筑的设计原则应充分考虑生产及施工需求，需要解决以下几个方面：预制构件设计标准化、模数化；预制构件生产模具制作简易、种类少，预制构件运输方便高效；装配式建筑的设计应考虑便于施工安装如预制、吊装、就位和局部调整简单，结合部位钢筋及预埋件尽可能少，同相邻后浇部分连接平顺，整体协调。预制构件在脱模、存放运输、吊装就位以及现场浇筑混凝土等工况下的强度、刚度、稳定性验算达到标准要求。

### 6. 装配式建筑设计深度

（1）构件拆分设计

拆分设计主要应为构件的分段（块）、主要连接节点的构造设计，构件应符合模数协调原则；综合考虑结构的受力性能（宜在构件受力最小处、考虑钢筋连接方式）、应对柱、梁、内外墙板、叠合板、外墙挂板、楼梯、阳台板、空调板等预制构件进行拆分，并且确定构件、部品连接节点详细构造。优化预制构件的尺寸和形状、减少预制构件的种类；构件连接应构造简单、传力可靠、施工方便，被拆分的预制构件应考虑构件的加工生产能力、运输与安装等因素；与施工吊装能力相适应；应便于施工安装以及质量控制和验收。拆分设计应保证设计准确性与施工安装的可行性。拆分设计文件应包括以下内容：

1）图纸目录

包括设计依据、工程所在位置的地质状况、所有预制构件的型号名称，安装楼层及位置，工程量及钢筋等级、混凝土强度等级。

2）设计说明

提供预制构件的构造做法、钢套筒或金属波纹管套筒中灌浆料及坐浆料的性能指标，现场安装过程中注意的事项，明确生产预制构件的误差控制标准。

3）节点详图，预埋件、预留洞详图

绘出预制构件与现浇节点，表示清楚构件编号、安装方向、支撑方向、防止施工中出现构件安错、安反等现象。提供详细的节点设计数据，包括窗口的防水做法，预制构件中线管与现浇混凝土内线管的连接方式，各种预埋件、预留洞位置做法详图。表达叠合板接缝位置，搭置长度，水电暖通预埋管盒或留洞位置详图、预埋件、预留洞位置做法详图。

4）模板图

应表达出构件外形尺寸，门窗洞口位置、企口形式，粗糙面做法，吊环位置，连接件位置，工具式外安全钢防护架安装和后浇混凝土处加固模板的预留孔位置等。

5）配筋图

标明预制构件中的钢筋位置、规格尺寸、数量、重量、连接方式（套筒灌浆、约束浆锚等）及接头位置、性能指标要求。

（2）构件连接设计

目前常用的预制构件，水平接缝的钢筋连接方式有钢套筒或金属波纹管灌浆连接、浆锚搭接连接、冷挤压连接、焊接等多种。剪力墙竖缝处，钢筋应锚入现浇混凝土中；剪力墙及框架柱钢筋竖向接头，钢筋宜采用钢套筒或金属波纹管套筒灌浆连接或者浆锚搭接方法；框架梁处钢筋接头，水平钢筋宜采用钢套筒灌浆连接、冷挤压连接或者焊接。预制构件的连接是决定装配式整体式混凝土结构能否达到等同现浇效果的技术关键，因此设计单位拆分设计图纸中必须确定构件的连接方式和节点及接缝处的连接大样。

## 1.3.4 项目设计各专业集合程度

装配整体式混凝土结构设计阶段充分考虑到建筑、结构、给水排水、供暖、通风空调、强电、弱电等专业前期在施工图纸上高度融合，又要考虑预制构件或装饰部品生产加工及运输的需求、施工现场吊装机械及安装构造，以及同后浇混凝土良好结合等诸多难题。

装配整体式设计，技术尚不成熟，图纸量大，除了各专业图纸分别表达本专业的设计内容外，还需要设计出每个预制构件的拆分图，拆分图上要综合多个专业内容，例如在一个构件图上需要反映构件的模板、配筋、门窗、保温构造、装饰面层、水电管线盒、留洞、吊具等内容，包括每个构件的三视图和剖切图，必要时还要做出构件的三维立体图、整浇连接构造节点大样等图纸。图纸内容完善、表达充分，构件生产不需要多专业配合，只要按图检点即可避免"错漏碰缺"的发生。

# 2 装配整体式混凝土工程施工进度管理

本章从装配整体式混凝土结构施工进度控制方法、进度控制措施、进度计划实施和调整等方面系统介绍，使得装配整体式混凝土结构在进度方面的优势进一步显现。

## 2.1 装配整体式混凝土施工进度控制方法

### 2.1.1 施工进度控制方法的依据

装配整体式混凝土结构施工进度控制方法同传统现浇结构施工进度控制方法有较大不同，由于大部分结构构件委托给专业生产企业生产，室内装饰也有部分工作内容如门窗制作、整体厨房设施、整体卫生间均为施工现场外的其他生产企业生产并运输到现场，现场湿作业明显减少，因此装配整体式混凝土结构施工进度控制方法应体现自己独有的特点。

### 2.1.2 进度控制方法贯穿全过程

工程建设项目的进度控制是指在既定的工期内，对工程项目各建设阶段的工作内容、工作程序、持续时间和逻辑关系编制最科学合理的施工进度计划，为保证计划能够按期实施，从项目部管理方式、资金使用、劳力使用及安排、材料订购及使用、机械使用等诸方面做好针对性工作。在项目具体实施过程中，项目部应经常检查实际进度是否按计划要求进行，对影响计划进度的各种不利因素要分析原因，及时调整计划进度或提出弥补措施，直至工程达到验收条件，交付竣工使用。进度控制的最终目标是确保进度目标的实现，或者在保证施工质量和不增加施工实际成本的前提下，适当缩短施工工期。

### 2.1.3 施工进度控制具体方法

#### 1. 组织实施的管理形式

进度计划是将项目所涉及的各项工作、工序进行分解后，按照工作开展顺序、开始时间、持续时间、完成时间及相互之间的衔接关系编制的作业计划。通过进度计划的编制，使项目实施形成一个有机的整体，同时，进度计划也是进度控制管理的依据。

（1）常规的工程项目组织实施的管理形式分为三种：依次施工、平行施工、流水施工。

1）依次施工，将拟建工程划分为若干个施工过程，每个施工过程按施工工艺流程顺次进行施工，前一个施工过程完成之后，后一个施工过程才开始施工。装配整体式混凝土结构宜采用依次施工。

2）平行施工，如果拟建建筑物为狭长，在工作面、资源供应允许的前提下，可布置多台吊装机械、组织多个相同的操作班组，在同一时间、不同的施工段上同时组织施工，此类施工方法为平行施工。

3）流水施工，如装配整体式混凝土结构每楼层仅水平构件为预制构件，竖向构件为现浇混凝土，单位工程预制率不够高时可采用流水施工。流水施工是将拟建工程划分为若干个施工段，并将施工对象分解成若干个施工过程，按照施工过程成立相应的操作班组，如支模班组、绑扎钢筋班组、安装固定预制构件班组、水电暖通配管班组、浇筑混凝土班组等，各作业班组按施工过程顺序依次完成施工段内的施工过程，依次从一个施工段转到下一个施工段，施工在各施工段、施工过程上连续、均衡地进行，使相应专业工作队间实现最大限度的搭接施工。

### 2.1.4 施工进度计划分类

（1）施工进度计划按编制对象的不同可分为：建设项目施工总进度计划、单位工程进度计划、分阶段（或专项工程）工程进度计划、分部分项工程进度计划四种。

（2）建设项目施工总进度计划：施工总进度计划是以一个建设项目或一个建筑群体为编制对象，用以指导整个建设项目或建筑群体施工全过程进度控制的指导性文件。它按照总体施工部署确定每个单项工程、单位工程在整个项目施工组织中所处的地位，也是安排各类资源计划的主要依据和控制性文件。

建设项目施工总进度计划由于涉及地下地上工程、室外室内工程、结构装饰工程、水暖电通、弱电、电梯等到各种施工专业，施工工期较长，特别是一个建设项目或一个建筑群体中部分单体建筑是装配整体式混凝土结构，而另一些建筑是传统非装配整体式混凝土结构，故其计划项目主要体现综合性、全局性。建设项目施工总进度计划一般在总承包企业的总工程师领导下进行编制。

（3）单位工程进度计划：是以一个单位工程为编制对象，在项目总进度计划控制目标的原则下，用以指导单位工程施工全过程进度控制的指导性文件。如拟施工的单位工程中竖向和水平构件采用预制构件或部品，或仅水平构件采用预制构件，则单位工程进度计划编制应充分考虑工程开工前现场布置情况、吊装机械布置和最大起重量情况、地基与基础施工时开挖范围内如何布置预制构件情况，主体结构施工安装时，预制构件安装顺序和每块（根）预制构件安装时间及必要的辅助时间，预制构件吊装安装时同层现浇结构如何穿插作业应在进度计划中充分考虑体现，由于它所包含的施工内容比较具体明确，施工期较短，故其作业性较强，是进度控制的直接依据。单位工程开工前，由项目经理组织，在项目技术负责人领导下进行编制。

（4）分阶段工程（或专项工程）进度计划：是以工程阶段目标（或专项工程）为编制对象，用以指导其施工阶段（或专项工程）实施过程的进度控制文件。

装配整体式混凝土施工适用于编制专项工程进度计划，该专项工程进度计划应具体明确、对于预制构件进场时间批次及堆放场地均明确并绘图表示，对于钢筋连接工序时间，预制构件安装节点应充分说明，同层现浇结构的模板及支撑系统、钢筋、浇筑混凝土应展示明了。

（5）分部分项工程进度计划：以分部分项工程为编制对象，用以具体实施操作其施工过程进度控制的专业性文件。

由于二者编制对象为阶段性工程目标或分部分项细部目标，目的是为了把进度控制进一步具体化、可操作化，是专业工程具体安排控制的体现。此类进度计划与单位工程进度计划类似，由于比较简单、具体，通常由专业工程师或负责分部分项的工长进行编制。

## 2.1.5　装配整体式混凝土施工进度计划编制细节

### 1. 计划编制依据

装配整体式混凝土进度计划编制是根据国家有关设计、施工、验收规范，如《装配式混凝土结构技术规程》JGJ 1—2014、《装配式混凝土工程技术标准》GB/T 51231—2016、《混凝土结构工程施工质量验收规范》GB 50204—2015、《混凝土结构工程施工规范》GB 50666—2011，部分省市地方规程及单位工程施工组织设计，依据工程项目施工合同、预制构件生产企业生产能力、施工进度目标、专项拆分和深化设计文件，结合施工现场条件、有关技术经济资料进行编制。

### 2. 计划编制程序

收集编制资料，确定进度控制目标，根据具体工程招投标文件要求，工程项目预制装配率、预制构件生产厂家的生产能力，预制构件最大重量和数量、其他现浇混凝土工程量、后浇混凝土工程量，拟用的吊装机械规格数量、所需劳动力数量、工程拟开工和拟竣工时间，编制预制构件安装的施工工艺流程，编制施工进度计划和必要的说明书。

### 3. 计划编制内容

（1）预制构件生产计划管理

预制构件的生产计划对工程整体进度计划完成影响尤为明显，特别是构件预制装配率较高的工程；预制构件制作工艺可分为固定台模法、机组流水法两种。预制构件的制作过程包括模板的制作与拼装计划，钢筋的制作与加工计划，混凝土的制备计划，构件脱模、养护计划，构件成品场内运输堆放计划等。

预制构件生产计划管理应由预制构件生产单位编制，经施工总包单位、项目监理单位审查，特别是预制构件生产计划应同施工总包编制的单位施工进度计划相协调，做好无缝对接。图 2.1-1 是某生产预制构件厂家生产预制构件实景图，图 2.1-2 是某生产预制构件厂家的进度安排计划表。

图 2.1-1　预制构件生产实景图

图 2.1-2　生产预制构件厂家的进度安排计划表

（2）计划编制具体要求

施工现场应按照项目部单位工程施工进度计划的控制点，制定专门的预制构件安装进度计划。一般应包括下列内容：

进度计划图表，选择采用双代号网络图、横道图，其图表中宜有资源分配。进度计划编制说明：主要内容有进度计划编制依据，计划目标、关键线路说明、资源需求说明。

1）编制的专项施工计划中主要包括各分项工程工序之间的逻辑关系，预制构件及材料采购规格、数量，预制构件及材料分阶段运抵现场的时间，预制构件安装同后浇混凝土之间的衔接工序。

2）基础施工阶段：基础开挖阶段计划应充分考虑在拟建建筑物四周留出足够堆放预制构件的经硬化的场地和运输道路，安装的塔式起重机位置及进场时间，汽车式起重机或履带式起重机进退场时间；基坑支护方案应充分考虑预制构件及运输车辆对基坑周边的附加荷载的不利影响，编制施工进度计划作用是科学控制施工进度，便于所需预制构件及其他材料分批采购，合理安排劳动力，动态控制施工成本费用。

3）主体施工阶段：主体施工阶段计划应充分考虑塔式起重机、汽车式起重机或履带式起重机吊装预制构件就位时间，后浇混凝土支模、绑扎钢筋、混凝土成型的计划时间，后浇混凝土内部水电暖通、弱电预留预埋时间，编制施工进度计划作用是科学控制施工进度，预制构件同后浇混凝土合理穿插工序，预制构件中预留预埋同后期水电暖通、弱电穿线穿管配合衔接时间，土建专业同设备专业合理穿插工序，合理安排劳动力，动态控制施工成本费用。

4）装饰装修施工阶段：装饰装修施工阶段计划应充分考虑部品就位时间，主体结构同装饰装修合理安排施工时间，内部水电暖通、弱电系统末端设施安装同装饰装修部品安装合理穿插工序时间，现场部分湿作业装饰时间，编制施工进度计划作用是科学控制施工进度，合理安排劳动力和资源供应，能够保证顺利竣工。

# 2.2　装配整体式混凝土施工进度控制措施

## 2.2.1　采用动态控制原理

由于施工进度控制是一个不断进行的动态控制，况且预制构件生产计划由施工现场外委托加工分包企业承担，预制构件进场时间可能有变化，故实际进度同计划进度有偏差，因此，要随时分析产生偏差的原因，预制构件同后浇混凝土合理穿插工序，衔接合理，随时采取相应措施，及时调整优化原来计划，使实际进度同计划进度相吻合。

## 2.2.2　施工进度控制方法

### 1. 行政方法

专项施工员会同项目部经理利用行政命令，进行指导、协调、考核，利用激励手段，督促预制构件生产单位按期完成构件加工任务，并及时送到施工现场，督促预制构件施工安装进度按照预定计划科学有效的进行实施。

### 2. 经济手段

项目经理及专项施工员利用分包合同或其他经济责任状，对预制构件生产单位和施工现场作业班组或劳务队人员进行控制约束，采取提前奖励拖后处罚的方法，确保预制构件专项施工安装进度按时完成。

### 3. 管理方法

在施工安装中通过采用施工人员多年自行总结的适用性操作办法，确保既定专项预制构件施工安装进度计划目标能够实现。

### 4. 组织措施

项目经理及专项施工员通过科学组织合理安排，联系预制构件生产单位按每楼层所需构件及时按期运送到施工现场，安装构件时将施工项目分解成若干细节，如地下室及楼层现浇层完工时间，每一楼层预制构件或部品安装完工时间；落实到作业班组或劳务队，达到预定施工进度计划要求。

### 5. 技术措施

采用新工艺、新技术和新材料、新设备及适用的操作办法，如预制叠合楼板采用钢独立支撑或盘扣式脚手架系统；剪力墙或框架柱采用钢斜支撑，加快预制构件施工安装进度。选用合理的吊装机械或开发适合具体工程使用的专用吊装机械及机具、后浇混凝土部分采用定型钢模板、塑料模板或铝模板及支撑系统，加快后浇混凝土施工进度，缩短施工持续时间。

### 6. 经济合同措施

同预制构件生产企业密切沟通，使预制构件按照标准层施工计划尽量根据每一标准层所用的数量规格分批进场，减小或消除现场构件二次周转次数，从而降低安装机械费和人工费用；安装作业阶段应同作业班组或劳务分包方订立具体的专项承包合同，确保预制构件施工进度按时完成，按期完成进行经济奖励，安装工期拖后对作业班组或劳务分包进行经济处罚。

### 7. 资金保障措施

专项施工员会同项目部经理确保专项工程进度的资金落实，留足采购预制构件及相关材料的专项资金，按时发放作业班组或分包方工资，对施工操作人员采用必要的奖惩手段，保证施工工期按时完成。

## 2.3 施工进度计划实施和调整

### 2.3.1 细化施工作业计划

专项施工员应编制日、周、（旬）施工作业计划，将预制构件安装及辅助工序细化。后浇混凝土中支模、绑扎钢筋、浇筑混凝土及预留预埋管、盒、洞等施工工序也应细化和优化。

### 2.3.2 签发施工任务书

专项施工员应签发施工任务书，将每项具体任务向作业班组或劳务队下达。

### 2.3.3 施工过程记录

专项施工员应跟踪每日施工过程，做好每日施工工作记录，特别是单位工程第一次安装预制构件时，由于机械和操作人员熟练程度较差，配合不够默契，往往可能比预定使用的时间大幅延长，因此要提前对操作人员进行培训，使之熟练，逐步缩短预制构件安装占用的时间。

### 2.3.4 采用科学化手段

采用科学化手段如横道图法、S形曲线图法等方法，通过调查、整理、对比等步骤对施工计划进行检查。

### 2.3.5 施工协调调度

专项施工员应做好施工协调调度工作，随时掌握计划实施情况，协调预制构件安装施工同主体结构现浇或后浇施工、内外装饰施工、门窗安装施工和水电空调采暖施工等各专业施工的关系，排除各种困难，加强薄弱环节管理。

### 2.3.6 施工进度计划调整

#### 1. 计划调整

施工进度计划在执行过程中会出现波动性、多变性和不均衡性，因此，当实际进度与计划进度存在差异时，就必须对计划进行调整，确保目标按计划实现。

#### 2. 分析计划偏差原因

分析预制构件安装施工过程中某一分项时间偏差对后续工作的影响，分析网络计划实际进度与计划进度存在的差异，如剪力墙上层钢套筒或金属波纹管套入下层预留的钢筋困难，两块相邻预制剪力墙板水平钢筋密集影响板就位等，因此采取改变工程某些工序的逻辑关系或缩短某些工序的持续时间的方法，使实际工程进度同计划进度相吻合。

#### 3. 具体措施

(1) 组织措施：增加预制构件安装施工工作面，增加工程施工时间，增加劳动力数量，增加工程施工机械和专用工具等。

(2) 技术措施：改进工程施工工艺和施工方法，缩短工程施工工艺技术间歇时间，在熟练掌握预制构件吊装安装工序后改进预制构件安装工艺，改进钢套筒或金属波纹管套筒灌浆工艺等。

(3) 经济措施：对工程施工人员采用"小包干"和奖惩手段，对于加快的进度所造成的经济损失给予补偿。

(4) 其他措施：加强作业班组或劳务队思想工作，改善施工人员生活条件，劳动条件等，提高操作工人工作的积极性。

# 3 装配整体式混凝土工程人力资源管理

施工总包企业常常将预制构件分包给具有混凝土生产资质的专业厂家生产，而现场预制构件安装及连接可将作为单项工程发包给有资质的劳务分包管理。装配整体式混凝土结构承包方式的推广将会使施工企业逐步融入专业化承包方向上来，对全产业链组织管理带来冲击。

## 3.1 劳务承包方式

### 3.1.1 劳务承包方式种类

装配整体式混凝土工程劳务分包是指施工单位将其承包的工程劳务作业发包给劳务分包单位完成，装配整体式混凝土工程劳务分包一般采取劳务直管方式：劳务直管方式是指将劳务人员或劳务骨干作为施工企业的固定员工参与建筑施工的管理模式，其明显特征是，由于现场劳务管理由企业施工员工完成，对劳务队伍管理较规范，具体采取下列三种方式：

1. **施工企业内部独立的劳务公司**

劳务公司就是企业内部劳务作业层从企业内部管理分离出来成立的独立核算单位，劳务公司管理独立于本企业，经营上自负盈亏，并向本企业上缴一定管理费用，管理层由参与组建的各方确定，以本企业内部劳务市场需求为主，也可参与企业外部的劳务市场竞争，作业员工以企业内部原有的劳务人员组成，适当吸纳社会上有意参股的施工队伍共同筹资组建，劳务公司内部具体权益分配主要由各方投资份额决定。

2. **企业内部成建制的劳务队伍**

该劳务队伍同企业成立相对固定的施工队伍，劳务人员与企业签订长期的合同，享受各种培训、保险等福利待遇。劳务队伍在企业内部根据工程需求在各个工地流动，也可将该劳务队伍外包到其他相关工程中，保证作业员工稳定收入，也可引入外部劳务队伍参与企业内部竞争。

3. **稳定技术骨干加临时工形式**

就是以企业内部劳务作业层为主，招募社会零散劳务人员或小型施工队伍，与企业内部职工同等管理，现场管理由企业施工员担任，此类形式下企业固定员工少，社会零散劳务人员用时急招，不用时遣散，故劳务风险较小，骨干长期保留，便于控制和管理。

4. **三种劳务分包形式分析**

上述三种形式各有特点，因此应坚持长期对劳务分包人员专业培训考核，确保劳务人员劳动积极性和技术水平，使用相对稳定，劳务成本可控。

### 3.1.2 具体分项工程劳务分包管理

装配整体式混凝土工程中现场吊装安装工序、钢套筒灌浆或金属波纹管灌浆工序可以采用以上三种劳务分包管理形式，其他传统施工工序如钢筋绑扎专业、模板支设专业、混凝土浇筑专业及轻质墙板安装专业也可以采用以上三种劳务分包管理形式，做到专业化操作，标准化管理，进度和工程质量均有保证。

## 3.2 项目部管理人员及作业层人员组织

### 3.2.1 施工现场项目组织机构组成

**1. 项目质量管理制度**

项目经理负责制的建立是使各责任人明确各自的职责和职权范围，使有关人员按照其职责、权限及时有效地采取纠正和预防措施，以至达到消除、防止、杜绝产品过程和质量体系的不合格，使质量保证措施全部得到控制。根据工程的特点，工程项目管理组织机构由三个层次组成：指挥决策层、项目管理层、施工作业层。

**2. 指挥决策层**

指挥决策层由企业总工程师和经营、质量、安全、生产、物资、设备等部门领导组成。是建筑业企业运用系统的观点、理论和方法对施工项目进行的计划、组织、监督、控制、协调等全过程、全方位的管理。

**3. 项目管理层**

根据工程性质和规模，装配整体式混凝土结构实行项目法施工，成立项目经理部，项目经理部领导由项目经理、技术负责人组成，下设施工、质量、安全、资料、预算合同、财务、材料、设备、计量试验等部门，确保工程各项目标的实现。

**4. 施工作业层**

施工作业层根据工程进度和规模，由相关专业班组长及各相关专业作业人员组成。

### 3.2.2 施工现场作业层分为两个方面

1. 根据住房城乡建设部人事司关于调整住房城乡建设行业技能人员职业培训合格证职业、工种代码的通知，建人劳函［2016］18 号通知要求，传统混凝土结构工程主要有测量工、模板工、钢筋工、混凝土工、砌筑工、架子工、抹灰工及管工、电工、通风工、电焊工、弱电工。

2. 装配式结构除了上述工种以外，还需要机械设备安装工、起重工、安装钳工、起重信号工、建筑起重机械安装拆卸工、室内成套设施安装工组成，根据装配式建筑特点还需要移动式起重机司机、塔式起重机司机及特有的钢套筒灌浆或金属波纹管灌浆工等。

## 3.3 劳动力资源管理

装配整体式混凝土工程行业也同建筑施工一样，作业人员现状不容乐观，目前我国建筑行业人员情况分析如下：

### 3.3.1 装配整体式混凝土工程从业人员的年龄

从建筑施工企业作业人员年龄结构分布来看，20～25岁这个年龄段占到了一半以上。这个年龄段的从业人员由于刚刚步入社会，相关的社会经验还明显不足，是大部分从业人员的特征。但是由于这部分人所处的年代和社会环境决定了这个年龄段的从业人员自身对工作的热情度、勤奋度较高，心态较好，更为重要的是这部分人群在接受新鲜事物方面有较强的学习能力。装配整体式混凝土结构技术的发展和推进需要不断地学习和积累，这部分人在这方面具有相对较大的优势，经过正确的培训和引导，这部分从业人员必将成为我国发展建筑产业化技术的中坚力量。

### 3.3.2 从业人员的学历

从业人员的学历相对较低，接受过高等教育的从业人员所占比例较小一直是困扰装配整体式混凝土结构发展的关键问题，同时也是施工及生产预制构件企业发展的瓶颈问题。在目前的产业从业人员的学历分布中，中专和高中及以下学历的人员占了大多数。近些年来随着大学的扩招和相关专业招生数量的逐渐增加，产业从业人员新陈代谢的速度还是相对较快的，也正在积极的向学历高层次推进。

### 3.3.3 施工现场劳力资源管理

施工现场项目部应根据装配整体式混凝土结构工程的特点和施工进度计划要求，编制劳力资源需求的使用计划，经项目经理批准后执行。

应对项目劳力资源进行劳力动态平衡与成本管理，实现装配整体式混凝土结构工程劳力资源的精干高效，对于使用作业班组或专项劳务队人员应制定有针对性的管理措施。

### 3.3.4 作业班组或劳务队管理

1. 按照深化的设计图纸向作业班组或劳务队进行设计交底，按照专项施工方案向作业班组或劳务队进行施工总体安排交底，按照质量验收规范和专项操作规程向作业班组或劳务队进行施工工序和质量交底；按照国家和地方的安全制度规定、安全管理规范和安全检查标准向作业班组或劳务队进行安全施工交底。

2. 组织作业班组或劳务队施工人员科学合理的完成施工任务。

3. 在施工中随时检查每道工序的施工质量，发现不符合验收标准的工序应及时纠正。

4. 在施工中加强对于每一位操作人员之间的协调，加强对于每道工序之间的协调管理，随时消除工序衔接不良问题，避免人员窝工。

5. 随时检查施工人员是否按照规定安全生产，消灭影响安全的隐患。

6. 对专项施工所用的材料应加强管理，特别是坐浆料、灌浆料的使用应控制好，努力降低材料消耗，对于竖向独立钢支撑和斜向钢支撑应仔细使用，轻拿轻放，保证周转使用次数有足够长久。

7. 加强作业班组或劳务队经济核算，有条件的分项应实行分项工程一次包死，制定奖励与处罚相结合的经济政策。

8. 按时发放工人工资和必要的福利和劳保用品。

# 3.4 装配整体式混凝土系统用工分析

## 3.4.1 分析人工的消耗量

根据装配整体式混凝土结构特点,分析已建成的工程项目人工的消耗数量,对今后一段时间推广该项工作非常有意义。由于预制装配式混凝土结构体系减少了大量的湿作业,现场钢筋制作、模板及支架搭设、混凝土浇筑和模板及支架拆除的工作量大多转移到了产业化工厂。因此,现场钢筋工、木工、混凝土工的数量大幅度减少。同时,由于预制构件表面平整,可以实现直接刮腻子、刷涂料。因此,施工现场减少了抹灰工的使用量。但由于预制墙板存在构件之间连接及接缝处理的问题,因此,施工现场增加了套筒灌浆、墙缝处理等的用工。同时增加了预制构件吊装和拼装用工。由于施工方法的不同,施工现场只需要搭设外墙防护钢架网,减少了搭设外墙钢管脚手架及密目网的用工。

## 3.4.2 装配式整体式混凝土建筑实体分析

### 1. 选取实体分析对象概述

某某市某组团,总建筑面积约 14.52 万 $m^2$,共 9 栋楼,最高为 18 层。该项目分为东、西两个居住组;结构形式为剪力墙结构、框架结构,其中部分工程采用建筑产业化模式,采用预制三明治外剪力墙,预制内剪力墙,预制整体轻质内墙,PK 预应力叠合板,预制电梯井、楼梯、空调板及整体厨房,卫生间等预制部品,单体建筑的预制率高达 80%。

选取有代表性的 8 号建筑产业化住宅楼为分析对象。8 号建筑面积为 16004.02 $m^2$,楼高度为 52.65m,每层预制墙板 162 块、预制梁 4 架、空调板 30 块、PK 板 180 块。

### 2. 实体对象分析范围

(1) 由于该项目各装配式单体建筑设计方案基本相同,因此,根据设计图纸,均为地下储藏室两层、地上 18 层,本工程三至十八层采用预制装配式混凝土结构,基础、地下二层及地上二层范围仍采用现浇混凝土结构,因此,在进行造价指标对比分析时,选取预制构件装配式标准层作为分析范围。

(2) 现浇混凝土结构体系状况

按照传统设计图纸,该工程采用现浇混凝土剪力墙结构体系。采用桩径为 600mm 的钻孔灌注桩,现浇钢筋混凝土桩筏基础。地下二层及地上各层采用钢筋混凝土剪力墙。外围护结构 ±0.000m 以下为 250mm 或 300mm 厚钢筋混凝土墙;±0.000～5.900m 采用 200mm 厚加气混凝土砌块或钢筋混凝土墙。内隔墙在 ±0.000～5.900m 范围除注明外,均为 200mm 厚加气混凝土砌块墙;±0.000m 以下,储藏室隔墙均为 100mm 厚加气混凝土砌块墙。

(3) 装配式整体式混凝土结构体系状况

按照预制装配式设计图纸,5.900～52.300m 采用装配整体式混凝土结构体系,预制部位构件为预制夹心复合墙板 50mm(钢筋混凝土)＋100mm(EPS)＋160mm(钢筋混凝土)、楼梯间为 50mm(钢筋混凝土)＋100mm(EPS)＋50mm(钢筋混凝土)厚轻质混凝土隔墙板,内隔墙采用 100mm 厚预制混凝土墙板,预制预应力混凝土叠合楼板,预制楼梯，女儿墙采用预制夹心复合墙板。

**3. 实体分析数据来源**

实体分析所需的数据主要包括施工工程量、材料及预制构件价格等。为进行造价数据的分析，参照该单体建筑物传统施工现浇混凝土结构模式下的图纸及装配式混凝土结构设计的图纸，分别按照《××省建筑工程工程量计算规则》及《××省预制装配式混凝土结构建筑工程消耗量补充定额》规定的工程量计算规则，分别计算传统现浇施工模式和装配整体式模式下各种构件的工程量。以此为基础，分别套用《××省建筑工程消耗量定额》和《××省预制装配式混凝土结构建筑工程消耗量补充定额》，计算人工、材料和机械的消耗量。参照2016年当地材料预算价格，计算人工费、材料费和机械费，并根据××省建筑安装工程费用项目组成及计算方法，计算其他各项费用。

基于以上依据和方法，可以分别得到传统现浇混凝土结构及装配式混凝土结构各分部分项工程的工程量，作为进行造价指标和人工对比的基础。限于篇幅，工程量的原始数据对比省略。

**4. 实体人工消耗分析结果**

1）人材机消耗量的差异

在进行两种结构体系下人工消耗的对比时，由于机电安装工程主要是配管工程的差异，所占比例很小，就不作人材机消耗量分析，因此，只对土建和装饰部分人材机消耗量进行比较分析。

2）人工消耗量分析

根据两种结构体系下标准层图纸计算工程量，套用《××省建筑工程消耗量定额》及《××省装配整体式混凝土结构建筑工程消耗量补充定额》，得到两种结构体系下人工的消耗量。经计算，传统现浇施工模式下共消耗人工3772.72工日，折合每标准层平方米人工消耗4.78工日。预制装配式结构体系下共消耗人工3331.09工日，折合每标准层平方米人工消耗4.22工日。预制装配式结构体系比传统现浇结构体系施工现场人工消耗减少446.60工日，降幅约11.72%。各分部分项工程每标准层平方米人工消耗对比如图3.4-1所示。

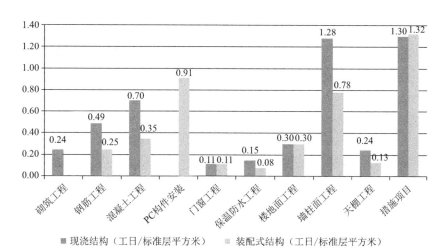

图3.4-1 分部分项工程人工消耗差异对比

从图 3.4-1 可以看出，各分部分项工程人工消耗的差异较大，其变化也各有不同。经测算，门窗工程及楼地面工程由于在两种结构体系下无明显变化，其工程量及定额套用基本相同，因此，其人工消耗变化可以忽略。由于所有内外加气混凝土砌块墙都变更设计为预制混凝土墙板，砌筑工程的工作内容连同砌块墙体与混凝土构件连接处所需的抗裂网在标准层均未发生，因此，其人工消耗的变化为减少 100％。由于原部分现浇混凝土构件变更设计为预制构件，钢筋及混凝土工程现场施工量明显减少。其人工消耗分别减少 188.7工日和 279.9 工日，减少比例分别为 49.24％和 50.63％。同时预制构件安装增加 717.33工日。由于外墙保温板已经包含在三明治外墙板中，因此，保温防水工程节约人工 54.01工日，减少比例为 46.39％。由于预制混凝土构件表面平整度较好，可以实现直接刮腻子刷涂料，施工现场减少了大量的抹灰工作。因此，墙柱面工程和天棚工程装饰抹灰的人工消耗量明显减少，特别是墙柱面工程，由于内外墙抹灰面积较大，人工消耗量减少 394.6工日，对总人工消耗减少的贡献率为 88.35％

### 5. 示范工程人工费小结

从示范工程得出初步结果，传统现浇模式下使用大批量的劳务用工人员，教育程度参差不齐，文化程度普遍不高。预制装配式施工使用现代产业化工人，受过良好的教育和专业化的培训，文化程度普遍较高。相对而言，预制装配式结构体系下的人工工资单价稍高，但是总用工节省 11％。随着装配式结构推广，操作人员熟练程度、安装专业化程度提高，人工费会进一步降低。

# 4 装配整体式混凝土工程材料管理

本章主要介绍预制构件及其他材料采购及合同管理、预制构件及其他主要材料的规格性能及使用质量要求。

## 4.1 预制构件及材料采购管理

### 4.1.1 预制构件及其他材料采购

装配整体式混凝土工程预制构件及材料采购分为预制构件及部品采购和其他材料采购，本节主要介绍预制构件及部品采购。

### 4.1.2 预制构件及其他材料采购准备

预制构件及其他材料采购是保证材料供应的基础，和现场施工安装密切相关，首先要了解装配整体式混凝土结构工程深化设计要求、施工安装进度等情况。因此项目部应提前编制预制构件及其他材料采购供应计划，切实掌握工程所需预制构件及其他材料的品种、规格、数量和使用时间，项目部内部施工生产、技术、材料、造价、计划、财务等部门应密切配合，做好预制构件及其他材料采购工作，应同预制构件及其他材料的生产厂家或经销单位、运输单位密切联系，密切协作，为现场施工安装做好物质准备。

### 4.1.3 预制构件及其他材料市场经济信息收集

拟建装配整体式建筑的项目部应会同材料员及时了解预制构件及其他材料市场商情，掌握预制构件及其他材料供应商、货源、价格等信息。对预制构件及其他材料市场经济信息、供需动态等进行搜集、整理、分析。预制构件及其他材料市场信息经过整理后，进行比较分析和综合研究，制定出预制构件及其他材料经济合理的采购策略和方案。

### 4.1.4 预制构件及其他材料市场采购

#### 1. 预制构件及其他材料订货，主要做好以下工作

（1）订货前，供需双方均需具体落实预制构件及其他材料资源和需用总量。供需双方就供货的品种、规格、质量和供货时间、供货方式等事宜进行具体协商，并解决有关问题，统一意见后，由供需双方签订预制构件及其他材料供货合同。

（2）选择供货单位的标准为质量应符合设计要求，价格低、费用省、交货及时、可以提供技术支持、售后服务好。

（3）选择供货单位的方法有多种方式，可采用直观判断法、采购成本比较法、综合评

分法、材料采购招标法来选择确定性价比最高的供货单位。

# 4.2 预制构件及部品采购合同内容

## 4.2.1 合同标的物情况

### 1. 预制构件及部品标识

主要包括预制构件及部品的名称（注明牌号、商标）、品种、型号、规格、等级、使用部位、技术标准或质量要求等。合同中标的物应按照建设行业主管部门颁布的产品规定正确填写，不能用习惯名称或自行命名，以免产生差错，如果地方有预制构件及部品认证管理制度，则预制构件及部品应是经过地方建设行业主管部门认证的产品。

### 2. 标的物的质量要求

标的物的质量应该符合国家或者建设行业现行有关质量标准和设计要求，应同实物样品质量状况一致。

### 3. 合同约定质量标准的一般原则是

（1）按颁布的国家、行业标准执行，如《装配整体式混凝土应用技术规程》JGJ 1—2014，《装配式混凝土建筑技术标准》GB/T 51231—2016，《混凝土工程质量验收规范》GB 50204—2015，《混凝土工程施工规范》GB 50666—2013，《钢筋套筒灌浆连接应用技术规程》JGJ 355—2015，《钢筋连接用灌浆套筒》JG/T 355，《钢筋套筒连接用用灌浆料》JG/T 408 等。

（2）没有国家标准而有地方标准的则按地方标准标准执行。

（3）没有国家标准和地方标准为依据时，可按照经技术监督局备案的企业标准执行。

（4）没有上述标准或虽有上述标准但采购方有特殊要求，按照双方在合同中约定的技术条件、样品或补充的技术要求执行。

### 4. 标的物执行的质量标准

合同内必须写明执行的代号、编号和标准名称，明确材料的技术要求、试验项目、方法、频率等。采购部品等成套产品时，合同内也需要规定附件等质量要求。

## 4.2.2 合同标的物数量

1. 合同中应该明确所采用的计量方法，并明确计量单位。凡国家、行业或地方规定有计量标准的产品，合同中应按照统一标准注明计量单位，没有规定的，可由当事双方协商执行，不可以用含糊不清的计量单位。应当注意的是，若建筑材料或产品有计量换算问题，则应该按照标准计量单位确定订购数量。

2. 供货方发货时所采用的计量单位与计量方法应该与合同一致，并在发货明细表或质量证书中注明，以便采购方检验。

3. 订购数量必须在合同中注明，尤其是一次订购分期供货的合同，还应明确每次进货的时间、地点和数量，考虑到预制构件生产要求和现场堆放及按楼层逐层向上安装特点，应明确根据每层安装工作量，逐层进场预制构件比较合理和科学。

4. 普通建筑材料（特别是灌浆料、坐浆料）等在运输过程中容易造成自然损耗，如挥发、飞散、干燥、风化、潮解、破损、漏损等，在装卸操作或检验环节中换装、拆包检查等也都会造成物资数量的减少，这些都属于途中自然减量。但是，有些情况不能作为自然减量，如非人力所能抗拒的自然灾害所造成的非常损失，由于工作失职和管理不善造成的失误。因此，对于某些建筑材料，还应在合同中写明交货数量的正负尾数差、合理磅差和运输途中的自然损耗的规定及计量方法。

## 4.2.3 合同标的物包装

1. 包括包装的标准、包装物的供应和回收。

2. 包装材料是指产品包装的类型、规格和容量以及标记等。产品或者其包装标识应该符合要求，如包装物产品名称、生产厂家、厂址、质量检验合格证明等。

3. 包装物一般应由建筑材料的供货方负责供应，并且一般不得另外向采购方收取包装费。如果采购方对包装提出特殊要求时，双方应在合同中商定，超过原标准费用部分由采购方负责。预制构件往往采用塑料薄膜或 EPS 板包装，如构件是清水混凝土面层或有装饰面，相应包装将会改为木制板材，增加的费用应事先双方商定。

## 4.2.4 合同标的物交付及运输方式

交付方式可以是采购方到约定地点提货或供货方负责将货物送达指定地点两大类。预制构件及部品一般是在拟使用的工程项目周边交付。

预制构件及部品通常采用专用运输车辆及靠放架运输，车辆内有完备的防碰撞措施。

## 4.2.5 合同标的物验收

1. 合同中应该明确货物的验收依据和验收方式。

验收依据包括：

（1）采购合同；

（2）供货方提供的发货单、计量单、装箱单及其他有关凭证；

（3）合同约定的质量标准的要求；

（4）产品合格证、检验单；

（5）深化及拆分设计图纸、施工专项方案和其他技术证明文件；

（6）双方当事人封存的样品、样板构件、样板部品。

2. 验收方式有驻厂验收、提运验收、接运验收和入库验收等方式。

（1）驻厂验收：在制造时期，由采购方派人会同监理单位在预制构件或部品供应的生产厂家进行材质检验。预制构件及部品适用于驻厂验收，发现同合同要求有冲突的问题应马上沟通纠正，避免或减少返工浪费。

（2）提运验收：对加工订制、市场采购和自提自运的物资，由提货人在提取产品时检验验收。

（3）接运验收：由接运人员对到达的物资进行检查，发现问题当场作出记录，一般普通建筑材料适用于接运验收。

（4）入库验收：是广泛采用的正式的验收方法，由仓库管理人员负责数量和外观检验。

### 4.2.6　合同标的物交货期限

应明确具体的交货时间。一般预制构件及部品根据工程进度采取分批交货方式，因此要注明各个批次的交货时间。

凡委托运输部门或单位运输、送货或代运的预制构件及部品或其他材料，一般以供货方发运时承运单位签发的日期为准。

### 4.2.7　合同标的物价格

标的物价格可在合同中明确：

（1）有国家定价的材料，应按国家定价执行；

（2）按规定应由国家定价的但国家尚无定价的材料，其价格应报请物价主管部门的批准；

（3）不属于国家定价的产品，如预制构件一般按每立方混凝土（内含钢筋、水电预埋件、暖通留洞、保温板、饰面层、门窗框、连接件或拉结件等）作为计算单元，可由供需双方协商确定价格。

### 4.2.8　合同标的物结算

合同中应明确结算的时间、方式和手续。首先应明确是验单付款还是验货付款。结算方式可以是现金支付和转账结算。现金支付适用于成交货物数量少且金额小的合同；转账结算适用于同城市或地区的结算，也适用于异地之间的结算。

### 4.2.9　合同标的物履行合同时违约责任

当事人任何一方不能正确履行合同义务时，都可以违约金的形式承担违约赔偿责任。双方应通过协商确定违约金的比例，并在合同条款内明确。

## 4.3　预制构件及其他材料现场组织管理

### 4.3.1　预制构件及其他材料供应计划

分项工程开工前，应向项目部材料负责人提供需要的材料供应计划，计划上明确提出所需材料的品种、规格、数量和进场时间。

### 4.3.2　预制构件及其他材料进场验收

当所需预制构件及其他材料进场时，专业施工员会同材料负责人和技术负责人共同对其进行验收。验收包括材料品种、型号、质量、数量等，并办理验收手续，报监理工程师核验。

### 4.3.3　预制构件及其他材料储存和保管

进场的材料应及时入库，建立台账，定期盘点。

## 4.3.4　材料领发

凡是有预算定额或工程量清单的材料均应凭限额领料单领取材料，装配式构件安装分项工程施工完成后，剩余材料应及时退回。

## 4.3.5　预制构件及其他材料使用过程管理

在施工过程中，专业施工员和材料员应对作业班组和劳务队工人使用材料进行动态监督，指导施工操作人员正确合理使用材料，发现浪费现象及时纠正。

## 4.3.6　预制构件及其他材料 ABC 分类管理

### 1. ABC 分类管理法

ABC 分类管理法又称 ABC 分析法、重点管理法。主要是分析对施工生产起关键作用的占有资金多的少数品种、起重要作用的占用资金较多的品种和起一般作用的占用资金少的多数品种的规律。在管理中要抓好关键，照顾重要，兼顾一般。ABC 分类法是以实际消耗量为依据的。突出重点，合理使用资金，使工作有主次，储备有重点。

### 2. ABC 分类管理基本方法

统计预制构件、部品及其他工程消耗的材料在一定时期内的品种项数和各品种相应的金额，登入分析卡；将分析卡排列的顺序编成按金额大小的消耗金额序列表，按金额大小分档次；根据序列表中的材料，计算各种与金额所占总品种与总金额的百分比。

划分 ABC 类别，以每个品种的金额大小为主，进行 ABC 的分类。装配整体式混凝土专项工程 ABC 参考分类见表 4.3-1。

<table>
<tr><td colspan="4" align="center">装配整体式预制构件材料 ABC 分类表　　　　　　　　　　表 4.3-1</td></tr>
<tr><td align="center">项　目</td><td align="center">A</td><td align="center">B</td><td align="center">C</td></tr>
<tr><td>外墙夹心墙板系统</td><td>外墙夹心墙板</td><td>钢套筒、金属波纹管、冷挤压套筒、坐浆料、灌浆料、钢斜撑、钢独立支撑</td><td>水泥砂浆、聚合物砂浆、垫板、线管、线盒</td></tr>
<tr><td>内墙板系统</td><td>内墙板</td><td>坐浆料、钢斜撑、钢独立支撑</td><td>水泥砂浆、聚合物砂浆、垫板、线管、线盒</td></tr>
<tr><td>外墙挂板系统</td><td>外墙挂板</td><td>钢斜撑、钢独立支撑、预埋件、连接螺栓</td><td>水泥砂浆、聚合物砂浆、线管、线盒</td></tr>
<tr><td>预制混凝土柱系统</td><td>预制混凝土柱</td><td>钢套筒、金属波纹管、冷挤压套筒、坐浆料、灌浆料、钢斜撑</td><td>水泥砂浆、聚合物砂浆、吊装埋件、垫板、线管、线盒</td></tr>
<tr><td>预制混凝土梁系统</td><td>预制混凝土梁</td><td>钢套筒、金属波纹管、冷挤压套筒、灌浆料、钢斜撑、连接套筒</td><td>焊条</td></tr>
</table>

### 4.3.7 混凝土材料及隔墙 ABC 分类管理见表 4.3-2。

混凝土及隔墙 ABC 分类管理表　　　　　　　　　表 4.3-2

| 项　　目 | A | B | C |
|---|---|---|---|
| 现浇混凝土系统 | 混凝土、钢筋、模板、钢管、扣件、方木 | 对拉螺栓、方钢管 | 塑料密封条、绑扎铁丝 |
| 轻质隔墙系统 | 砂加砌条板、石膏条板 | 金属连接件 | 密封膏、网格布、专用粘结剂、连接件 |

（1）从表 4.3-1 和表 4.3-2 中清楚地看出，管理的重点是切实管好预制构件及其他材料中少数品种并占多数金额的 A 类，兼顾 B、C 类。在预制构件及其他材料储备中，由于 A 类占用资金多，一般是按设计规格尺寸实际用量，无多余储备量，因此严格进行采购和控制，促使加强管理，减少资金占用；B 类材料品种多于 A 类而资金少于 A 类，按最高储备量采购和控制；C 类材料品种繁多，占用资金不多，为了保证供应，可在其他材料储备量中调增 10%～30%。其目的是减少储备资金占用。

（2）处理好重点材料和一般材料的关系。把主要精力放在 A 类材料，抓住主要矛盾，兼顾 B 类材料，不忘 C 类材料。因为缺任何一种材料都会给正常施工生产造成损失，而且这两类材料品种多，用途广泛，如果放松管理必然造成浪费。重点与一般也是相对的。另外因建筑施工中的结构形式不同，施工阶段不同等因素，具体工程中预制装配率不同，所有材料管理的重点和一般也会相应变化。

# 4.4　钢筋连接材料规格性能

## 4.4.1 钢筋连接材料性能

### 1. 钢筋连接套筒

通过水泥基灌浆料的传力作用将钢筋对接连接所用的金属套筒称为钢筋连接套筒，通常采用铸造工艺或者机械加工工艺制造。钢筋连接灌浆套筒材质应符合现行行业标准《钢筋连接用灌浆套筒》JG/T 398 的规定。

钢筋连接灌浆套筒一般分为全灌浆连接套筒、半灌浆连接套筒，还有异型套筒，如变直径钢筋连接套筒等。

全灌浆连接套筒上下二端均插入钢筋灌浆连接；半灌浆套筒为一端为直螺纹套丝连接，另一端为插入钢筋灌浆连接。其中半灌浆套筒具有体积相对较小、价格较低的优点。全灌浆连接套筒和半灌浆连接套筒连接示意如图 4.4-1 所示。

套筒表面应有刻印清晰的持久性标志；标志应至少包括厂家代号、套筒类型代号、主参数代号及可追溯材料性能的生产批号等信息。

套筒主参数为被连接钢筋的强度级别和直径。

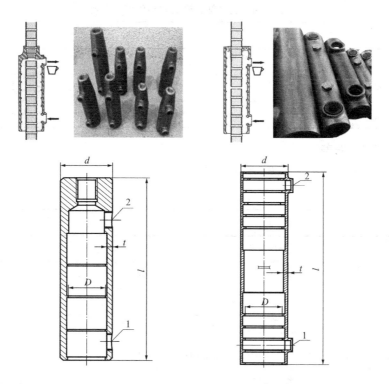

图 4.4-1　全灌浆连接套筒、半灌浆连接套筒图

1—灌浆孔；l—套筒总长；2—排浆孔；d—套筒外径；D—套筒锚固段环形突起部分的内径

### 2. 钢套筒质量要求

套筒采用铸造工艺制造时宜选用球墨铸铁，套筒采用机械加工工艺制造时宜选用优质碳素结构钢、低合金高强度结构钢、合金结构钢或其他经过型式检验确定符合要求的钢材。

采用球墨铸铁制造的套筒，材料应符合 GB/T 1348 的规定，其材料性能尚应符合表 4.4-1 的规定。

采用优质碳素结构钢、低合金高强度结构钢、合金结构钢加工的套筒，其材料的机械性能应符合 GB/T 699、GB/T 8162、GB/T 1591 和 GB/T 3077 的规定，同时尚应符合表 4.4-2 的规定。

钢套筒用于锚固的深度不宜超过钢筋直径的 8 倍。

球墨铸铁套筒材料性能　　　　　　　　　表 4.4-1

| 项　　目 | 单　　位 | 性能指标 |
|---|---|---|
| 抗拉强度 | MPa | ≥550 |
| 断后延伸率 | % | ≥5 |
| 球化率（球墨铸铁） | % | ≥85 |
| 硬度 | | 180～250 |

钢质机械加工套筒材料性能　　　　　　　　　　表 4.4-2

| 项　目 | 单　位 | 性能指标 |
|---|---|---|
| 抗拉强度 | MPa | ≥600 |
| 延伸率 | ％ | 钢材类≥16 |
| 屈服强度（钢材类） | MPa | ≥355 |

### 3. 钢套筒尺寸偏差

钢套筒的尺寸偏差应符合表 4.4-3 的规定。

钢套筒尺寸偏差表　　　　　　　　　　　表 4.4-3

| 序　号 | 项　目 | 铸造套筒 | 机械加工套筒 |
|---|---|---|---|
| 1 | 长度允许偏差 | ±（1‰×1）mm | ±2.0mm |
| 2 | 外径允许偏差 | ±1.5mm | ±0.8mm |
| 3 | 壁厚允许偏差 | ±1.2mm | ±0.8mm |
| 4 | 锚固段环形突起部分的内径允许偏差 | ±1.5mm | ±1.0mm |
| 5 | 锚固段环形突起部分的内径最小尺寸与钢筋公称直径差值 | ≥10mm | ≥10mm |
| 6 | 直螺纹精度 | / | GB/T 197 中 6H 级 |

### 4. 钢套筒外观

铸造的套筒表面不应有夹渣、冷隔、砂眼、气孔、裂纹等影响使用性能的质量缺陷。

机械加工的套筒表面不得有裂纹或影响接头性能的其他缺陷；套筒端面和外表面的边棱处应无尖棱、毛刺。

套筒表面允许有少量的锈斑或浮锈，不应有锈皮。

## 4.4.2　钢筋连接套筒灌浆料

钢筋连接用灌浆套筒灌浆料以水泥为基本材料，配以适当的细骨料以及混凝土外加剂和其他材料组成的干混料，干混料加水搅拌后具有良好的流动性、早强、高强、微膨胀等性能。填充于套筒和带肋钢筋间隙之间，起到传递受力、握裹连接钢筋于同一点的作用。

套筒灌浆料应符合现行行业标准《钢筋连接用套筒灌浆料》JG/T 408 的规定。钢筋套筒灌浆连接接头应满足现行行业标准《钢筋机械连接技术规程》JGJ 107 中Ⅰ级接头的性能要求，并应符合现行国家相关标准的规定和《钢筋套筒连接应用技术规程》JGJ 355—2015，灌浆套筒灌浆料如图 4.4-2 所示。

钢筋浆锚搭接连接接头应采用水泥基灌浆料，灌浆料的物理、力学性能应满足表4.4-4的要求。

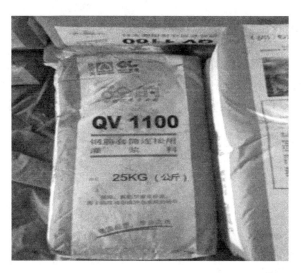

图 4.4-2 灌浆套筒灌浆料产品图

**钢筋套筒用灌浆料性能要求表**　　　　　　　　　　表 4.4-4

| 项　目 | | 性能指标 |
|---|---|---|
| 泌水率（%） | | 0 |
| 流动度（mm） | 初始值 | ≥300 |
| | 30min 保留值 | ≥260 |
| 竖向膨胀率（%） | 3h | ≥0.02 |
| | 24h 与 3h 的膨胀率之差 | 0.02～0.5 |
| 抗压强度（MPa） | 1d | ≥35 |
| | 3d | ≥60 |
| | 28d | ≥85 |
| 最大氯离子含量（%） | | 0.06 |

## 4.4.3　钢筋套筒挤压连接

通过挤压力使连接件钢套筒塑性变形与带肋钢筋紧密咬合形成的接头称为钢筋套筒挤压连接接头，连接接头有两种形式，径向挤压连接和轴向挤压连接。由于轴向挤压连接现场施工不方便及接头质量不够稳定，没有得到推广，当前常用的是径向挤压连接方式，钢套筒材质为工具钢。钢筋套筒挤压连接示意图如图 4.4-3 所示。

图 4.4-3　钢筋套筒挤压连接

### 4.4.4 钢筋连接用金属波纹管

以镀锌或不镀锌低碳钢带螺旋折叠咬口制成并用于后张法预应力混凝土结构构件中预留孔的金属管，放置在预制柱和预制剪力墙中形成预制孔道，孔径一般是搭接钢筋直径加 15mm。金属管规格性能应符合《预应力混凝土用金属螺旋管》JG 225—2007 的规定。

# 4.5 常用模板及支撑材料

### 4.5.1 胶合板

所用模板为 12mm、15mm 或 18mm 厚竹胶板，材料各项性能指标必须符合要求。竹胶板的力学性能见表 4.5-1。

覆面竹胶板的力学性能表　　　　　　　　　　　　表 4.5-1

| 规　格 | 抗弯强度 | 弹性模量 |
| --- | --- | --- |
| 12mm、15mm、18mm 厚胶板 | 37N/mm² （三层） | 10584N/mm² |
| 12mm、15mm、18mm 厚胶板 | 35N/mm² （五层） | 9898N/mm² |

木胶板所用模板厚度为 12mm、15mm 或 18mm，材料各项性能指标必须符合要求。木胶板的力学性能见表 4.5-2。

木胶板的力学性能表　　　　　　　　　　　　　　表 4.5-2

| 规　格 | 抗弯强度 | 弹性模量 |
| --- | --- | --- |
| 12mm 厚木胶板 | 16N/mm² | 4700N/mm² |
| 15mm 厚木胶板 | 17N/mm² | 5000N/mm² |

### 4.5.2 次龙骨（木方、方钢管）

1. **木方的含水率不大 20%**

霉变、虫蛀、腐朽、劈裂等不符合一等材质木方不得使用，木方（松木）的力学性能见表 4.5-3。

木方（松木）的力学性能表　　　　　　　　　　　表 4.5-3

| 规　格 | 剪切强度 | 抗弯强度 | 弹性模量 |
| --- | --- | --- | --- |
| 50mm×100mm | 1.7N/mm² | 17N/mm² | 10000N/mm² |
| 60mm×80mm | 1.7N/mm² | 17N/mm² | 10000N/mm² |

2. **方钢管规格性能的力学性能见表 4.5-4**

方钢管规格性能力学性能表 表 4.5-4

| 规　格 | 剪切强度 | 抗弯强度 | 弹性模量 |
|---|---|---|---|
| 50mm×50mm×1.5mm | 1.7N/mm² | 17N/mm² | 206000N/mm² |

## 4.5.3　木脚手板

选用50mm厚的松木质板，其材质符合国家现行标准《木结构设计规范》GB 50005中对Ⅱ级木材的规定。木脚手板宽度不得小于200mm；两头须用8号铅丝打箍；腐朽、劈裂等不符合一等材质的脚手板禁止使用。

## 4.5.4　垫板

垫板采用松木制成的木脚手板，厚度50mm，宽度200mm，板面挠曲≤12mm，板面扭曲≤5mm，不得有裂纹。

## 4.5.5　塑料模板

**1. 塑料模板优点**

塑料模板是通过200℃高温挤压而成的复合材料。塑料模板是一种节能型和绿色环保产品，以防水抗蚀而成为建筑行业的新宠，是继木模板、组合钢模板、竹木胶合模板、全钢大模板之后又一新型换代产品。能逐渐取代传统的钢模板、木模板，节能环保，摊销成本低，从而为国家节约了大量的木材资源，对保护环境、优化环境、低碳减排起着巨大作用。有阻燃、防腐、抗水及抗化学品腐蚀的功能，有较好的力学性能和电绝缘性能。塑料模板周转次数能达到30次以上，塑料模板多次使用后缺损严重的可以粉碎成粉末，然后作为原材料重新再加工成新的塑料模板，反复循环使用。既符合国家节能环保的要求，也适应国家产业政策发展的方向，更是建筑施工工程模板材料的一次新的变革，在装配整体式混凝土结构中，塑料模板往往用在现浇剪力墙、柱、阳台、部分叠合楼板之间的后浇连接墙、板处。

**2. 塑料模板施工性能**

塑料模板规格适应性强，可锯、钻，使用方便。模板表面的平整度、光洁度超过了现有清水混凝土模板的技术要求，能满足各种长方体、正方体、L形、U形的建筑支模的要求。

**3. 塑料模板强度高、温度适应范围大、耐摔、不发脆**，模板静曲强度达到22MPa，其可在-20~60℃正常施工。

**4. 塑料模板种类丰富**

根据部位具体分为塑钢模板、塑钢方木、塑钢阴阳角模板、塑钢圆柱模板、塑钢桥梁模板等异形模板。

**5. 塑料模板特点**

塑料模板和竹、木、钢模板比较见表4.5-5，塑料模板规格、力学性能见表4.5-6。

**塑料模板和竹、木、钢模板比较表**　　　　　　　表 4.5-5

塑料模板和竹、木、钢模板性能之间的对比

| 属性 | 塑料模板 | 竹胶板 | 木模板 | 钢模板 |
|---|---|---|---|---|
| 耐火性 | B2 级阻燃 | 不阻燃 | 不阻燃 | 不燃 |
| 回收性 | 可回收 | 不可回收 | 不可回收 | 可回收 |
| 抗水变形 | 不吸不变形 | 吸易变形 | 吸易变形 | 生锈变形 |
| 脱模过程 | 易 | 适中 | 适中 | 难 |
| 定制尺寸 | 可以 | 不可以 | 不可以 | 不可以 |
| 耐酸耐碱腐蚀 | 优良 | 差 | 差 | 差 |
| 表面处理费 | 0 | 0 | 0 | 10 |
| 可重复次数 | 30 次以上 | 8 | 4 | 30 |
| 每次费用 | 1～2 元 | 5 元 | 8 元 | 4 元 |

**塑料模板规格、力学性能**　　　　　　　表 4.5-6

| 规　格 | 抗弯强度 | 弹性模量 |
|---|---|---|
| 1830mm×915mm×12mm、（15mm、18mm） | 20.5N/mm$^2$～32N/mm$^2$（三层） | 1360N/mm$^2$～2080N/mm$^2$ |
| 2440mm×1220mm×12mm、（15mm、18mm） | 20.5N/mm$^2$～32N/mm$^2$ | 1360N/mm$^2$～2080N/mm$^2$ |

### 4.5.6　钢模板

**1. 定型钢模板使用**

预制构件生产使用模板通常应用定型钢模板，预制构件生产对模板平整度和成品外观要求很高，而且钢模板还要满足多次重复使用不会损坏和变形。

**2. 钢模板材质**

钢材选用采用现行国家标准《碳素结构钢》GB700 中的相关标准。一般采用 Q235 钢材，主要用在生产工厂内的预制构件底模和侧模。钢模板必须具备足够的强度、刚度和稳定性，能可靠的承受施工过程中各种荷载，保证结构物的形状尺寸准确。

**3. 钢模板规格**

当前，预制构件规格有待统一，因此，钢模板规格根据具体工程定制。

**4. 钢模板加工制作允许偏差**

钢模板加工宜采用数控切割，焊接宜采用二氧化碳气体保护焊。模板接触面平整度、板面弯曲、拼装缝隙、几何尺寸等应满足相关设计要求，允许偏差及检验方法应符合表 4.5-7 的规定。钢模板窗框口几何尺寸的允许偏差及检验方法见表 4.5-8。

钢模板几何尺寸的允许偏差及检验方法表　　　　　表 4.5-7

| 项次 | 项　目 | 允许偏差（mm） | 检验方法 |
|---|---|---|---|
| 1 | 长度 | 0，−4 | 激光测距仪或钢尺，测量平行构件高度方向，取最大值 |
| 2 | 宽度 | 0，−4 | 激光测距仪或钢尺，测量平行构件宽度方向，取最大值 |
| 3 | 厚度 | 0，−2 | 钢尺测量两端或中部，取最大值 |
| 4 | 构件对角线差 | ＜5 | 激光测距仪或钢尺量纵、横两个方向对角线 |
| 5 | 侧向弯曲 | L/1500，且≤3 | 拉尼龙线，钢角尺测量弯曲最大处 |
| 6 | 端向弯曲 | L/1500 | 拉尼龙线，钢角尺测量弯曲最大处 |
| 7 | 底模板表面平整度 | 2 | 2m 铝合金靠尺和金属塞尺测量 |
| 8 | 拼装缝隙 | 1 | 金属塞片或塞尺量 |
| 9 | 预埋件、插筋、安装孔、预留孔中心线位移 | 3 | 钢尺测量中心坐标 |
| 10 | 端模与侧模高低差 | 1 | 钢角尺量测量 |

钢模板窗框口几何尺寸的允许偏差及检验方法表（mm）　　　　　表 4.5-8

| 项次 | 位置 | 厚度 | 0，−2 | 钢尺测量两端或中部，取最大值 |
|---|---|---|---|---|
| 1 | 窗框口 | 长度、宽度 | 0，−4 | 激光测距仪或钢尺，测量平行构件长度、宽度方向，取最大值 |
|  |  | 中心线位置 | 3 | 用尺量量纵、横两中心位置 |
|  |  | 垂直度 | 3 | 用直角尺和基尺量测 |
|  |  | 对角线差 | 3 | 用尺量两个对角线 |

## 4.5.7　铝合金模板

### 1. 铝合金模板系统简述

对于装配整体式混凝土结构来说，根据部分具体工程预制率高低，竖向构件和水平构件仍有部分现浇混凝土结构，此部分结构现场施工采用传统木模板或胶合板做支撑系统时，成型的混凝土外观差、垂直度、平整度均较差，无法同相邻的预制构件表面质量相协调一致，因此采用高精度模数化的铝合金模板及支撑系统，可以解决此类问题。铝合金建筑模板系统全部配件均可重复使用，施工拆模后，现场无任何垃圾，施工环境安全、干净、整洁，有利于现场安全文明施工管理。

### 2. 铝合金模板优点

（1）全部采用定型化设计，工厂化生产制作，模板工程质量好。施工周期短：铝合金建筑模板系统为快拆模系统，组装拆除简单方便、能够有效的缩短施工时间，有利于缩短总体施工进度，稳定性好、承载力高。

（2）铝合金模板系统采用铝合金板组装而成，形成整体框架，稳定性较普通木竹模板好。拆模后混凝土表面感观效果好；铝合金建筑模板拆模后，混凝土表面平整光洁，成型效果好，整体感观质量明显提高，提升工程品质。

3. 铝合金模板同其他模板相比较分析见表4.5-9。

铝合金模板同其他模板相比较分析表 　　　　　　　　表4.5-9

| 模板类型 | 铝合金模板 | 传统木模板 | 钢模板 | 塑料模板 |
|---|---|---|---|---|
| 价格（元/m²） | 1400 | 50 | 800 | 100～200 |
| 周转次数 | 200 | 5～6 | 100～200 | 50 |
| 平均价值（元/m²） | 7 | 10 | 8 | 2～5 |
| 施工速度（天/层） | 4～5 | 5～6 | 6～7 | 6～7 |
| 比重（kg/m²） | 25 | 8～11 | 70～80 | 9～11 |
| 承载能力 | 高 | 较高 | 高 | 低 |
| 应用范围 | 墙，梁，板 | 墙，梁，板 | 墙体 | 墙，梁，板 |
| 施工难度 | 容易 | 容易 | 困难 | 容易 |
| 维护费用 | 低 | 低 | 高 | 低 |
| 回收价值 | 高 | 低 | 可回收损耗大 | 低 |
| 安全性 | 好 | 差 | 较差 | 好 |

### 4. 组合铝合金模板组成

组合铝合金模板由铝合金模板、支撑系统和配件组成。

组合铝合金模板规格见表4.5-10，铝合金模板分为平面模板和转角模板，转角模板分为阴角模板、阴角转角模板、阳角模板和底脚模板等。铝合金模板主要参数由模板的宽度、长度、高度组成，钢斜支撑主要规格见表4.5-11。其构造示意见图4.5-1。

铝合金模板常用规格表（mm） 　　　　　　　　表4.5-10

| 类　别 | 代号 | 宽　度 | | 长　度 | 高度 |
|---|---|---|---|---|---|
| 平面模板 | P | 100、150、200、250、300、350、400、450、500、550、600 | | 600、900、1200、1500、1800、2100、2400、2500、2600、2700、3000 | 65 |
| 阴角模板 | Y | 100×100　100×125 100×150　150×150 | | 600、900、1200、1500、1800、2100、2400、2500、2600、2700、3000 | 65 |
| 阴角转角模板 | YZ | 100×150　150×150 | | 250×250、300×300、350×350、400×400 | |
| 阳角模板 | J | 65×65 | | 600、900、1200、1500、1800、2100、2400、2500、2600、2700、3000 | 65 |
| 底脚模板 | DJ | 50、40 | | 100、150、200、250、300、350、400、450、500、550、600 | |

**铝合金模板配套的钢斜支撑主要规格表**　　　　表 4.5-11

| 名　称 | 规格（mm×mm） | 长度（mm） |
|---|---|---|
| 上斜支撑 | $\Phi$48.3×3.6 | 2000、2500、3000 |
| 下斜支撑 | $\Phi$48.3×3.6 | 900 |

**5. 铝合金型材**

组合铝合金模板体系所用的挤压铝合金型材应采用现行国家标准《一般工业用铝和铝合金挤压型材》GB/T 6892 中的 AL6061-T6 或 AL6082-T6 材料。铝合金材料的强度设计值应符合要求。铝合金模板构造示意如图 4.5-1 所示。

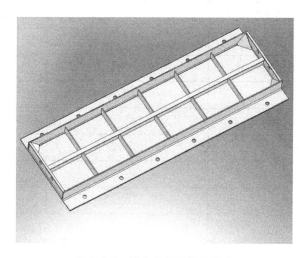

图 4.5-1　铝合金模板构造示意

**6. 铝合金型材表面质量**

铝合金型材表面应清洁、无裂纹或腐蚀斑点。型材表面的起皮、气泡、表面粗糙和局部机械损伤的深度不得超过所在部位壁厚公称尺寸的 8%。在装饰面，所有缺陷的最大深度不得超过 0.2mm，总面积不得超过型材表面积的 2%。在非装饰面，所有缺陷的最大深度不得超过 0.5mm，总面积不得超过型材表面积的 5%。型材上需加工的部位其表面缺陷深度不得超过加工余量。

**7. 铝合金模板截面尺寸**

铝合金模板截面尺寸应符合设计和应用要求，平面模板的边肋、端肋公称壁厚不得小于 5mm，面板厚度不得小于 3.5mm 且厚跨比不得小于 1/100；阳角模板公称壁厚不得小于 6mm；阴角模板公称壁厚不得小于 3.5mm。

**8. 钢支撑系统**

铝合金模板支撑系统根据构件不同分为水平构件支撑和竖向构件支撑。钢支撑系统见本章 4.5.8 条。

**9. 铝合金模板制作允许偏差应符合表 4.5-12 的规定。**

铝合金模板成品质量允许偏差表 表 4.5-12

| 项 目 | | 要求尺寸/mm | 允许偏差/mm |
|---|---|---|---|
| 外形尺寸 | 长度 | $L$ | $-0.50$，$-1.50$ |
| | 宽度 | ≤200 | 0，$-0.80$ |
| | | >200～400 | 0，$-1.20$ |
| | | >400～600 | 0，$-1.50$ |
| | 对角线差 | — | 1.50 |
| | 面板厚度 | — | $-0.25$ |
| 销孔 | 沿板宽度的孔中心距 | — | ±0.50 |
| | 沿板长度的孔中心距 | — | ±0.50 |
| | 孔中心与板面间距 | — | $+0.50$，0 |
| | 孔直径 | 16.50 | $+0.25$，0 |
| 端肋与边肋的垂直度 | | 90° | $-0.40°$ |
| 板面平面度 | | 任意方向 | ≤1.5 且 1/500（用 2m 靠尺测量） |
| 凸棱直线度 | | — | 1/1000 且≤2.0 |
| 端肋组装位移 | | — | $-0.60$ |
| 焊缝 | | 符合现行国家标准《铝及铝合金的弧焊接头缺欠质量分级指南》GB/T 22087 中 D 级焊缝质量要求 | |
| 阳角模垂直度 | | 90° | Δ≤1.00° |

## 4.5.8 独立钢支撑系统

1. 独立钢支撑系统简介

装配整体式混凝土结构支撑系统使用量最大的是独立钢支柱支撑、钢斜撑，独立钢支撑主要用于水平构件如预制叠合楼板、预制梁底部、预制阳台板等垂直支撑固定控制位置，钢斜撑主要用于预制柱、预制剪力墙、预制梁、预制外挂板安装临时就位侧面固定控制位置，铝合金模板也可参照本节规定使用钢支柱支撑、钢斜撑。当前独立钢支撑、钢斜撑国内尚未统一规格和长度。下面就使用较多的一种独立钢支柱和钢斜撑作详细介绍。《建筑施工模板安全技术规范》JGJ 162—2008 有关独立钢支撑内容也一并列出，供参考使用。

2. 独立钢支撑系统主要构配件

独立钢支撑系统由独立钢支柱、楞梁、水平杆或三脚架组成，系统如图 4.5-3 所示。其中的独立钢支柱由插管、套管和支撑头组成。分为外螺纹钢支柱和内螺纹钢支柱，如图 4.5-2 所示。

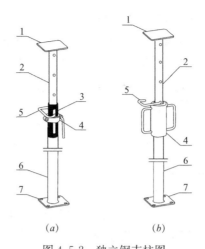

图 4.5-2 独立钢支柱图

(a) 外螺纹钢支柱；(b) 内螺纹钢支柱；

1—支撑头；2—插管；3—调节螺管；4—调节螺母；5—销栓；6—套管；7—底座

3. 钢支撑系统高度限制

当楼层层高不超过 3m 时，可使用独立钢支柱做模板支撑，当楼层层高超过 3m 且不超过 4m 时，独立钢支柱应增加水平杆或三角架，当楼层层高超过 4m 时，不宜使用独立钢支撑系统。如图 4.5-3 所示。

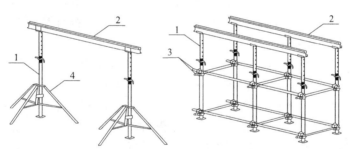

图 4.5-3 独立钢支柱支撑

1—独立钢支柱；2—楞梁；3—水平杆；4—三脚架

4. 独立钢支柱支撑主要构配件规格见表 4.5-13。

**独立钢支柱支撑主要构配件规格表**　　　　表 4.5-13

| 名　称 | 型号 | 插管 | | 套管 | | 最小使用高度（mm） | 最大使用高度（mm） |
|---|---|---|---|---|---|---|---|
| | | 规格（mm×mm） | 长度（mm） | 规格（mm×mm） | 长度（mm） | | |
| 钢支柱 | C-1518 | Φ48.3×3.6 | 1506 | Φ60×2.4 | 1806 | 1812 | 3032 |
| | C-1522 | Φ48.3×3.6 | 1506 | Φ60×2.4 | 2206 | 2212 | 3432 |
| | C-1527 | Φ48.3×3.6 | 1506 | Φ60×2.4 | 2706 | 2712 | 3932 |

5. 套管由底座、套管、调节螺管和调节螺母组成。插管由开有销孔的钢管和销栓组成。

6. 支撑头可采用板式顶托或 U 型支撑。

7. 连接杆宜采用普通钢管，钢管应有足够的刚度。

8. 三脚架宜采用可折叠的普通钢管制作，应具有足够的稳定性。

9. 独立钢支撑的主要构配件材质应符合表 4.5-14 的规定。

独立钢支撑的主要构配件材质表　　　　　表 4.5-14

| 名称 | 插管 | 套管 | 调节螺管 | 调节螺母 | 销栓 | 底座 | 支撑头 |
|------|------|------|----------|----------|------|------|--------|
| 材质 | Q235B 或 Q345 | Q235B 或 Q345 | Q235B 或 Q345 无缝钢管 | ZG270-500 | 镀锌热轧光圆钢筋 HPB300 | Q235B | Q235B |

10. 插管、套管应符合现行国家标准《直缝电焊钢管》GB/T13793、《低压流体输送用焊接钢管》GB/T3091 中的 Q235B 或 Q345 级普通钢管的要求，其材质性能应符合现行国家标准《碳素结构钢》GB/T700 或《低合金高强度结构钢》GB/T1591 的规定。

11. 插管规格宜为 $\Phi$48.3mm×3.6mm，套管规格宜为 $\Phi$60mm×2.4mm，钢管壁厚（t）允许偏差为 ±10%。插管下端的销孔宜采用 $\Phi$15mm、间距 125mm 的销孔，销孔应对称设置；插管外径与套管内径间隙应小于 2mm；插管与套管的重叠长度不小于 280mm。

12. 底座宜采用钢板热冲压整体成型，钢板性能应符合现行国家标准《碳素结构钢》GB/T 700 中 Q235B 级钢的要求，并经 600～650℃ 的时效处理。底座尺寸宜为 150mm×150mm，板材厚度不得小于 6mm。

13. 支撑头宜采用钢板制造，钢板性能应符合现行国家标准《碳素结构钢》GB/T700 中 Q235B 级钢的要求。支撑头尺寸宜为 150mm×150mm，板材厚度不得小于 6mm。支撑头受压承载力设计值不应小于 40kN。

14. 调节螺管规格应不小于 $\Phi$60mm×4.0mm，应采用 20 号无缝钢管，其材质性能应符合现行国家标准《结构用无缝钢管》GB/T 8162 的规定。调节螺管的可调螺纹长度不小于 210mm，孔槽宽度不应小于 16mm，长度宜为 130mm，槽孔上下应居中对称布置。

15. 调节螺母应采用铸钢制造，其材料机械性能应符合现行国家标准《一般工程用铸造碳钢件》GB 11352 中 ZG270-500 的规定。调节螺母与可调螺管啮合不得少于 6 扣，调节螺母高度不小于 40mm，厚度应不小于 10mm。

16. 销栓应采用镀锌热轧光圆钢筋，其材料性能应符合现行国家规范《钢筋混凝土用钢第 1 部分热轧光圆钢筋》GB 1499.1 的相关规定。销栓直径宜为 $\Phi$14mm，抗剪承载力不应小于 60kN。

17. 楞梁采用木或铝合金制作的工字梁，水平杆为普通钢管制作。

18. 生产厂家应对支撑系统的构配件外观和允许偏差项目进行质量检查，并应委托具有相应检测资质的机构对构配件进行力学性能试验。

19. 构配件应按照现行国家标准《计数抽样检验程序第 1 部分：按接收限（AQL）检索的逐批检验抽样计划》GB/T 2828.1 的有关规定进行随机抽样。

不得采用横断面接长的钢管；插管、套管钢管应平直，直线度允许偏差不应大于管长的 1/500，两端应平整，不得有斜口、毛刺；各焊缝应饱满，焊渣应清除干净，不得有未焊透、夹渣、咬肉、裂纹等缺陷。

20. 钢支撑系统的构配件外观质量应符合下列要求：

(1) 插管、套管应光滑、无裂纹、无锈蚀、无分层、无结疤、无毛刺等。

（2）构配件防锈漆涂层应均匀，附着应牢固，油漆不得漏、皱、脱、淌；表面镀锌的构配件，镀锌层应均匀一致。

21. 部分企业自行开发了其他独立钢支撑系统，其技术参数符合《建筑施工模板安全技术规范》JGJ 162—2008有关独立钢支撑内容。

独立钢支撑一般用工具式钢管支柱，CH型和YJ型工具式钢管支柱的规格和力学性能应符合表4.5-15和表4.5-16的规定。

CH、YJ型钢管支柱规格表                    表4.5-15

| 型号 项目 | CH | | | YJ | | |
|---|---|---|---|---|---|---|
| | CH-65 | CH-75 | CH-90 | YJ-18 | YJ-22 | YJ-27 |
| 最小使用长度（mm） | 1812 | 2212 | 2712 | 1820 | 2220 | 2720 |
| 最大使用长度（mm） | 3062 | 3462 | 3962 | 3090 | 3190 | 3990 |
| 调节范围（mm） | 1250 | 1250 | 1250 | 1270 | 1270 | 1270 |
| 螺旋调节范围（mm） | 170 | 170 | 170 | 70 | 70 | 70 |
| 容许荷载 最小长度时（kN） | 20 | 20 | 20 | 20 | 20 | 20 |
| 容许荷载 最大长度时（kN） | 15 | 15 | 12 | 15 | 15 | 12 |
| 重量（kN） | 0.124 | 0.132 | 0.148 | 0.1387 | 0.1499 | 0.1639 |

CH、YJ型钢管支柱力学性能                    表4.5-16

| 项 目 | | 直径（mm） | | 壁厚（mm） | 截面面积（mm²） | 惯性矩 $I$（mm⁴） | 回转半径 $i$（mm） |
|---|---|---|---|---|---|---|---|
| | | 外径 | 内径 | | | | |
| CH | 插管 | 48.6 | 43.8 | 2.4 | 348 | 93200 | 16.4 |
| | 套管 | 60.5 | 55.7 | 2.4 | 438 | 185100 | 20.6 |
| YJ | 插管 | 48 | 43 | 2.5 | 357 | 92800 | 16.1 |
| | 套管 | 60 | 55.4 | 2.3 | 417 | 173800 | 20.4 |

## 4.5.9 钢斜支撑规格性能

1. 剪力墙结构中内墙板和外墙板、外墙挂板、预制柱、预制梁的侧向固定支撑应采用钢斜支撑，钢斜支撑实景如图4.5-4所示。

2. 钢斜支撑由内管和外管、可调螺杆、手柄和连接码组成，应符合下列要求：

（1）钢斜支撑材质应符合国家现行标准《直缝电焊钢管》GB/T 13793、《低压流体输送用焊接钢管》GB/T 3091中的Q235B或Q345级普通钢管的要求，其材质性能应符合现行国家标准《碳素结构钢》GB/T 700或《低合金高强度结构钢》GB/T 1591的规定。

图 4.5-4　钢斜支撑实景图

（2）可调螺杆应符合现行国家标准《碳素结构钢》GB/T 700 的规定。

（3）手柄应采用镀锌热轧光圆钢筋，其材料性能应符合现行国家规范《钢筋混凝土用钢 第 1 部分：热轧光圆钢筋》GB 1499.1 中的 HPB300 热轧光圆钢筋的相关规定。手柄直径不应小于 14mm。

3. 连接码尺寸宜为 150mm×150mm，板材厚度不应小于 10mm，宜采用 Q235B 的钢板热冲压整体成型，其材质性能应符合现行国家标准《碳素结构钢》GB/T 700 的规定。

4. 预制柱、预制梁支撑可用单根钢斜支撑做单侧支撑，其规格尺寸见表 4.5-17。

单根钢斜支撑规格表　　　　　　　　　　　　　　　　表 4.5-17

| 预制柱、预制梁支撑规格（mm） | | | | | | | | |
|---|---|---|---|---|---|---|---|---|
| 调节长度 | | 外管 | | | 内管 | | | 插销 |
| 最短长度 | 最长长度 | 外径 | 长度 | 壁厚 | 外径 | 长度 | 壁厚 | 直径 |
| 2000 | 3000 | Φ60 | 1385 | 2 | Φ48 | 1998 | 2 | Φ14 |
| 承载力 13~22kN | | | | | | | | |

5. 剪力墙板外墙挂板钢支撑可用其规格尺寸如表 4.5-18：

长短两根钢斜支撑规格表　　　　　　　　　　　　　　表 4.5-18

| 剪力墙板、外墙挂板钢支撑规格（mm） | | | | | | | | |
|---|---|---|---|---|---|---|---|---|
| 调节长度 | | 外管 | | | 内管 | | | 插销 |
| 最短长度 | 最长长度 | 外径 | 长度 | 壁厚 | 外径 | 长度 | 壁厚 | 直径 |
| 2000 | 3000 | Φ60 | 1385 | 2 | Φ48 | 1998 | 2 | Φ14 |
| 900 | 1500 | Φ60 | 850 | 2 | Φ48 | 920 | 2 | Φ14 |
| 承载力 13~22kN | | | | | | | | |

## 4.5.10　钢管和扣件等

装配整体式混凝土结构根据预制构件使用多少及预制率高低，及各地施工单位习惯情况，仍有部分地区采用普通钢管脚手架系统作为水平构件的支撑系统。

钢管脚手架系统材料性能的规格和材质要求如下：

### 1. 钢管

（1）选用 $\Phi48.3mm\times3.6mm$ 焊接钢管，并符合《直缝电焊钢管》GB/T-13973 或《低压流体输送用焊接钢管》GB/T-3091 中规定的 Q235-A 级钢，其材质应符合《碳素结构钢》GB700 的相应规定，用于立杆、横杆、剪刀撑和斜杆的长度为 4.0～6.0m。

（2）报废标准：钢管弯曲、压扁、有裂纹或严重锈蚀。

Q235 钢材的强度设计值与弹性模量见表 4.5-19。

**Q235 钢材的强度设计值与弹性模量**　　　　　表 4.5-19

| 抗弯强度 | 抗剪强度 | 弹性模量 E |
|---|---|---|
| $0.205kN/mm^2$ | $0.12kN/mm^2$ | $2.06\times105N/mm^2$ |

### 2. 扣件

扣件采用机械性能不低于 KTH 330—08 的可锻铸铁或铸钢制造，并应满足《钢管脚手架扣件》GB 15831 的规定。铸件不得有裂纹、气孔。扣件与钢管的贴合面必须严格整形，保证与钢管扣紧时接触良好，当扣件夹紧钢管时，开口外的最小距离不小于 5mm。扣件活动部位能灵活转动，旋转扣件的两旋转面间隙小于 1mm。扣件表面进行防锈处理。

扣件螺栓拧紧扭力矩值不应小于 40N·m，且不应大于 65N·m。

### 3. U 型可调托撑

可调托撑力学指标必须符合规范要求：U 形可调托撑受压承载力设计值不小于 40KN，支托板厚度不小于 5mm。螺杆外径不得小于 36mm，直径与螺距应符合现行国家标准《梯形螺纹第 2 部分：直径与螺距系列》GB/T 5796.2 和《梯形螺纹第 2 部分：直径与螺距系列》GB/T 5796.3 的规定。螺杆与支托板焊接应牢固，焊缝高度不得小于 6mm，螺杆与螺母旋合长度不得少于 5 扣，螺母厚度不得小于 30mm。

## 4.5.11　脚手架系统的检查与验收

钢管应有产品质量合格证并符合相关规范规定要求，扣件的质量应符合相关规定的使用要求，木脚手板的宽度不宜小于 200mm，厚度不小于 50mm，可调托撑及构配件质量应符合规范要求。

1. 钢管应有产品质量合格证，应有质量检验报告，钢管材质检验方法符合现行国家标准金属拉伸试验方法 GB/T 228 的有关规定。钢管质量符合《建筑施工扣件式钢管脚手架安全技术规范》JGJ 130 中 3.1.1 的规定。钢管表面应平直光滑不得有裂缝结疤分层错位硬弯毛刺压痕和深的划道。钢管外径壁厚端面等的偏差分别符合《建筑施工扣件式钢管脚手架安全技术规范》JGJ 130—2011 的规定，构配件允许偏差见表 4.5-20。钢管必须涂有防锈漆。

**构配件允许偏差表**　　　　　表 4.5-20

| 序号 | 项　目 | 允许偏差 $\Delta$（mm） | 示意图 | 检查工具 |
|---|---|---|---|---|
| 1 | 焊接钢管尺寸（mm）外径 48.3；壁厚 3.6 | $\pm0.5$ $\pm0.36$ | | 游标卡尺 |

| 序号 | 项 目 | 允许偏差 Δ（mm） | 示意图 | 检查工具 |
|---|---|---|---|---|
| 2 | 钢管两端面切斜偏差 | 1.70 | | 塞尺、拐角尺 |
| 3 | 钢管外表面锈蚀深度 | ≤0.18 | | 游标卡尺 |
| 4 | 钢管弯曲 a. 各种杆件钢管的端部弯曲，1≤1.5m | ≤5 | | 钢板尺 |
| | b. 立杆钢管弯曲 3m＜1≤4m；4m＜1≤6.5m | ≤12 ≤20 | | |
| | c. 水平杆、斜杆的钢管弯曲，1≤6.5m | ≤30 | | |
| 5 | 冲压钢脚手板 a. 板面挠曲，1≤4m；1＞4m | ≤12 ≤16 | | 钢板尺 |
| | b. 板面扭曲（任一角翘起） | ≤5 | | |
| 6 | 可调托撑支托板变形 | 1.0 | | 钢板尺、塞尺 |

2. 旧钢管的检查应符合下列规定：

（1）表面锈蚀深度符合《建筑施工扣件式钢管脚手架安全技术规范》JGJ 130—011 的规定，允许偏差见表 4.5-20。

（2）检查时在锈蚀严重的钢管中抽取三根在每根锈蚀严重的部位横向截断取样检查当锈蚀深度超过规定值时不得使用。

（3）钢管弯曲变形符合《建筑施工扣件式钢管脚手架安全技术规范》JGJ 130 的规定。

3. 扣件的验收应符合下列规定：

（1）新扣件应有生产许可证法、定检测单位的测试报告和产品质量合格证，当对扣件质量有怀疑时，按现行国家标准钢管脚手架扣件 GB 15831 的规定抽样检测。

（2）旧扣件使用前应进行质量检查，有裂缝变形的严禁使用，出现滑丝的螺栓必须更换。新旧扣件均进行防锈处理。螺栓拧紧扭力矩达到 65N·m 时，不得发生破坏。

### 4.5.12　承插型盘扣式支架

1. 整体式混凝土结构根据预制构件使用多少及预制率高低，及各地施工单位习惯情况，有部分工程应用承插型盘扣式支架系统，既能作为预制楼板、阳台板竖向支撑用，又可作为水平或竖向现浇混凝土构件施工时使用。

2. 承插型盘扣式支架的构配件

盘扣节点由焊接于立杆上的连接盘、水平杆杆端扣接头和斜杆杆端扣接头组成。接头做法示意图如图 4.5-5 所示。

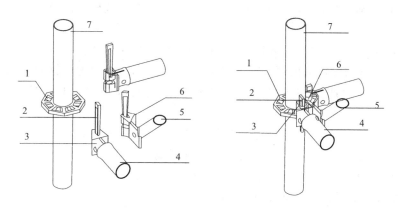

图 4.5-5　承插型盘扣式支架接头做法示意

1—连接盘；2—插销；3—水平杆杆端扣接头；4—水平杆；

5—斜杆；6—斜杆杆端扣接头；7—立杆

3. 插销外表面与水平杆和斜杆杆端扣接头内表面吻合，插销连接应保证锤击自锁后不拔脱，抗拔力不得小于 3kN。插销具有可靠防拔脱构造措施，且应设置便于目视检查楔入深度的刻痕或颜色标记。盘扣节点间距宜按 0.5m 模数设置；横杆长度宜按 0.3m 模数设置。

4. 承插型盘扣式钢管支架的构配件除有特殊要求外，其材质应符合现行国家标准《低合金高强度结构钢》GB/T 1591、《碳素结构钢》GB/T700 以及《一般工程用铸造碳钢件》GB/T11352 的规定。承插型盘扣式模板支架的主要构配件材质见表 4.5-21。

**承插型盘扣式模板支架构配件材质表**　　　　　　　　　　　表 4.5-21

| 立杆 | 水平杆 | 连接盘、插销 | 扣接头 | 立杆连接套管 | 斜杆 | 可调螺母 | 可调底、托座、托板 |
|------|--------|--------------|--------|--------------|------|----------|---------------------|
| Q345A | Q235 | Q235 或 ZG230-450 | ZG230-450 | ZG230-450 或 20 号无缝钢管 | Q235 | ZG270-450 | Q235 |

5. 盘扣接头、插销以及可调螺母的调节手柄采用碳素铸钢制造时，其材料机械性能不得低于现行国家标准《一般工程用铸造碳钢件》GB/T 11352 中牌号为 ZG 230—450 的屈服强度、抗拉强度、延伸率的要求。

6. 连接套管可采用铸钢套管或无缝钢管套管。采用铸钢套管形式的立杆连接套长度不应小于 90mm，可插入长度不应小于 75mm；采用无缝钢管套管形式的立杆连接套长度不应小于 160mm，可插入长度不应小于 110mm。套管内径与立杆钢管外径间隙不应大于 2mm。

7. 与立杆连接套管应设置固定立杆连接件的防拔出销孔，销孔孔径不应大于 14mm，允许尺寸偏差应为 ±0.1mm；立杆连接件直径宜为 12mm，允许尺寸偏差应为 ±0.1mm。

8. 盘与立杆焊接固定时，连接盘盘心与立杆轴心的不同轴度不应大于 0.3mm；以单侧边连接盘外边缘处为测点，盘面与立杆纵轴线正交的垂直度偏差不应大于 0.3mm。

9. 底座和可调托座的丝杆宜采用梯形牙，宜配置 $\Phi48$ 丝杆和调节手柄，丝杆外径不应小于 46mm。

10. 底座和可调托座托板宜采用 Q235 钢板制作，厚度不应小于 5mm，允许尺寸偏差应为 ±0.2mm，承力面钢板长度和宽度均不应小于 150mm；承力面钢板与丝杆应采用环焊，并应设置加劲片或加劲拱度；可调托座托板应设置开口挡板，挡板高度不应小于 40mm。

11. 底座及可调托座丝杆与螺母旋合长度不得小于 5 扣，螺母厚度不得小于 30mm，可调托座和可调底座插入立杆内的长度应符合规范规定。

12. 配件的制作质量及形位公差要求，应符合规范规定。

13. 可调底座承载力，应符合规范规定。

14. 钢管外观质量应符合要求：

(1) 钢管应无裂纹、凹陷、锈蚀，不得采用对接焊接钢管；

(2) 钢管应平直，直线度允许偏差应为管长的 1/500，两端面应平整，不得有斜口、毛刺；

(3) 铸件表面应光滑，不得有砂眼、缩孔、裂纹、浇冒口残余等缺陷，表面粘砂应清除干净；

(4) 冲压件不得有毛刺、裂纹、氧化皮等缺陷；

(5) 各焊缝有效高度应符合规定，焊缝应饱满，焊药应清除干净，不得有未焊透、夹渣、咬肉、裂纹等缺陷；

(6) 可调底座和可调托座表面宜浸漆或冷镀锌，涂层应均匀、牢固；架体杆件及其他构配件表面应热镀锌，表面应光滑，在连接处不得有毛刺、滴瘤和多余结块；

(7) 主要构配件上的生产厂标识应清晰。

# 4.6　常用预制构件及部品

装配式混凝土结构的基本预制构件主要有预制混凝土柱、预制混凝土叠合梁、预制混凝土叠合楼板、预制混凝土墙板、预制混凝土楼梯、预制外挂墙板、预制阳台、预制空调板、预制女儿墙等构件，部分地区存在异型构件，室内分割空间还有砂加气轻质混凝土墙板和石膏轻质条板等。预制构件规格各地采用均不一致，有待于归并整理，形成预制构件标准化、模数化，方便设计人员选用，方便生产企业加工制备，使施工安装便捷有序。

### 4.6.1 预制混凝土柱

#### 1. 预制混凝土柱简述

一般在工厂预制完成，有预制实心柱和预制空心柱。为了连接的需要，在端部需要留置外露钢筋，如图 4.6-1 所示。

#### 2. 预制混凝土柱规格

住宅建筑的预制混凝土柱长度一般为层高 2.9～3.1m；公共建筑由于层高较大，预制混凝土柱长度一般大约为层高 3.2～5.2m；柱截面尺寸长×宽一般为 400mm×600mm～600mm×900mm；也有个别工程预制混凝土柱为 2～3 层高，楼层连接处仅钢筋通过，预制混凝土柱一般重量在 7t 以内时，起重安装较为便利，个别预制混凝土柱达到 15t 甚至更重，给起重机械选择和安装带来较大困难。

图 4.6-1 预制混凝土柱实景

### 4.6.2 预制混凝土梁规格

预制混凝土梁规格当前尚未模数化和标准化，主要是各地根据本地特点确定，从当前已完成装配整体式结构应用来看，一般在工厂预制完成，有预制矩形梁、叠合梁和预制 U 梁。截面尺寸一般宽×高为 400mm×600mm～500mm×900mm，单跨为 8m 以内，一般重量在 5t 以内；为了连接的需要，在端部需要留置锚筋，叠合梁在上部也需要露出钢筋，用来连接叠合板，也有个别工程预制混凝土梁长为 2～3 跨，跨柱处连接处仅钢筋通过。预制梁图示如图 4.6-2 所示。

图 4.6-2 预制梁实景图

### 4.6.3 预制混凝土楼板

一般在工厂预制完成，预制混凝土楼板包括预制实心混凝土板、预制混凝土叠合板。预制混凝土叠合板最常见的主要有两种，一种是钢筋桁架混凝土叠合板，如图 4.6-3 所示；另一种是预制带肋底板混凝土叠合楼板，简称 PK 板，如图 4.6-4 所示。

图 4.6-3　钢筋桁架混凝土叠合板　　　　　图 4.6-4　预制 PK 板

钢筋桁架混凝土叠合板规格尺寸各地均不一样，根据钢筋桁架混凝土叠合板（国标 15G366-1）规定，主筋及钢筋桁架的上弦、下弦钢筋采用 HRB400，桁架腹筋采用 HPB300，底板与后浇混凝土之间的结合面应做成凹凸面，凹凸深度不小于 4mm，吊点位置的跨度小于 4200mm 时，采用四点吊，最外吊点距离板端为 0.2L 板长；当吊点位置的跨度大于等于 4200mm 时，采用六点吊，最外吊点距离板端为 0.15L 板长，钢筋桁架混凝土叠合板单向板规格及双向板规格见下表 4.6-1～表 4.6-4。

双向板底板宽度　单位（mm）　　　　　　　　　表 4.6-1

| 标志宽度 | 1200 | 1500 | 1800 | 2000 | 2400 |
|---|---|---|---|---|---|
| 边板实际宽度 | 960 | 1260 | 1560 | 1760 | 2160 |
| 中板实际宽度 | 900 | 1200 | 1500 | 1700 | 2100 |

单向板底板宽度　单位（mm）　　　　　　　　　表 4.6-2

| 标志宽度 | 1200 | 1500 | 1800 | 2000 | 2400 |
|---|---|---|---|---|---|
| 实际宽度 | 1200 | 1500 | 1800 | 2000 | 2400 |

双向板底板跨度　单位（mm）　　　　　　　　　表 4.6-3

| 标志跨度 | 3000 | 3300 | 3600 | 3900 | 4200 | 4500 |
|---|---|---|---|---|---|---|
| 实际跨度 | 2820 | 3120 | 3420 | 3720 | 4020 | 4320 |
| 标志跨度 | 4800 | 5100 | 5400 | 5700 | 6000 | |
| 实际跨度 | 4620 | 4920 | 5220 | 5520 | 5820 | |

| 单向板底板跨度　单位（mm） | | | | | | 表 4.6-4 |
|---|---|---|---|---|---|---|
| 标志跨度 | 2700 | 3000 | 3300 | 3600 | 3900 | 4200 |
| 实际跨度 | 2520 | 2820 | 3120 | 3420 | 3720 | 4020 |

### 4.6.4　预制混凝土墙板

预制混凝土墙板一般在工厂预制完成，种类有预制混凝土剪力墙内墙板、预制混凝土剪力墙外墙板、预制混凝土夹心外保温墙板、预制混凝土剪力墙外墙挂板等。

1. 预制混凝土剪力墙内墙板即由钢筋和混凝土浇筑而成的墙板，在需要连接的部位需留置钢筋或锚孔。

2. 预制混凝土剪力墙夹心外保温墙板在墙厚方面采用内外预制，外叶板中钢筋为冷轧带肋钢筋，其他钢筋均为 HRB400。中间夹保温材料，通过连接件相连而成的钢筋混凝土剪力墙保温墙板，部分板外侧在生产构件时做有装饰面，如图 4.6-5、图 4.6-6 所示。

图 4.6-5　预制夹心混凝土剪力墙外墙板实景　　　图 4.6-6　预制混凝土剪力墙实景

3. 预制混凝土外挂墙板是在外墙起围护作用的非承重作用的预制混凝土墙板（可能含有保温板），部分板外侧在生产构件时做有装饰面。

4. 楼层高按 2.8m、2.9m、3.0m 考虑，也可根据具体工程确定。

5. 内叶板厚度一般为 200mm，外叶板厚度为 60mm，部分地区外叶板厚度为 50mm。

6. 夹心保温层根据建筑节能热工分区经热工计算确定，同时考虑具体单体工程的体型系数和窗墙面积比的影响，一般厚度为 30～100mm；其中严寒地区一般厚度为 80～100mm，寒冷地区为厚度 60～80mm，夏热冬冷地区厚度为 40～60mm，夏热冬暖地区厚度为 0～30mm。

7. 预制混凝土剪力墙外墙板规格

（1）外墙板规格根据《预制混凝土剪力墙外墙板》图集（国标 15G365-1）又按无洞口外墙、一个窗洞外墙（高窗台高）、一个窗洞外墙（矮窗台）、两个窗洞外墙、一个门洞外墙分别表示。带门洞外墙板运输、吊装时下口应加临时加固措施。

（2）预制混凝土剪力墙外墙板基本规规格选自国标 15G365-1，见表 4.6-5。

预制混凝土剪力墙外墙板基本规格表　单位（mm）　　　　表 4.6-5

| 项目 | 一 | 二 | 三 | 四 | 五 | 严寒地区厚度 | 寒冷地区厚度 | 夏热冬冷地区厚度 | 夏热冬暖地区厚度 |
|---|---|---|---|---|---|---|---|---|---|
| | 2700 | | | | | 340～360 | 320～340 | 300～320 | 200～290 |
| | 3000 | | 3000 | | | 340～360 | 320～340 | 300～320 | 200～290 |
| | 3300 | 3300 | 3300 | | | 340～360 | 320～340 | 300～320 | 200～290 |
| | 3600 | 3600 | 3600 | 3600 | | 340～360 | 320～340 | 300～320 | 200～290 |
| | 3900 | 3900 | 3900 | 3900 | | 340～360 | 320～340 | 300～320 | 200～290 |
| | 4200 | 4200 | 4200 | 4200 | | 340～360 | 320～340 | 300～320 | 200～290 |
| | 4500 | | 4500 | 4500 | | 340～360 | 320～340 | 300～320 | 200～290 |
| | | | | 4800 | | 340～360 | 320～340 | 300～320 | 200～290 |
| | | | | 5100 | | 340～360 | 320～340 | 300～320 | 200～290 |

注：表格 4.6-5 中：

一、指无洞口外墙宽度；

二、指一个窗洞外墙（高窗台高）宽度；

三、指一个窗洞外墙（矮窗台）宽度；

四、指两个窗洞外墙宽度；

五、指个门洞外墙宽度。

### 4.6.5　预制楼梯

1. 预制楼梯一般在工厂预制完成，预制楼梯生产方式分为卧式生产和立式生产，如图 4.6-7 所示。

图 4.6-7　预制混凝土楼梯

2. 预制楼梯安装后可作为施工通道。

3. 预制楼梯受力明确，地震时支座不会受弯破坏，保证了逃生通道，同时楼梯不会对梁柱造成伤害。

4. 预制楼梯分类规格，楼层层高按 2.8m、2.9m、3.0m 考虑；双跑楼梯净宽一般取 2.4m、2.5m；剪刀楼梯净宽一般取 2.5m、2.6m。

5. 预制钢筋混凝土板式楼梯规格参见国标图集 15G367-1。

## 4.6.6 预制外墙挂板

预制外墙挂板分为上部和下部均为点式连接，只起到分隔围护墙作用，它不是受力构件；另有部分地区生产的预制外墙挂板上部通过预留钢筋弯入同层叠合板后浇混凝土内，属于线连接，下部仍然是点式连接。预制外墙挂板实景如图 4.6-8 所示。

图 4.6-8 预制外墙挂板实景图

## 4.6.7 预制阳台规格

1. 预制阳台通常包括全预制阳台和叠合阳台。预制阳台板能够克服现浇阳台的缺点，解决了阳台支模复杂，现场高空作业费时费力的问题；还能避免在施工过程中，由于工人踩踏使阳台楼板上部的受力筋被踩到下面，从而导致阳台拆模后下垂。预制阳台图如图 4.6-9 所示。

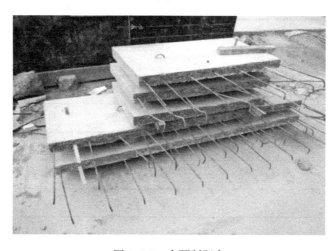

图 4.6-9 全预制阳台

2. 预制阳台钢筋规格为 HRB400 和 HPB300，混凝土强度等级一般均为 C30。

3. 开间方向长度按 2400mm、2700mm、3000mm、3300mm、3600mm、3900mm、4200mm、4500mm 分类。预制钢筋混凝土阳台悬挑长度表见国标 15G368-1 和表 4.6-6。

预制钢筋混凝土阳台悬挑长度　单位（mm）　　　　　　　　　表 4.6-6

| 叠合式阳台悬挑长度 | 1000 | 1200 | 1400 | | |
|---|---|---|---|---|---|
| 全预制板式阳台悬挑长度 | 1000 | 1200 | 1400 | | |
| 全预制梁式阳台悬挑长度 | | 1200 | 1400 | 1600 | 1800 |

## 4.6.8　其他构件

1. 还有其他一些预制构件，如飘窗板、空调板、女儿墙等。

2. 空调板规格也可以根据各地习惯自己确定，空调板上皮钢筋应深入相邻楼板，并同相邻楼板用混凝土浇筑一体。空调板规格参见国标图集 15G368—1 或表 4.6-7。

空调板规格表　单位（mm）　　　　　　　　　　表 4.6-7

| 编号 | 长度 | 宽度 | 厚度 | 备注 |
|---|---|---|---|---|
| 1 | 630 | 1100，1200，1300 | 80 | |
| 2 | 730 | 1100，1200，1300 | 80 | |
| 3 | 740 | 1100，1200，1300 | 80 | |
| 4 | 870 | 1100，1200，1300 | 80 | |

3. 女儿墙基本规格分为带夹心保温层女儿墙或无保温层女儿墙，详见表 4.6-8 和表 4.6-9。

带夹心保温层女儿墙选用表　单位（mm）　　　　　　　　表 4.6-8

| 编号 | 长度 | 板厚度（保温层按 70） | 高度（1400） | 高度（600） |
|---|---|---|---|---|
| 1 | 2980 | 290 | 1210 | 450 |
| 2 | 3280 | 290 | 1210 | 450 |
| 3 | 3580 | 290 | 1210 | 450 |
| 4 | 3880 | 290 | 1210 | 450 |
| 5 | 4180 | 290 | 1210 | 450 |
| 6 | 4480 | 290 | 1210 | 450 |
| 7 | 4780 | 290 | 1210 | 450 |

无保温层女儿墙选用表　单位（mm）

表 4.6-9

| 编号 | 长度 | 板厚度（无保温层） | 高度（1400） | 高度（600） |
|:---:|:---:|:---:|:---:|:---:|
| 1 | 2980 | 160 | 1210 | 450 |
| 2 | 3280 | 160 | 1210 | 450 |
| 3 | 3580 | 160 | 1210 | 450 |
| 4 | 3880 | 160 | 1210 | 450 |
| 5 | 4180 | 160 | 1210 | 450 |
| 6 | 4480 | 160 | 1210 | 450 |
| 7 | 4780 | 160 | 1210 | 450 |

4. 预制构件生产几何尺寸要求较严，其外形允许偏差见表 4.6-10，预制混凝土构件预留孔洞允许偏差见表 4.6-11，门窗洞及预埋件允许偏差见表 4.6-12，预留插筋和键槽允许偏差见表 4.6-13。

预制混凝土构件外形允许偏差（mm）

表 4.6-10

| 项　目 | | | 允许偏差（mm） | 检验方法 |
|:---:|:---:|:---:|:---:|:---:|
| 长度 | 板、梁、柱、桁架 | ＜12m | ±5 | 尺量检查 |
| | | ≥12m 且＜18m | ±10 | |
| | | ≥18m | ±20 | |
| | 墙板 | | ±4 | |
| 宽度、高（厚）度 | 板、梁、柱、桁架截面尺寸 | | ±5 | 钢尺量一端及中部，取其中偏差绝对值较大处 |
| | 墙板的高度、厚度 | | ±3 | |
| 表面平整度 | 板、梁、柱、墙板内表面 | | 5 | 2m 靠尺和塞尺检查 |
| | 墙板外表面 | | 3 | |
| 侧向弯曲 | 板、梁、柱 | | 1/750 且≤20 | 拉线、钢尺量最大侧向弯曲处 |
| | 墙板、桁架 | | 1/1000 且≤20 | |
| 翘曲 | 板 | | 1/750 | 拉线、钢尺量测 |
| | 墙板 | | 1/1000 | |
| 对角线差 | 板 | | 10 | 钢尺量两个对角线 |
| | 墙板、门窗口 | | 5 | |
| 挠度变形 | 梁、板、桁架设计起拱 | | ±10 | 拉线、钢尺量最大弯曲处 |
| | 梁、板、桁架下垂 | | 0 | |

**预制混凝土构件预留孔洞允许偏差表（mm）**　　　　表 4.6-11

| 预留孔 | 中心线位置 | 5 | 尺量检查 |
| | 孔尺寸 | ±5 | |
| 预留洞 | 中心线位置 | 10 | 尺量检查 |
| | 洞口尺寸、深度 | ±10 | |

**预制混凝土构件预留门窗洞及预埋件允许偏差表（mm）**　　　　表 4.6-12

| 门窗口 | 中心线位置 | 5 | 尺量检查 |
| | 宽度、高度 | ±3 | |
| 预埋件 | 预埋件中心线位置 | 5 | 尺量检查 |
| | 预埋件与混凝土面平面高差 | 0，—5 | |
| | 预埋螺栓中心线位置 | 2 | |
| | 预埋螺栓外露长度 | +10，—5 | |
| | 预埋套筒、螺母中心线位置 | 2 | |
| | 预埋套筒、螺母与混凝土面平面高差 | 0，—5 | |
| | 线管、电盒、木砖、吊环在构件平面的中心线位置偏差 | 20 | |
| | 线管、电盒、木砖、吊环与构件表面混凝土高差 | 0，—10 | |

**预制混凝土构件预留插筋及键槽允许偏差表（mm）**　　　　表 4.6-13

| 预留插筋 | 中心线位置 | 3 | 尺量检查 |
| | 外露长度 | ±5 | |
| 键槽 | 中心线位置 | 5 | 尺量检查 |
| | 长度、宽度、深度 | ±5 | |

### 4.6.9 砂加气混凝土条板性能规格

1. 砂加气混凝土条板由硅砂、水泥、铝粉、石灰等为主要原料，内设经过防锈、防腐处理的双层双向钢筋网片，经过高温、高压、蒸气养护而成的多孔混凝土板材，是一种性能优越的新型建筑材料。

2. 砂加气混凝土条板根据用途可分为隔墙板、外墙板、屋面板和楼板，每种板材的配筋均根据设计荷载、材料厚度、长度等确定。通常提供的厚度为 50～300mm，以25mm 为间隔，长度最大可做至 6m（150mm 厚）。砂加气混凝土板条常用规格见表4.6-14。

砂加气混凝土条板常用规格　单位（mm）　　　　　　表 4.6-14

| 长度（L） | 宽度（B） | 厚度（D） |
|---|---|---|
| 1800～6000 | 600 | 75、100、125、150、175、200、250、300 |
| | | 120、180、240 |

注：其他非常用规格和单项工程的实际制作尺寸由供需双方协商确定

3. 级别

蒸压砂加气混凝土条板按强度分为 A3.0、A4.0、A6.0、A8.0 四个强度级别。

蒸压砂加气混凝土条板按干密度分为 B02、B03、B04、B05、B06、B07 六个干密度级别。

4. 砂加气混凝土条板主要性能如下：

（1）轻质性：比重只有 $500～650kg/m^3$，仅为混凝土的 1/4，黏土砖的 1/3，设计取值为 $650kg/m^3$；

（2）防火性：100mm 厚板材可以达到 3.0h 以上，125mm 厚即可以达到 4h 以上；

（3）隔热性：导热系数为 0.114，其 125mm 厚度材料的保温效果可以达到普通 370mm 厚砖墙。是一种单一材料就能达到建筑节能 65％以上的新型建材；

（4）隔声性：100mm 厚板材（双面腻子）的隔声指标达到 40.8dB；

（5）抗震性：能适应较大的层间角变位，允许层间变位角 1/150，采用特殊接点时达到 1/120。且在所有接点情况下在层间变位角 1/20 时均不会产生板材脱落的情况；

（6）环保性：无放射，其每小时照射量为 $12\gamma\mu/h$。

5. 蒸压砂加气混凝土条板用途广泛，其板材内部均配有双层、双向钢筋网片，产品做成外墙板、隔墙板、屋面板、楼板、装饰板等；可用于混凝土结构、钢结构住宅、办公楼、厂房、旧建筑物加层改造等。

6. 抗裂性佳：板由经过防锈处理的钢筋增强，经过高温、高压、蒸气养护而成，在无机材料中干缩最小，用专用聚合物粘结剂嵌缝，有效防止开裂。

7. 施工使用便捷：板材由现场实际测量后定尺加工，为工厂预制产品，精度高，可刨、可锯、可钻。采用干作业，安装简便，工艺简单，取消了传统砌块工艺中的搅拌、砌筑、抹灰、钢筋、模板、混凝土等工种，板材直接批刮腻子，避免了工种冲突及相互制约，大大缩短工期，提高效率及施工质量。

## 4.6.10　石膏空心条板性能规格

1. 石膏空心条板是以建筑石膏为主要材料，掺加适量水泥或粉煤灰，同时加入少量增强纤维（如玻璃纤维、纸筋等），也可以加入适量的膨胀珍珠岩及其他掺加料，经料浆拌合、浇注成型、抽芯、干燥等工序制成的轻质板材。

适用于建筑物中非承重内墙用的石膏空心条板。产品执行国家建材行业标准《石膏空心条板》JC/T 829—2010。

2. 规格尺寸

长度 2400～3000mm；宽度 600mm；厚度应有两种，分别是 90mm、120mm。孔与

孔之间、孔与板面之间的最小壁厚不小于10mm。

3. 技术要求

（1）表观密度550～620kg/m³；面密度35～45kg/m²。

（2）力学性能：抗冲击性能承受30kg砂袋落差0.5m的摆动撞击条板3次，不出现贯通裂纹；单点吊挂力承受800N单点吊力24h，不出现贯通裂纹；抗压强度4.6MPa抗弯破坏荷载不小于800N。

（3）空气计权隔声量37～48dB；耐火极限2.4～3.2h。

# 4.7　预制构件及材料运输

## 4.7.1　预制构件运输的要求

预制构件中墙板等构件长度、宽度均远远大于厚度，正立放置自身稳定性差，因此运输车辆应设置侧向护栏。

## 4.7.2　构件码放要求

预制构件一般采用专用运输车运输；采用改装车运输时应采取相应的加固措施。预制构件运输过程中，运输的振动荷载、垫木不规范、预制构件堆放层数过多等也可能使预制构件在运输过程中结构受损、破坏。同时，也有可能由于运输的不规范导致保温材料、饰面材料、预埋部件等破坏。

## 4.7.3　构件出厂强度要求

构件出厂运输时动力系数宜取1.5，混凝土强度实测值不应低于30MPa；预应力构件当无设计要求时，出厂时的混凝土强度不应低于混凝土强度设计值的75%。

## 4.7.4　运输过程安全控制

预制混凝土构件运输宜选用低平板车，并采用专用托架，构件与托架绑扎牢固。预制混凝土梁、叠合板和阳台板宜采用平放运输；外墙板、内墙板宜采用竖直立放运输；立放由于自身稳定性差，中心高，路途颠簸时易倾覆，故立放使用靠放架运输比较安全。柱、梁可采用平放运输，预制混凝土梁、柱构件运输时平放不宜超过2层。专用托架、车厢板和预制混凝土构件间应放入柔性材料，构件应用钢丝绳或夹具与靠放架绑扎，构件边角或锁链接触部位的混凝土应采用柔性垫衬材料保护。

## 4.7.5　装运工具要求

装车前应先检查钢丝绳、吊钩吊具、墙板靠放架等各种工具是否完好、齐全。确保挂钩没有变形，钢丝绳没有断股开裂现象；确定无误后方可装车。吊装时按照要求，根据构件规格型号采用相应的吊具进行吊装，不能有错挂漏挂现象。

## 4.7.6　运输组织要求

进行装车时应按照施工图纸及施工计划的要求组织装车，注意将同一楼层的构件放在同一辆车上。为节省时间，不可随意装车，以免到现场卸车费时费力。装车时注意避免磕碰构件等不安全的事发生。构件车辆运输实景如图 4.7-1 所示。

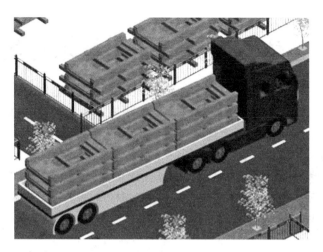

图 4.7-1　构件车辆实景

## 4.7.7　车辆运输要求

1. 运输路线要求选择运输路线时，超宽、超高、超长构件可能无法运输，应综合考虑运输路线上桥梁、隧道、涵洞限高和路宽等制约因素。运输前应提前选定至少两条运输路线以备不可预见情况发生。

2. 构件车辆要求

为保证预制构件不受破坏，应该严格控制构件运输过程。运输时除应遵守交通法规外，运输车辆的车速一般不应超过 60km/h。转弯时车速应低于 40km/h。构件运输到现场后，应按照型号、构件所在部位、施工吊装顺序分类存放，存放场地应为吊车工作范围内的平坦场地。

3. 施工现场内部运输

考虑场区内施工道路硬化措施，设置双行道路或单行循环道路，道路两端应有不少于 12m×12m 范围的调头车场，道路转弯半径不少于 15m。

# 5 装配整体式混凝土工程技术与质量管理

装配整体式混凝土技术管理同传统现浇工程相比，技术管理应提前谋划，工程前期应提前同设计单位、建设单位、监理单位和预制构件生产单位沟通，确定工程深化设计图纸内容及土建专业同水暖电通及智能化等各个专业协调、预制构件及部品的生产安排前，技术质量前置管理尤为重要，具体工作包括施工图纸会审、单位工程施工组织设计的编制、预制构件安装专项施工方案的编制、预制构件安装专项技术交底和技术资料整理等内容。质量管理应充分考虑到装配整体式混凝土的特点，全过程进行质量组织和控制工作。

## 5.1 工程图纸会审

当施工图纸全部或分阶段深化设计出图后，首先由设计单位进行设计交底，了解设计概况和技术要求，在此基础上由施工项目部技术负责人组织技术、施工、质量、造价等专业人员进行施工图纸的学习和审核，发现问题及时解决。

### 5.1.1 图纸会审步骤

#### 1. 专业初审

专业初审就是由施工总包单位土建技术负责人、造价人员和施工员按照现行设计和施工质量验收规范、标准、规程，还需参照各地市编制的相应专业技术导则、国家或地方编制的标准图集，对施工图纸有关预制构件或部品进行初步审查，将发现的图面错误和疑问整理出书面汇总。

#### 2. 施工企业内部会审

在专业初审基础上，由施工总包单位项目部土建技术负责人组织内部技术人员、造价人员和专业施工员对土建部分、装饰部分、给水排水、电气、暖通空调、智能化等专业共同审核，消除图纸差错，对预制构件或部品同现浇（后浇）混凝土相互不协调处认真比对，找出解决思路，对机电安装的各种管线碰撞点进行分析，找到管线碰撞解决办法，协调各专业设计图纸之间的矛盾，形成书面资料。

#### 3. 综合会审

在总承包单位进行图纸会审的基础上，由业主组织总承包方及业主分包方（如机械挖土、深基坑支护、预制构件或部品生产厂家、预制构件运输厂家、室内装饰、建筑幕墙和水电暖通、设备安装）进行图纸综合会审，解决各专业设计图纸相互矛盾问题，深化细化和优化设计图纸，做好技术协调工作。

## 5.1.2 图纸审查内容

### 1. 建筑设计方面

装配式建筑方案设计阶段是否根据建筑功能与造型，规划好建筑各部位采用的工业化、标准化预制混凝土构配件的程度，在方案设计阶段中考虑预制构配件的制作和堆放以及起重运输设备的服务半径情况，在设计过程中是否统筹考虑预制构件生产、运输、安装施工等条件的制约和影响，并与结构、设备等专业密切配合程度。装配式混凝土建筑结构的预制外墙板及其接缝构造设计应满足结构、地方热工、防水、防火及建筑装饰的要求。装配式工程建筑设计要求室外室内装饰设计与建筑设计同步完成，预制构件详图的设计应表达出装饰装修工程所需预埋件和室内水电的点位情况。

### 2. 结构设计方面

装配式混凝土结构设计在满足不同地域对不同户型的需求的同时，尽量通用化、模块化、规范化程度；明确预制构件预制率多少？部品装配率多少？预制柱（空心柱）、预制梁、预制实心墙（夹芯墙）、预制叠合板（实心板）、预制挂板、预制楼梯、预制阳台和其他预制构件的划分状况。结构设计中必须充分考虑预制构件节点、拼缝等部位的连接构造的可靠性。确保装配整体式混凝土结构的整体稳固安全使用。底层现浇楼层和第一次装配预制构件楼层的转换层竖向连接措施是否详细，装配式混凝土结构设计考虑便于预制、吊装、就位和调整的措施。在预制构件设计及构造上，要保证预制构件之间、预制部分与叠合现浇部分的共同工作，构件连接达到等同现浇效果。

### 3. 审查图纸设计深度

（1）审查构件拆分设计说明。

（2）审查施工需用的预埋预留洞。

（3）审查预制构件加工模板图。

（4）审查预制构件配筋图。

（5）审查构件连接组合图。

（6）审查预制构件饰面层的做法。

（7）审查外门窗、幕墙、整体式卫生间、整体式橱柜、排烟道等做法。

（8）对于水暖电通及智能化等各个专业，应审查预制构件及部品预留预埋同后浇混凝土中后设置的管线、箱盒是否顺利对接。

# 5.2 专项工程施工方案内容要求

装配整体式混凝土结构专项工程施工前，需要编制专项工程施工方案，报企业技术负责人审查同意后，经项目工程监理单位、建设单位审核同意方可实施。专项工程施工方案是施工操作的主要依据，是保证装配整体式混凝土结构工程质量的有力措施，是工程安全施工的有力保证，也是工程经济核算的重要依据。

## 5.2.1 专项施工方案内容

施工方案编制内容包括工程说明、编写依据、执行的规范、标准及规程，工期目标，安全文明施工目标，质量目标，科技进步目标、施工部署及准备，技术准备，劳动力组织及安排，主要材料计划，主要施工吊装机械工具型号、数量及进场计划，施工总平面图布置，预制构件及部品施工平面图布置，分项工程施工进度计划，工程形象进度控制点，分项工程施工工艺，主要工序施工要点，特别是预制构件吊装安装要点，工程质量保证措施，冬、雨期施工措施，安全施工措施，绿色施工或文明施工及环境保护措施。详见下列专项施工方案编制格式。

### 5.2.2 专项施工方案说明

1. 工程名称＿＿＿＿＿＿＿＿＿＿＿＿＿＿＿＿＿＿
　建设单位＿＿＿＿＿＿＿＿＿＿＿＿＿＿＿＿
　设计单位＿＿＿＿＿＿＿＿＿＿＿＿＿＿＿＿
　勘察单位＿＿＿＿＿＿＿＿＿＿＿＿＿＿＿＿
　监理单位＿＿＿＿＿＿＿＿＿＿＿＿＿＿＿＿
　总包施工单位＿＿＿＿＿＿＿＿＿＿＿＿＿＿
　分包施工单位＿＿＿＿＿＿＿＿＿＿＿＿＿＿
　预制构件生产单位＿＿＿＿＿＿＿＿＿＿＿＿
　装饰部品生产单位＿＿＿＿＿＿＿＿＿＿＿＿

2. 地址：该工程位于＿＿＿＿省＿＿＿＿市＿＿＿＿区＿＿＿＿路＿＿＿＿号。

3. 建筑面积＿＿＿、层数＿＿＿、标准层层高＿＿＿ m，±0.000相当于绝对标高＿＿＿ m。

4. 使用预制构件的楼层建筑面积＿＿＿＿＿、层数＿＿＿＿＿、标准层层高＿＿＿＿＿ m。

5. 工程造价＿＿＿＿＿万元人民币。其中预制构件工程造价为＿＿＿＿＿万元人民币。

6. 装配整体式混凝土结构施工面积：
　预制剪力墙外墙施工面积＿＿＿＿＿＿＿
　预制剪力墙内墙施工面积＿＿＿＿＿＿＿
　预制叠合楼板施工面积＿＿＿＿＿＿＿
　预制阳台板施工面积＿＿＿＿＿＿＿
　预制楼梯施工面积＿＿＿＿＿＿＿
　预制外墙挂板施工面积＿＿＿＿＿＿＿
　其他部位预制构件施工面积＿＿＿＿＿＿＿
　预制构件之间后浇混凝土施工面积＿＿＿＿＿＿＿

### 5.2.3 专项施工方案编写依据

1. 设计文件（施工图纸及深化拆分施工图纸、图纸会审记录和设计变更记录）。

2. 现行的建筑工程施工质量验收规范、标准及规程或专项技术导则。

3. 现行的建筑施工安全技术规范及规程。

4. 建设工程施工合同（工程招标文件），预制构件生产分包合同。

5. 施工现场准备情况（道路、供电、供水是否通畅，场地是否平整足够、施工运输吊装机械是否就位）。

6. 专项施工方案具体内容

## 5.2.4 施工管理工作目标

1. 质量目标

质量评定：达到＿＿标准。

质量目标：严格执行检验制度，全面实施过程控制。

2. 安全及文明施工目标

3. 科技进步目标

## 5.2.5 施工部署及准备

1. 技术准备

组织工程拟采用的新材料试验工作和新技术调研工作。

组织图纸会审，参与深化设计和拆分设计，熟悉施工组织设计，编制专项施工工艺。

2. 劳动力组织及安排

（1）劳动力计划

根据进度安排，投入足够的劳动力，正常施工阶段日平均施工人员为＿＿＿，高峰时期每日施工人员为＿＿＿＿，预制构件安装每日施工人员为＿＿＿＿。

（2）劳动力安排

编制主要劳动力计划表、有关预制构件安装工序中劳动力分别是＿＿＿＿。

3. 主要施工吊装机械、工具型号、数量及进场计划

4. 预制构件规格、重量、长度及进场计划，现场建筑材料数量及进场计划

5. 分项工程施工工艺

（1）专项施工方案设想

根据施工组织设计要求，在结构施工阶段将工程分为＿＿＿段平行施工段，即＿＿＿轴～＿＿＿轴为第一施工段，＿＿＿轴～＿＿＿轴为第二施工段，＿＿＿轴～＿＿＿轴为第三施工段，＿＿＿轴～＿＿＿轴为第＿＿＿施工段，＿＿＿个施工段分别投入＿＿＿作业班组进行平行施工。

（2）每楼层工程采用先竖向构件后水平构件的施工流向。如果建筑物为狭长，可以分为二到多个施工单元，施工单元可采用先外后内法、逐间就位法、先内后外法。平行施工通常在拟建工程十分紧迫时采用，在工作面、资源供应允许的前提下，可布置多台吊装机械、组织二到多个相同的施工队，在同一时间、不同的施工段上同时组织施工，此类施工方法为平行施工，而且吊装机械也不易碰头，即合理安排施工工序又能保证吊装机械安全使用。

（3）框架结构标准层的施工流程，每层安装顺序又细分为以下三种：

1）预制构件先外后内法；

2）预制构件逐间就位法；

3）预制构件先内后外法。

详见本书8.2节。

（4）装配整体式剪力墙结构标准层的施工流程，每层每个施工单元安装顺序又细分为以下三种：

1）竖向预制构件先外后内法；

2）竖向预制构件逐间就位法；

3）竖向预制构件先内后外法；

具体施工详见本书 8.2 节。

### 5.2.6 分项工程施工进度计划

楼层预制构件吊装计划。钢筋连接计划、后浇混凝土浇筑计划、内外装饰计划、整体卫生间安装计划等。

### 5.2.7 工程形象进度控制点

根据招标文件要求及结合企业施工实力，确定工期为＿＿＿＿＿天（日历日）。

计划开工日期＿＿＿＿＿年＿＿＿＿＿月＿＿＿＿＿日，

计划竣工日期＿＿＿＿＿年＿＿＿＿＿月＿＿＿＿＿日，

为确保工期目标的实现，特设以下工程形象进度控制点：

1. 装配整体式框架结构系统时

第一控制点：地下室及现浇标准层结构完成 ＿＿＿＿＿年＿＿＿＿＿月＿＿＿＿＿日

第二控制点：预制柱（或现浇柱）安装完成 ＿＿＿＿＿年＿＿＿＿＿月＿＿＿＿＿日

第三控制点：预制梁、板安装完成 ＿＿＿＿＿年＿＿＿＿＿月＿＿＿＿＿日

第四控制点：后浇混凝土及叠合板现浇层安装完成 ＿＿＿＿＿年＿＿＿＿＿月＿＿＿＿＿日

2. 装配整体式剪力墙结构系统时

第一控制点：地下室及现浇标准层结构完成 ＿＿＿＿＿年＿＿＿＿＿月＿＿＿＿＿日

第二控制点：预制剪力墙（或现浇剪力墙）安装完成 ＿＿＿＿＿年＿＿＿＿＿月＿＿＿＿＿日

第三控制点：预制底板安装完成 ＿＿＿＿＿年＿＿＿＿＿月＿＿＿＿＿日

第四控制点：墙板后浇混凝土及叠合板现浇层安装完成 ＿＿＿＿＿年＿＿＿＿＿月＿＿＿＿＿日

### 5.2.8 主要工序施工要点

装配整体式框架结构工序操作要点见表 5.2-1，装配整体式剪力墙结构系统操作要点见表 5.2-2。

装配整体式框架结构工序操作要点表　　　　　　　　表 5.2-1

| 项　目 | 操作要点 |
|---|---|
| 预制柱系统 | 预留钢筋定位，预制柱吊装，预制柱、钢套筒灌浆或波纹管灌浆或其他连接方式 |
| 预制叠合梁系统 | 叠合梁下钢支撑设置、预制叠合梁吊装，叠合梁钢斜撑固定、套筒灌浆、机械连接、焊接或其他连接方式 |
| 预制叠合板安装系统 | 叠合板下钢支撑设置、预制叠合板吊装，钢筋搭接或机械连接，钢筋绑扎、模板支设、水电线管或线盒布设、后浇混凝土 |
| 预制外墙挂板安装系统 | 预埋件设置、预制外墙挂板吊装，钢斜撑固定，连接螺栓固定 |
| 内隔墙板系统 | 内隔墙板系统安装，内隔墙板拼接 |

装配整体式剪力墙结构系统操作要点 表 5.2-2

| 项　目 | 操作要点 |
|---|---|
| 预制剪力墙系统 | 预留钢筋定位，预制剪力墙吊装，预制剪力墙钢斜撑固定、钢套筒灌浆、波纹管套筒灌浆或其他连接方式 |
| 预制叠合板安装系统 | 预制叠合板下钢支撑设置、预制叠合板吊装，钢筋搭接连接 |
| 墙板后浇混凝土及预制叠合板现浇层安装系统 | 钢筋绑扎、模板支设、水电线管或线盒布设、后浇混凝土 |

## 5.2.9　工程质量保证措施

1. 质量组织与管理。
2. 质量控制措施（略）。
3. 质量通病防治措施（略）。

## 5.2.10　安全施工措施

1. 安全管理体系（略）。
2. 安全生产制度（略）。
3. 安全教育（略）。
4. 安全技术防护措施（略）。
5. 施工现场临时用电安全措施（略）。

## 5.2.11　现场成品保护及环境保护措施

1. 成品保护措施（略）。
2. 环境保护措施（略）。
3. 环境与职业健康安全应急预案（略）。

# 5.3　专项技术交底

专项工程技术交底分为设计交底、专项施工方案交底和施工要点交底三种。

## 5.3.1　设计技术交底

设计技术交底就是将深化施工图纸中有关预制构件性能、规格进行交底、预制构件中钢筋、混凝土强度交底，预制构件中结构、装饰、水电暖通专业的预留预埋管线、盒箱进行交底，预制构件中连接方式、连接材料性能、现浇结构的做法和细部构造，通过文字或详图形式向作业班组或劳务队进行交底。

设计技术交底明细见表 5.3-1 和表 5.3-2。

装配整体式框架结构工程设计技术交底明细表　　　　　表 5.3-1

| 项　目 | 交底要点 |
| --- | --- |
| 预制柱系统 | 预留钢筋位置长度、预制柱长度、宽度、重量，键槽构造、预制柱吊点，预制柱斜撑固定点、预留钢筋连接方式 |
| 预制叠合梁系统 | 叠合梁长度、宽度、重量，叠合梁吊点，叠合梁斜撑固定点、钢筋连接或机械连接方式 |
| 预制叠合板安装系统 | 叠合板厚度及粗糙面、叠合板吊点、叠合板端搭接尺寸、钢筋板端搭接或锚固长度 |
| 预制外墙挂板安装系统 | 预埋件设置、预制外墙挂板吊装，钢斜撑固定，连接螺栓固定 |

装配式剪力墙结构设计技术交底明细表　　　　　表 5.3-2

| 项　目 | 交底要点 |
| --- | --- |
| 预制剪力墙结构系统 | 预留钢筋位置长度、预制剪力墙长度、宽度、重量，键槽构造、剪力墙吊点、预留钢筋连接方式 |
| 预制叠合板安装系统 | 叠合板厚度及粗糙面、叠合板吊点、叠合板端搭接尺寸、钢筋板端搭接或锚固长度 |
| 墙板后浇混凝土及叠合板现浇层安装系统 | 钢筋规格间距、后浇混凝土配比或要求，水电暖通线管或线盒位置、后浇混凝土及叠合板现浇 |

## 5.3.2　专项施工方案交底

专项施工方案交底内容包括工程概况，拆分和深化设计要求，质量要求，工期要求，施工部署，现场堆放场地要求，运输吊装机械选用，预制构件进场时间、预制构件安装工序安排，预制构件安装竖向和斜向支撑要求，后浇混凝土钢筋、模板和浇筑要求，工程质量保证措施，安全施工及消防措施，绿色施工、现场文明和环境保护施工措施等。

## 5.3.3　施工安装要点交底

施工安装要点交底就是将每种做法的工序安排，基层处理，施工工艺，细部构造。通过文字或详图形式向作业班组或劳务队进行交底。

1. 施工安装要点交底明细如下，装配整体式框架结构施工要点交底明细见表 5.3-3。

装配整体式框架结构施工要点交底明细表　　　　　表 5.3-3

| 项　目 | 交底要点 |
| --- | --- |
| 预制柱系统 | 预留钢筋位置长度、预制柱长度、宽度、重量，键槽构造、预制柱吊装，预制柱钢斜撑固定、预留钢筋连接方式、钢筋套筒灌浆工艺 |

| 项　目 | 交底要点 |
|---|---|
| 预制叠合梁系统 | 预制叠合梁长度、宽度、重量、预制叠合梁吊装，预制叠合梁钢斜撑固定、钢筋套筒灌浆或机械连接工艺 |
| 预制叠合板安装系统 | 预制叠合板厚度及粗糙面、预制叠合板吊装、板端钢筋搭接或锚固长度 |
| 预制外墙挂板安装系统 | 预埋件设置、预制外墙挂板吊装，钢斜撑固定，连接螺栓固定 |

2. 装配整体式剪力墙结构施工要点交底明细见表 5.3-4。

装配整体式剪力墙结构施工要点交底明细表　　　　　　表 5.3-4

| 项　目 | 交底要点 |
|---|---|
| 预制剪力墙系统 | 预留钢筋位置长度、预制剪力墙长度、宽度、重量，键槽构造、预制剪力墙吊装，预制剪力墙斜撑固定方式、预留钢筋连接方式 |
| 预制叠合梁系统 | 预制叠合梁长度、宽度、重量、预制叠合梁吊装，预制叠合梁斜撑固定方式、钢筋套筒灌浆或机械连接方式 |
| 预制叠合板安装系统 | 预制叠合板厚度及粗糙面、预制叠合板吊装、预制叠合板端搭接尺寸、钢筋板端搭接或锚固长度 |
| 墙板后浇混凝土及叠合板现浇层系统 | 后浇混凝土配合比或要求、水电暖通线管或线盒布设、后浇混凝土及叠合板现浇工艺 |

## 5.4　装配整体式混凝土施工质量控制

### 5.4.1　现场质量组织与管理概述

由于装配整体式混凝土结构项目施工涉及面广，是一个极其复杂的综合过程，再加上建设周期长、位置固定、生产流动、结构类型不一、质量要求不一、施工方法不一、受自然条件影响大等特点，因此，装配整体式混凝土结构施工项目的质量比一般工业产品的质量更难以控制，主要表现在以下几方面：

**1. 影响质量的因素多**

如预制构件上建筑、结构、水电暖通、弱电设计集成状况、材料选用、机械选用、地形地质、水文、气象、工期、管理制度、施工工艺及操作方法、技术措施、工程造价等均直接影响施工项目的质量。

**2. 容易产生质量变异**

因装配整体式混凝土结构项目中，尽管预制构件部品有固定的自动流水线生产，有规范化的生产工艺和完善的检测技术，有成套的生产设备和稳定的生产环境，产品成系列，但是大量现浇结构及装饰湿作业存在、设备后期穿管穿线终端器具安装作业仍然需要现场完成，影响施工项目质量的偶然性因素和系统性因素仍较多，因此，质量变异容易产生。

### 5.4.2 装配整体式混凝土结构质量管理组织措施

**1. 以人的工作质量确保工程质量**

工程质量是直接参与施工的组织者、指挥者和具体操作者共同创造的，人的素质、责任感、事业心、质量观、业务能力、技术水平等均直接影响工程质量；作为控制的动力，是要充分调动人的积极性，发挥人的主导作用。因此，加强劳动纪律教育、职业道德教育、专业技术培训、健全岗位责任制、改善劳动条件，是确保工程质量的关键。

**2. 严格控制投入材料的质量**

任何一项工程施工，均需投入大量的各种原材料、成品、半成品、构配件和材料，对于上述各种物资，主要是严格检查验收控制，正确合理地使用，建立管理台账，进行收、发、储、运等各环节的技术管理，避免将不合格的材料使用到工程上。为此，对投入物品的订货、采购、检查、验收、取样、试验均应进行全面控制，从组织货源、优选供货厂家、直到使用认证，特别是预制构件及部品应使用经地方主管部门认证的产品，做到层层把关。

**3. 全面控制施工过程，重点控制工序质量**

任何一个工程项目都是由若干分项、分部工程所组成的，要确保整个工程项目的质量，达到整体优化的目的，就必须全面控制施工过程，使每一个分项、分部工程都符合质量标准，而每一个分项、分部工程又是通过一道道工序来完成的，通过每道工序事先控制、事中控制、事后检查，达到全施工工序无缝管理。

**4. 机械控制**

机械控制包括施工机械设备、工具等控制，要根据不同工艺特点和技术要求，选用匹配的合格机械设备也是确保工程质量关键；正确使用、管理和保养好机械设备。为此，要健全"人机固定"制度、"操作证"制度、岗位责任制度、交接班制度、"技术保养"制度、"安全使用"制度、机械设备检查制度等，确保机械设备处于最佳使用状态。

**5. 施工方法控制**

这里所说的施工方法控制，包含施工组织设计、专项施工方案、施工工艺、施工技术措施等的控制，这是构成工程质量的基础。应切合工程实际，对施工过程中所采用的施工方案要进行充分论证，切实解决施工难题、技术可行、经济合理，并有利于保证质量、加快进度、降低成本，做到工艺先进、技术合理、环境协调，有利于提高工程质量。

**6. 环境控制**

影响施工项目质量的环境因素较多，有工程技术环境，如工程地质、水文、气象等，工程管理环境，如质量保证体系、质量管理制度等；劳动环境，如劳动组合、作业场所、工作面等。环境因素对质量的影响，具有复杂而多变的特点，如气象条件就变化万千，温度、湿度、大风、暴雨、酷暑、严寒都直接影响工程质量；又如前一工序往往就是后一工序的环境，前一分项、分部工程也就是后一分项、分部工程的环境。因此，根据工程特点和具体条件，应对影响质量的环境因素采取有效的措施严加控制。尤其是施工现场，应建立文明施工和文明生产的环境，保持预制构件部品有足够的堆放场地，其他材料工件堆放有序，道路畅通，工作场所清洁整齐，施工程序井井有条，为确保质量、安全创造良好条件。

### 5.4.3 预制构件生产过程质量组织与管理

1. 预制构件生产质量前置管理是预制构件质量合格的重要前提，因此，在当前国家装配整体式混凝土结构尚无出台对预制生产厂家具体要求情况下，施工总包单位和监理公司应驻场监造，对于预制构件企业质量管理体系是否完善和健康运行进行检查，对生产预制构件的原材料、配件、混凝土制作成型过程、成品实物质量及相关质量控制资料进行检查。

2. 预制构件生产企业质量行为控制要点

（1）预制构件生产企业是否具备规定资质，根据住建部最新要求，预制构件生产企业应有预拌混凝土生产资质。

（2）预制构件生产企业是否具备必要的生产工艺、生产设备和检测设备。

（3）预制构件生产企业是否具备必要的原材料和成品堆放场地，成品保护措施落实情况。

（4）预制构件生产制作质量保证体系是否符合要求。

（5）预制构件生产制作方案编制，技术交底制度是否落实。

（6）原材料和产品质量检测检验计划建立是否落实。

（7）混凝土制备质量管理制度及检验制度建立落实情况。

（8）预制构件制作质量控制资料收集整理情况。

3. 预制构件生产过程质量检查要点

（1）原材料及混凝土

1）水泥、砂、石、掺合料、外加剂等质量合格证明文件及进厂复试报告。

2）钢筋、钢丝焊接网片、钢套筒、金属波纹管的质量合格证明文件及进厂复试报告。

3）钢套筒或金属波纹管灌浆连接接头的型式检验报告；钢套筒与钢筋、灌浆料的匹配性工艺检验报告。

4）钢模板质量合格证明文件或加工质量检验报告。

5）混凝土配合比试验检测报告。

6）保温材料、拉结件质量合格证明文件及相关质量检测报告。

7）门窗框、外装饰面层及其基层材料的质量合格证明文件及相关质量检测报告。

8）预埋管、盒、箱的质量合格证明文件及相关质量检测报告。

（2）构件制作成型过程质量控制要点

1）钢筋的品种、规格、数量、位置、间距、保护层厚度等质量控制情况。

2）纵向受力钢筋焊接或机械连接接头的试验检测报告；纵向受力钢筋的连接方式、接头位置、接头质量、接头面积百分率、搭接长度等，箍筋、横向钢筋构造等质量控制情况。

3）钢套筒或金属波纹管及预留灌浆孔道的规格、数量、位置等质量控制情况。

4）预埋吊环的规格、数量、位置等质量控制情况。

5）预埋管线、线盒、箱的规格、数量、位置及固定措施；预留孔洞的数量、位置及固定措施。

6）混凝土试块抗压强度试验检测报告。

7）夹心外墙板的保温层位置、厚度，拉结件的规格、数量、位置等。

8）门窗框的安装固定质量控制情况。

9）外装饰面层的粘结固定质量控制情况。

10）构件的标识位置情况。

4. 预制构件成品质量检查要点

（1）混凝土外观质量及构件外形尺寸质量检查情况。

（2）预留连接钢筋的品种、级别、规格、数量、位置、外露长度、间距等质量检查情况。

（3）钢套筒或金属波纹管的预留孔洞位置等质量检查情况。

（4）与后浇混凝土连接处的粗糙面处理及键槽设置质量检查情况。

（5）预埋吊环的规格、数量、位置及预留孔洞的尺寸、位置等质量检查情况。

（6）水电暖通预埋线盒、线管位置、预留孔洞的尺寸、位置等质量检查情况。

（7）夹心外墙板的保温层位置、厚度质量检查情况。

（8）门窗框的安装固定及外观质量检查情况。

（9）外装饰面层的粘结固定及外观质量检查情况。

（10）构件的唯一性标识质量检查情况。

（11）构件的结构性能检验报告检查情况。

5. 构件运输过程中保护措施

预制构件和部品的质量会发生在工厂制作或是现场施工过程中，往往会忽视运输过程出现的损伤开裂等问题，对运输的颠簸及吊装对预制构件和部品的冲击等考虑不周等致使预制构件和部品产生开裂或损坏，因此应加强预制构件和部品运输保护措施，减少甚至杜绝运输过程中预制构件和部品的损坏或损伤。

### 5.4.4 预制构件进场验收质量控制要点

#### 1. 预制构件进场验收

预制构件进场应检查明显部位是否有标明生产单位、构件编号、生产日期和质量验收标志。预制构件上的预埋件、插筋和预留孔洞的规格、位置和数量是否符合标准图或拆分设计的要求。产品合格证、产品说明书等相关的质量证明文件是否齐全，与产品相符。

#### 2. 预制构件的外观质量

预制构件的外观质量是否有一般缺陷。对已经出现的一般缺陷，应根据合同约定按技术处理方案进行处理，并重新检查验收。预制构件的外观质量是否有严重缺陷，对已经出现的严重缺陷，应作退场报废处理。

预制构件外观质量判定方法应符合表5.4-1和表5.4-2的规定。

预制构件外观质量判定方法之一 表 5.4-1

| 项目 | 现　象 | 质量要求 | 判定方法 |
|---|---|---|---|
| 露筋 | 钢筋未被混凝土完全包裹而外露 | 受力主筋不应有，其他构造钢筋和箍筋允许少量 | 观察 |
| 蜂窝 | 混凝土表面石子外露 | 受力主筋部位和支撑点位置不应有，其他部位允许少量 | 观察 |

续表

| 项目 | 现象 | 质量要求 | 判定方法 |
|---|---|---|---|
| 孔洞 | 混凝土中孔穴深度和长度超过保护层厚度 | 不应有 | 观察 |
| 夹渣 | 混凝土中夹有杂物且深度超过保护层厚度 | 禁止夹渣 | 观察 |

**预制构件外观质量判定方法之二**  表 5.4-2

| 项目 | 现象 | 质量要求 | 判定方法 |
|---|---|---|---|
| 内、外形缺陷 | 内表面缺棱掉角、表面翘曲、抹面凹凸不平,外表面面砖粘结不牢、位置偏差、面砖嵌缝没有达到横平竖直、转角面砖棱角不直、面砖表面翘曲不平 | 内表面缺陷基本不允许,要求达到预制构件允许偏差;外表面仅允许极少量缺陷,但禁止面砖粘结不牢、位置偏差、面砖翘曲不平不得超过允许值 | 观察 |
| 内、外表缺陷 | 内表面麻面、起砂、掉皮、污染,外表面面砖污染、窗框保护纸破坏 | 允许少量污染不影响结构使用功能和结构尺寸的缺陷 | 观察 |
| 连接部位缺陷 | 连接处混凝土缺陷及连接钢筋、拉结件松动 | 不应有 | 观察 |
| 破损 | 影响外观 | 影响结构性能的破损不应有,不影响结构性能和使用功能的破损不宜有 | 观察 |
| 裂缝 | 裂缝贯穿保护层到达构件内部 | 影响结构性能的裂缝不应有,不影响结构性能和使用功能的裂缝不宜有 | 观察 |

## 5.4.5 预制构件安装过程的质量控制和管理

**1. 装配整体式混凝土结构施工安装常见质量通病**

(1) 预制墙板、预制挂板轴线偏差超过标准;预制构件的尺寸偏差超过标准,均会导致安装就位困难。

(2) 吊装缺乏统筹考虑,造成构件连接可靠性不足,构件安装时吊点设置不当,操作起吊时机不当、安装顺序不对,造成个别构件安装后出现质量问题;导致构件安装精度差。

(3) 连接钢筋位移,造成上下构件对接安装困难,影响构件连接质量。

(4) 墙、柱找平垫块放置随意,造成墙板或柱安装不垂直。

(5) 预制构件龄期达不到要求就安装,造成构件边角损坏。

(6) 节点灌浆质量不高,灌浆不密实,漏浆等,影响连接效果,造成质量隐患。

**2. 预制构件同后浇混凝土之间存在的质量通病**

(1) 后浇部分模板周转次数过多,板缝较大不严密易漏浆,尤其节点处模板尺寸的精确性差,连接困难,后浇混凝土养护时间不足就拆卸模板和支撑,造成构件开裂,影响观感和连接质量。

(2) 预制墙板与相邻后浇混凝土墙板缝隙及高差大、错缝等,连接处缝隙封堵不好,影响观感和连接质量。

（3）预制叠合楼板和叠合墙板因外力开裂，叠合楼板之间连接缝开裂，外墙挂板裂缝，外墙挂板之间缝隙开裂、内隔墙与周边连接处裂缝，均会影响结构整体受力，也影响美观和防渗漏效果。

**3．安装质量控制措施**

承受内力的接头和拼缝，当其混凝土强度未达到设计要求时，不得吊装上一层结构构件；当设计无具体要求时，应在混凝土强度不小于设计强度等级 75％或具有足够的支撑时，方可吊装上一层结构构件。已安装完毕的楼层混凝土结构，应在混凝土强度达到设计要求后，方可承受全部设计荷载。

### 5.4.6 轻质条板隔墙质量验收及运输、堆放

1．轻质条板进场时应提供产品合格证和产品性能检测报告，并对进场材料全面进行外观检查。

2．轻质条板均应采用密封包装，应采用侧立并加垫的方式装车运输，不得损伤构件，条板不能有开裂缺棱掉角现象，场内运输吊装采用合成纤维吊装带捆绑。按规格分垛，堆放在托板上，并采取防雨措施。

### 5.4.7 钢筋工程质量控制要点

1．装配整体式混凝土结构后浇混凝土内的连接钢筋应埋设准确，连接与锚固方式应符合设计和现行有关技术标准的规定。

2．预制构件连接处的钢筋位置应符合设计要求。

3．应采用可靠的固定措施控制连接钢筋的外露长度，以满足钢筋同钢套筒或金属波纹管的连接要求。

### 5.4.8 现浇工程中模板工程质量控制要点

1．模板与支撑应具有足够的承载力、刚度，稳固可靠，应符合深化和拆分设计要求，符合专项施工方案要求及相关技术标准规定。

2．尽量使用刚度好，外观平整的铝合金模板、钢模板和塑料模板及支撑系统，使后浇结构同预制构件外观观感一致，平整度一致。

3．模板与支撑安装应保证工程结构的构件各部分形状、尺寸和位置的准确，模板安装应牢固、严密、不漏浆，采取可靠措施防止模板变形，便于钢筋敷设和混凝土浇筑。

4．装配整体式混凝土结构中后浇混凝土结构模板的偏差应符合表 5.4-3 的规定。

模板安装允许偏差及检验方法表　　　　　　　　　　　　表 5.4-3

| 项　目 | | 允许偏差（mm） | 检验方法 |
| --- | --- | --- | --- |
| 轴线位置 | | 5 | 尺量检查 |
| 底模上表面标高 | | ±5 | 水准仪或拉线、尺量检查 |
| 截面内部尺寸 | 柱、梁 | +4，−5 | 尺量检查 |
| | 墙 | +4，−3 | 尺量检查 |

| 项　目 | | 允许偏差（mm） | 检验方法 |
|---|---|---|---|
| 层高垂直度 | 不大于5m | 6 | 经纬仪或吊线、尺量检查 |
| | 大于5m | 8 | 经纬仪或吊线、尺量检查 |
| 相邻两板表面高低差 | | 2 | 尺量检查 |
| 表面平整度 | | 5 | 用2m靠尺和塞尺检查 |

注：检查轴线位置时，应沿纵横两个方向量测，并取其中的较大值。

5. 模板拆除时，宜采取先拆非承重模板、后拆承重模板的顺序。水平结构应由跨中向两端拆除，竖向结构模板应自上而下拆除。

6. 叠合构件的后浇混凝土同条件立方体抗压强度达到设计要求时，方可拆除模板及下面的支撑系统；当设计无具体要求时，同条件养护的后浇混凝土立方体抗压强度应符合表5.4-4的规定。

**模板与支撑拆除时的后浇混凝土强度要求**　　　　　表5.4-4

| 构件类型 | 构件跨度（m） | 达到设计混凝土强度等级值的百分率（%） |
|---|---|---|
| 板 | ≤2 | ≥50 |
| | >2，≤8 | ≥75 |
| | >8 | ≥100 |
| 梁 | ≤8 | ≥75 |
| | >8 | ≥100 |
| 悬臂构件 | | ≥100 |

7. 预制柱或预制剪力墙板钢斜支撑，应在连接节点和连接接缝部位后浇混凝土或灌浆料强度达到设计要求后拆除；当设计无具体要求时，后浇混凝土或灌浆料应达到设计强度的75%以上方可拆除，且上部构件吊装完成后拆除。

## 5.4.9　后浇混凝土工程质量控制要点

1. 浇筑混凝土前，应作隐蔽项目现场检查与验收。验收项目应包括下列内容：
（1）混凝土粗糙面的质量，键槽的规格、数量、位置。
（2）预留管线、线盒等的规格、数量、位置及固定措施。
2. 混凝土浇筑完毕后，应按施工技术方案要求及时采取有效的养护措施。
（1）叠合层及构件连接处后浇混凝土的养护应符合规范要求。
（2）混凝土强度达到1.2MPa前，不得在其上踩踏或安装模板及支架。
3. 混凝土冬期施工应按现行规范《混凝土结构工程施工规范》GB 50666、《建筑工程冬期施工规程》JGJ/T 104 的相关规定执行。
4. 叠合构件混凝土浇筑时，应采取由中间向两边的方式。

5. 叠合构件混凝土浇筑时，不应移动预埋件的位置，且不得污染预埋件外露连接部位。

6. 叠合构件上一层混凝土剪力墙的吊装施工，应在与剪力墙整浇的叠合构件后浇层达到足够强度后进行。

### 5.4.10 围护结构中保温层质量验收要求

1. 围护结构中保温层质量验收要求，应根据建筑物是公共建筑还是居住建筑分别判定，应满足国家或地方建筑节能标准的基本要求。

2. 预制构件的保温要求

（1）预制构件的保温层进场验收，主要是对预制构件中的保温材料的品种、规格、外观和尺寸进行检查验收，其内在质量则需检查各种技术资料。

（2）预制构件如是保温夹心外墙板，墙板内的保温夹心层的其导热系数、密度、抗压强度、燃烧性能应满足国家或地方的建筑节能要求。

（3）夹心外墙板中内外叶墙板的金属及非金属材料拉结件均应具有规定的承载力、变形和耐久性能，并应经过试验验证；拉结件应满足夹心外墙板的节能要求，避免出现热桥。

（4）对夹心外墙板，应绘制内外叶墙板的拉结件布置图及保温板排板图，并有隐蔽验收记录。

3. 现浇结构部分保温层验收要求

对于现浇结构部分保温层，如地下室外围护结构、地上部分围护结构无预制构件所在楼层的保温层验收要求，应根据《建筑节能工程施工质量验收规范》GB 50411 的要求，验收实体质量。

# 6 装配整体式混凝土工程施工现场安全生产

装配整体式混凝土工程施工安全生产管理是一个系统性、综合性的管理，其管理的内容既涉及预制构件及部品生产企业内部及运输过程中的安全生产管理，也涉及施工现场安全生产管理的各个环节，本章主要介绍施工现场安全生产管理的方方面面。

## 6.1 安全生产组织架构及制度

### 6.1.1 施工现场安全组织架构

施工现场安全组织架构和系统的建立以及有效运行，贯穿到装配整体式混凝土结构从开工到工程竣工的施工安全生产全过程。

#### 1. 安全组织架构组成

施工企业应有安全组织架构，组织人员有企业负责人和生产、技术、安全、机械、材料等部门负责人组成，工程项目部是施工第一线的安全组织管理机构，必须依据工程特点，建立以项目经理为首的安全生产领导小组，小组成员由项目经理、项目副经理、项目技术负责人、专职安全员、施工员、机管员、材料员及各工种班组的领班组成。工程项目部应根据工程规模大小，配备专职安全员。

#### 2. 岗位职责

安全生产责任制是最基本的安全管理制度，是所有安全生产管理制度的核心。将各级负责人员、各职能部门及其工作人员和各岗位生产工人在安全生产方面应做的事情及应负的责任加以明确规定的一种制度。安全生产责任应分解到施工企业单位的主要负责人、相关职能处室负责人、项目部负责人、专职安全员和施工员。

（1）施工单位主要负责人

施工单位应当建立健全安全生产责任制度和安全生产教育培训制度，制定安全生产规章制度和操作规程，保证本单位安全生产条件所需资金的投入，对所承担的建设工程进行定期和专项安全检查，并做好安全检查记录。施工单位主要负责人依法对本单位的安全生产工作全面负责。

（2）施工单位的项目负责人职责

施工单位的项目负责人，即项目经理，应当由取得相应执业资格的人员担任，对所负责的建设工程项目的安全施工负责，在建设工程项目落实安全生产责任制度、安全生产规章制度和操作规程，确保安全生产费用的有效使用，并根据工程的特点组织制定安全施工措施，消除安全事故隐患，如实报告安全生产事故。

（3）专职安全员职责

专职安全生产管理人员对所负责的工程项目的安全生产进行现场检查。发现安全事故隐患，应当及时向项目负责人和安全生产管理机构报告；对违章指挥、违章操作的，应当立即制止。

（4）现场作业人员职责

1）施工作业人员进入新的岗位或者新的施工现场前，应当接受安全生产教育培训。特别是预制构件吊装安装方面的安全操作知识，未经教育培训或者教育培训考核不合格的人员，不得上岗作业。当工程采用新技术、新工艺、新设备、新材料时，作业人员也应当进行相应的安全生产教育培训。

2）现场作业人员进入施工现场应当遵守安全施工的强制性标准、规章制度和操作规程，正确使用安全防护用具、机械设备等。在施工作业前，应正确佩戴安全防护用具和安全防护服装，正确使用和妥善保管各种防护用品和消防器材，并应正确学习危险岗位的操作规程，熟知违章操作的危害。

3）施工作业人员应集中精力搞好安全生产，平稳操作，严格遵守劳动纪律和工作流程，认真做好各种记录，严禁在岗位上睡觉、打闹和做其他违反纪律的事情，严禁作业人员酗酒后进入施工现场。

4）批评、检举和控告，有权拒绝违章指挥和强令冒险作业。在施工中发生危及人身安全的紧急情况时，作业人员有权立即停止作业或者在采取必要的应急措施后撤离危险区域。

5）施工作业人员应每年至少进行一次安全生产教育培训，其教育培训情况记入个人工作档案。安全生产教育培训考核不合格的人员，不得上岗。

# 6.2　专项安全方案论证要求

装配整体式混凝土结构在施工安装中有诸多分部分项工序属于危险性较大的分部分项工程，如预制构件起重吊装，起重机械安装拆卸工程，根据住建部关于《危险性较大的分部分项工程安全管理办法》建质〔2009〕87号的要求，下列凡是工程中存在的分部分项工程属于危险性较大的工程，需要编制专项安全方案。

## 6.2.1　危险性较大的分部分项工程专项方案要求

其具体需编制工程内容和范围如下：

**1. 土石方开挖工程**

（1）开挖深度3m及以上的基坑（沟、槽）的土方开挖工程；

（2）地质条件和周围环境复杂的基坑（沟、槽）的土方开挖工程；

（3）凿岩、爆破工程。

**2. 基坑支护工程**

（1）开挖深度3m及以上的基坑（沟、槽）支护工程；

（2）地质条件和周边环境复杂的基坑（沟、槽）支护工程。

**3. 基坑降水工程**

（1）需要采取人工降低水位，且开挖深度 3m 及以上的基坑工程；

（2）需要采取人工降低水位，且地质条件和周边环境复杂的基坑工程。

**4. 模板工程及支撑体系**

（1）工具式模板工程，包括滑模、爬模、飞模、大模板等；

（2）混凝土模板支架工程：

1）搭设高度 5m 及以上的；

2）搭设跨度 10m 及以上的；

3）施工总荷载 $10kN/m^2$ 及以上的；

4）集中线荷载 $15kN/m$ 及以上的；

5）高度大于支撑水平投影宽度且相对独立无结构可连接的。

（3）用于钢结构安装等满堂承重支撑系统工程。

**5. 脚手架工程**

（1）落地式钢管脚手架；

（2）附着升降脚手架；

（3）悬挑式脚手架；

（4）高处作业吊篮；

（5）自制卸料平台、移动操作平台；

（6）新型及异型脚手架。

**6. 起重吊装工程**

（1）采用非常规起重设备、方法，且单件起吊重量在 10kN 及以上的起重吊装工程；

（2）采用起重机械设备进行安装的工程。

**7. 起重机械设备拆装工程**

（1）塔式起重机的安装、拆卸、顶升；

（2）施工升降机的安装、拆卸；

（3）物料提升机的安装、拆卸。

**8. 采用新技术、新工艺、新材料，新设备可能影响工程质量和施工安全，尚无技术标准的分部分项工程，以及其他需要编制专项方案的工程。**

装配式或装配整体式混凝土结构是当前新技术、新工艺、新材料、新设备综合应用较多的系统，目前相关国家技术标准尚未配置齐全，只有极少量的国家标准、行业标准和地方标准，远远不够装配整体式混凝土结构规划、设计、施工、验收及检测的需要，因此应对此编制专项施工方案非常必要。

## 6.2.2 超过一定规模的危险性较大的分部分项工程专项施工方案编制后需经过第三方专家论证，具体范围如下：

1. 深基坑工程

（1）开挖深度 5m 及以上的深基坑（沟、槽）的土方开挖、支护、降水工程；

（2）地质条件、周围环境或地下管线较复杂的基坑（沟、槽）的土方开挖、支护、降水工程；

（3）可能影响毗邻建筑物、构筑物结构和使用安全的基坑（沟、槽）的开挖、支护及降水工程。

2. 模板工程及支撑体系

（1）混凝土模板支撑工程

1）搭设高度 8m 及以上的；

2）搭设跨度 18m 及以上的；

3）施工总荷载大于 15kN/m² 的；

4）集中线荷载 20kN/m 及以上的。

（2）工具式模板工程，包括滑模、爬模、飞模工程。

3. 承重支撑体系：用于钢结构安装等满堂支撑体系，承受单点集中荷载 50kN 以上。

4. 脚手架工程

（1）搭设高度 50m 及以上的落地式脚手架；

（2）悬挑高度 20m 及以上的悬挑式脚手架；

（3）提升高度 150m 及以上附着升降脚手架。

5. 起重吊装工程

（1）采用非常规起重设备、方法，且单件起吊重量在 100kN 及以上的起重吊装工程；

（2）2 台及以上起重机抬吊作业工程；

（3）跨度 30m 以上的结构吊装工程。

6. 起重机械安装拆卸工程

（1）起重量 300kN 及以上的起重设备安装拆卸工程；

（2）高度 200m 及以上内爬起重设备的拆卸工程。

7. 采用新技术、新工艺、新材料，新设备可能影响工程质量和施工安全，尚无技术标准的分部分项工程，以及其他需要专家论证的工程。

装配式或装配整体式混凝土结构是当前新技术、新工艺、新材料较为集中应用的项目。目前相关国家技术标准尚未齐全完整，只有极少量国家标准、行业标准和地方标准，远远不够装配整体式混凝土结构规划、设计、施工、验收及检测的需要，因此应对此编制专项施工方案非常必要。如果预制构件最大重量超过 5t 或水平预制构件就位后净高超过 8m，竖向预制构件钢筋采用钢套筒或金属波纹管灌浆连接或浆锚连接的，使用的垂直运输工具为非标准设计的起重设备，不仅技术复杂、相关工程经验少，而且有潜在的安全危险性，因此均应组织有关专家评审论证，论证该专项施工方案的合理性、可行性、安全性，施工单位应按照经论证评审确定的装配整体式混凝土结构方案组织施工与安装。

## 6.2.3 专项施工方案编审组织程序

1. 施工单位应当在危险性较大的分部分项工程施工前编制专项方案；对于超过一定规模的危险性较大的分部分项工程，施工单位应当组织专家在专项方案实施前进行评审论证。

2. 建筑工程实行施工总承包的，专项方案应当由施工总承包单位组织编制。其中，起重机械安装拆卸工程、深基坑工程、附着式升降脚手架、预制构件吊装安装等专业工程实行分包的，其专项方案可由专业承包单位组织编制。

3. 施工单位应当根据国家现行相关标准规范，由项目技术负责人组织相关专业技术人员结合工程实际编制专项方案。

4. 专项施工方案应当由施工单位技术部门组织本单位施工、技术、安全、质量、设备部门的专业技术人员进行内部审核。经审核合格的，由施工单位技术负责人签字。实行施工总承包的，专项方案应当由总承包单位技术负责人及相关专业承包单位技术负责人签字。经审核合格后报监理单位，由项目总监理工程师审查签字。

5. 超过一定规模的危险性较大分部分项工程专项方案，参加论证的专家组应当对论证的内容提出明确的意见，形成论证报告，并在论证报告上签字。

6. 施工单位应根据论证报告修改完善专项方案，经施工单位技术负责人、项目总监理工程师、建设单位项目负责人签字后，方可组织实施。

7. 施工单位应当严格按照专项方案组织施工，不得擅自修改、调整专项方案。如因设计、结构、外部环境等因素发生变化确需修改的，修改后的专项方案应当重新履行审核批准手续。对于超过一定规模的危险性较大工程的专项方案，施工单位应当重新组织专家进行论证。

8. 对于按规定需要验收的危险性较大的分部分项工程，施工单位、监理单位应当组织有关人员进行验收。验收合格的，经施工单位项目技术负责人及项目总监理工程师签字后，方可进入下一道工序。

## 6.2.4 装配式混凝土结构工程相关专项方案及其内容编制要点

### 1. 预制构件起重吊装专项方案

对于采用非常规起重设备、方法，且单件起吊重量在 10kN 及以上的起重吊装工程和采用起重机械进行安装的工程应包括下述内容。

（1）编制依据

简单描述相关法律、法规、规范性文件、标准、规范及图纸（国标图集）、施工组织设计、计算软件等。

（2）工程概况

简单描述工程名称、位置、建筑面积、结构形式、层高、预制装配率、起重吊装部位、预制构件的重量和数量、形状、几何尺寸，预制构件就位的楼层等。

施工平面预制构件现场布置、施工要求和技术保证条件、施工计划进度要求。

（3）施工计划

描述包括施工进度计划、预制构件生产及分批进场计划、各种材料与设备计划，周转模板及支设工具计划，劳动力计划，预制构件安装计划，后浇混凝土计划。

（4）预制构件吊装机械情况

描述预制构件运输设备、吊装设备种类、数量、位置，描述吊装设备性能，验算构件强度，吊装设备运输线路、运输、堆放和拼装工况。

（5）预制构件施工工艺

描述验算预制构件强度，描述整体、后浇拼装方法、介绍预制构件吊装顺序和起重机械开行路线，描述预制构件的绑扎、起吊、就位、临时支撑固定及校正方法，介绍预制构件之间钢筋连接方式和预制构件之间混凝土连接方式，介绍预制构件中水电暖通预留预埋情况，介绍吊装检查验收标准及方法等。

（6）现浇混凝土施工工艺

详细描述同预制构件相邻的墙、板的钢筋绑扎、模板支设及固定、现浇混凝土工艺、质量检查验收标准及方法等，现浇混凝土中水电暖通管线同预制构件中预留预埋水电暖通管线对接方式。

（7）施工安全保证措施

描述施工安全组织措施和技术安全措施。描述危险源辨识及安全应急预案内容。

（8）计算书及图纸情况

起重机械的型号选择验算、预制构件的吊装吊点位置、强度、裂缝宽度验算、吊具吊索横吊梁的验算、预制构件校正和临时固定的稳定验算、承重结构的强度验算、地基承载力验算等。

施工相关图纸，如预制构件深化设计和拆分设计施工图，预制构件场区平面布置图、预制构件吊装就位平面布置图，吊装机械位置图、开行路线图等图示。

## 6.2.5 塔式起重机的安装、拆卸方案

1. 编制依据

描述编制的依据，包括国家有关塔式起重机的技术标准和规范、规程；随机的使用、拆装说明书；随机的整机、部件的装配图、电气原理图及接线图等。

2. 工程概况

描述工程名称、地点、结构类型、建筑面积、建筑高度、层数、层高、计划工期等。

3. 塔式起重机主要技术参数

描述塔式起重机的型号、规格、回转半径、起重力矩、起重量、扭矩、起升高度（安装高度）、用电负荷，整机（主要零部件）重量和尺寸、塔式起重机基础承载力特征值等。

4. 组织网络图及拆装方案

描述塔式起重机拆装的组织网络图、工种、岗位及岗位责任制。

5. 安装前的准备工作

说明塔式起重机安装前对场地、机具、基础混凝土的强度、临时用电的要求、安装所需仪器、工具、劳保用品是否齐备，拆装人员安全技术交底是否齐备等。

6. 基础承载及有关节点的受力计算

描述塔式起重机基础的设计。进行塔式起重机基础承载能力计算，确定塔式起重机基础几何尺寸、钢筋配置、混凝土强度等级等。

7. 描述塔式起重机附着装置的材质构造、数量、位置、间距、描述塔式起重机附着预埋件的制作要求。

8. 描述辅助机械设备支承点承载能力验算，如汽车式起重机在地下室顶板上吊装时支承点承载能力验算，以确定地下室顶板加固措施，移动式小吊机对楼板、柱、墙上支承点承载能力验算及加固措施。

9. 安装、顶升、拆除程序及质量要求

详细描述塔式起重机安装的程序、方法及安全技术；顶升的程序、方法及安全技术；附着锚固作业的程序、方法及安全技术；内爬升的程序、方法及安全技术；塔式起重机拆

除的程序、方法及安全技术。

10. 安全技术措施

描述塔式起重机拆装过程中的组织安全措施、技术安全措施。

11. 塔式起重机操作中的注意事项

描述塔式起重机操作的各种安全制度、操作的方法和步骤，塔式起重机操作中的防碰撞防倾翻防超载的安全措施。

12. 试验及验收

描述塔式起重机安装过程中和安装完成后必须进行的各项试验和验收制度，包括绝缘试验、空载试验、载荷试验，以及各种安全保险装置的验收，最后经建设行政主管部门认可的有检测资质的单位进行检测合格。

13. 应急措施

描述安装过程中可能遇到的紧急情况和应采取的应对措施。

14. 附图表

包括总平面布置图（包括离建筑物、高压线的距离），基础定位详图、基础施工图（图上须有塔式起重机基础配筋、混凝土强度等级、基础尺寸等），立面布置图、附着装置标高及位置图，塔式起重机各主要部件尺寸和重量表，附着装置节点详图，塔式起重机与结构间的上人通道设计计算及详图。

# 6.3 施工现场及设备安全措施

## 6.3.1 防止模板及预制底板坍塌或断裂要点

1. 装配整体式混凝土结构不论预制率高或低，往往楼板和楼梯往往采用的预制构件安装方案，但是预制叠合楼板的预制部分往往厚度是大于或等于60mm，而且预制楼板上部还有部分不少于70mm现浇混凝土，使楼面使预制楼板从单向板转变成双向板，因此，当预制底板上部后浇叠合层混凝土时，防止坍塌事故的安全技术措施尤为重要，以下是有关预防模板及预制底板坍塌或断裂的安全技术措施。

2. 预制底板安装或模板支设前，按深化设计图纸要求，根据施工工艺、作业条件及周边环境编制施工方案，单位负责人审批签字，项目经理组织有关部门验收，经验收合格签字后，方可作业。

3. 吊装预制底板时采用带捯链扁担式的吊装工具钢横担梁并加设缆风绳，按照吊装顺序进行起吊。

4. 预制底板安装或模板作业时，当楼层净高度在3m以下时，预制底板安装或模板支撑优先采用独立钢立柱支撑材料作支撑；当楼层净高度在3～4m之间时，对预制底板安装或模板支撑宜采用在钢立柱支撑之间增设二道水平拉杆的材料作支撑，当预制底板跨度在4.2m及以下时，独立钢支撑不少于两道，当预制底板跨度在4.2m以上时，独立钢支撑不少于三道，钢支撑不得使用严重锈蚀、变形、断裂、脱焊、螺栓松动的材料；单向板之间的后浇混凝土带应支设二道钢支撑，预制底板两端应搭放在墙或梁上至少20mm，每间房间内钢支撑顶部应保持在同一水平面上，相邻钢支撑应顺放木楞梁或铝合金梁，也可以结合水平构件或现浇内墙系统，采用承插式盘扣脚手架或传统钢管扣件式脚手架系统做满堂支撑脚手架系统。

5. 安装预制底板或现浇部分的模板作业时，指定专人指挥，出现位移时，必须立即停止施工，将作业人员撤离作业现场，待险情排除后，方可作业。

如同层预制底板安装当天未完成，应及时用胶合板将部分空洞遮盖严密，用活动式围挡隔开，保证安全。

6. 后浇层楼面倾倒混凝土时，应均匀布置，及时摊铺，堆放数量较多时应进行荷载计算，并对楼面进行加固，模板时，严格控制数量、重量，防止超载。振捣棒均匀振捣，混凝土输送泵管道应单独架设。

7. 如果竖向构件仍为现浇结构时，现浇剪力墙、梁、柱模外侧应搭设传统钢管悬挑防护架并挂好安全网，悬挑使用的型钢锚固点应提前由预制构件生产企业在预定叠合板位置预留空洞，钢管悬挑防护架搭设高度要高于施工作业面至少1.5m。

8. 拆模间歇时，应将已活动的模板、拉杆、钢支撑及时归类放置好，钢套管应根据定位及垂直度要求套好，并穿入钢销。严防突然掉落、倒塌伤人。

## 6.3.2 防止起重机器伤害要点

1. 起吊预制构件时必须有专业吊装作业人员指挥、专业起重司机操作；指挥应配合使用声音信号和手势信号、旗语等，采用可视化视频系统监控吊装就位全过程；加强对起重作业"十不吊"原则的监督落实，发现违章进行处理。

2. 做好起重机械运行记录、设备检修记录，达到报废标准的必须更换。所使用的钢丝绳必须每日检查，发现达到报废标准立即更换。

3. 钢丝绳安全系数不得小于6；绳子头固结必须满足规范要求，加强日常检查。起重设备必须取得安全检验合格证；司机严格按设备安全操作规程操作；在吊重物旋转臂杆前，应先起臂，禁止边起臂边旋转。

4. 自行加工吊具如工具式钢横担梁或框式梁应经受力计算，并符合安全使用标准要求；相关验证资料应备案。加强起重安全知识宣传和教育；加强现场监督检查；起重司机发现捆绑不合格应拒绝起吊。

## 6.3.3 防止触电事故要点

### 1. 安全用电措施

施工现场用电设备较多，如塔式起重机、移动式小吊机、施工升降机、钢筋加工机、木工切割锯、灌浆机、浆料搅拌机，均应按现行《施工现场临时用电安全技术规范》JGJ 46—2005 管理现场施工用电，工地设配电室，配电室内设总配电箱，每楼层设分配电箱，大型设备用电处也设分配电箱，每台用电设备必须各自有专用开关箱，总、分配电箱设专用防护棚。所有电源闸箱应有门、有锁、有防雨盖板、有危险标志。

用电线路架设应符合规定。现场施工用电所铺设的地下电缆应做明显标志，注意保护，避免损坏。每台机械都要有专用开关箱，开关箱中装设触电保护器。用电设备按规定接地，熔丝搭配合理。

**2. 配电线路形式选择**

（1）线路敷设方式

根据工程现场容量特点，机械设备多，集中负荷大等因素，决定选用放射式配电线路，可从现场临时配电间引出多个回路供现场设备机械及施工临时照明，这样可提高供电可靠性，发生故障不相互影响，而且维修方便，停电时影响范围小。但此种方式成本高。系统灵活性差，施工时应注意节约，灵活施工最大限度压缩投资。

（2）系统保护方式

工程采用 TN-S 保护接零系统，并在首、中、尾电箱上做补充重复接地，且电阻值不大于 $10\Omega$。

（3）电线敷设

电线敷设选择应根据现场环境条件，选择适宜的电缆。按照《施工现场临时用电安全技术规范》JGJ 46—2005 进行施工，还应注意以下几点：

1）尽量避免穿越交叉。且满足电缆与管道、道路、建筑物之间平行交叉时最小安全距离。

2）移动式橡胶软电缆应注意不受到各种机械损伤外力砸伤及化学腐蚀。

3）电缆的截面应根据现场机械设备的额定电流选择能满足要求的截面，同时还必须考虑机械强度及电压降，必须使末端线路达到能保证机械设备正常运行允许的电压降。

**3. 配电箱和开关箱**

（1）配电箱和开关箱选择必须是备案产品。

（2）现场所有施工机械按三级配电两级保护配备开关箱，保证做到一机一箱一闸一保护。

（3）总配电箱、分配电箱加设围栏防雨装置，设备电箱加设防雨措施，移动式电箱距地面高度不小于 800mm，固定式电箱距地面高度 1400～1600mm。

**4. 防雷接地**

（1）防雷接地引下线必须采用 2 根以上导体，在不同点与接地体做电气连接。

（2）接地体必须采用长度不小于 2.5m 的镀锌角钢、角钢垂直打入地下。接地必须成组，三角形连接。

（3）用电设备的保护接地线必须并联，严禁串联。如利用自然接地体必须保证其全长为完好电气通路。

**5. 安全用电措施**

（1）建立安全技术交底制度。

（2）建立安全检测制度，从临时用电工程施工开始定期对接地电阻、设备绝缘电阻、漏电保护器进行检测，以监视临时用电工程是否安全可靠，并做记录。

（3）建立电气维修制度。加强日常和定期维修工作。及时发现和消除隐患，并做好维修工作记录，记载维修地点、时间、设备、内容及采取技术措施，维修人员处理结果等。

（4）建立安全检查制度和评估制度，定期对现场用电安全情况进行检查评估。

（5）建立安全用电责任制。对临时用电工程各部位的操作，监护、维修分片、分块、分机落实到人、并处以必要的奖惩。

（6）建立安全教育和培训制度，定期对专业电工和各类用电人员进行用电安全教育和培训。经过考核合格者持证上岗，禁止无证上岗。

### 6. 临时用电防火措施

（1）电气防火组织措施

1）建立电气防火责任制，加强电气防火重点场所烟火管制，并设禁止标志。

2）建立易燃易爆和强腐介质管理制度。

3）建立电气防火教育制度，经常进行电气防火知识教育宣传，提高整体素质。

4）建立电气防火检查制度，发现问题及时处理。

（2）电气防火技术措施

1）合理配制多路保护器，对线路过载、短路故障实行有效保护。

2）电气装置线路严禁堆放易燃易爆及强腐蚀介质。

3）在电气装置相对集中如配电箱等场所配制绝缘灭火器。

4）加强电气设备及线路绝缘监视检查，防止相与相之间和相对地短路。

5）所有配电箱必须保持道路畅通。

## 6.3.4 防止预制构件砸伤要点

### 1. 施工现场构件堆场布置

装配整体式混凝土结构施工，构件堆场在施工现场占有较大的面积，预制构件较多，必须合理有序的对预制构件进行分类布置管理。施工现场构件堆放场地不平整、刚度不够、存放不规范都有可能使预制构件歪倒，造成人身伤亡事故，因此构件存放场地宜为混凝土硬化地面或经人工处理的自然地坪，应满足平整度和地基承载力的要求。

不同类型构件之间应留有不少于 0.7m 的人行通道，预制构件装卸、吊装工作范围内不应有障碍物，并应有满足预制构件的吊装、运输、作业、周转等工作内容。

### 2. 混凝土预制构件堆放安全措施

（1）预制墙板放置

预制墙板根据其受力特点和构件特点，宜采用专用支架对称插放或靠放存放，支架应有足够的刚度，并支垫稳固。预制墙板宜对称靠放、饰面朝外，且与地面倾斜角不宜小于80°，构件与刚性搁置点之间应设置柔性垫片，防止构件歪倒砸伤作业人员。

（2）预制板类构件

预制板类构件可采用叠放方式平稳存放，其叠放高度应按构件强度、地面耐压力、垫木强度以及垛堆的稳定而确定，构件层与层之间应垫平、垫实，各层支垫应上下对齐，最下面一层支垫应通长设置，楼板、阳台板预制构件储存宜平放，采用专用存放架支撑，叠放储存不宜超过 6 层。预制楼梯构件存放如图 6.3-1 所示，预制板类构件存放如图 6.3-2 所示。

（3）梁、柱构件放置

梁、柱等构件宜水平堆放，预埋吊装孔的表面朝上，且采用不少于两条垫木支撑，构件底层支垫高度不低于 100mm，且应采取有效的防护措施，防止构件侧翻造成安全事故。

### 3. 预制剪力墙、预制柱就位安全措施

预制剪力墙墙体吊装就位后应及时用同侧两组钢斜撑固定调整垂直，其他操作人员应在安全范围外侧工作，定型外防护架应随同墙体同步上升，使得围护结构外侧有安全防护设施。

图 6.3-1 预制楼梯构件存放图

图 6.3-2 预制板类构件存放图

## 6.3.5 防止高处坠落要点

1. 预制构件安装时有些作业人员将会在建筑物临边作业，需要特别重视高处坠落问题。

2. 所有高处作业人员应学习高处作业安全知识及安全操作规程，特种高处作业人员应持证上岗，上岗前应按规定对作业人员进行相关安全技术交底。高处作业前，应由项目分管负责人组织有关部门对安全防护设施进行验收，经验收合格签字后，方可作业。安全防护设施应做到定型化、工具化。需要临时拆除或变动安全设施的，应经项目分管负责人审批签字，并组织有关部门验收，经验收合格签字后，方可实施。

3. 高处作业人员应身体健康。对身体不适或上岗前喝过酒的工人不准上岗作业。施工现场作业人员应佩戴合格的安全帽、安全带等必备的安全防护用具。

4. 安装预制构件时，作业面应保证作业人员有可靠立足点，作业面应按规定设置安全防护设施，特别是靠最外侧的预制柱、预制梁、预制剪力墙及预制挂板，应设置临边防护措施。支撑体系的施工荷载应均匀堆置，并不得超过设计计算要求。

5. 安全带使用前必须经过检查合格。安全带应高挂低用，扣环应悬挂在腰部的上方，并要注意带子不能与锋利或毛刺的地方接触，以防摩擦割断。

6. 项目部应按类别，有针对性地将各类安全警示标志悬挂于施工现场各相应部位。

7. 已支好模板的楼层四周必须用临时护栏围好，护栏要牢固可靠，护栏高度不低于1.2m，然后在护栏上再铺一层密目式安全网。

## 6.3.6 防止物体打击要点

对施工区域设置安全警戒范围，委派专职人员检查监督。对各种防护工具如安全网、安全帽做好检测。加强安全培训教育，教育操作人员文明施工，合理安排施工，避免多层交叉作业，如必须交叉施工，则应设置安全平网，另一方面各层作业面采取隔离措施，吊运安装预制构件时派专人指挥，预制构件应吊点合理，吊具检查及时，散货如水泥、灌浆料等应用特制包装袋运输吊装，木材、钢材等其他各类物品吊装前按规定加以捆扎、包装。

### 6.3.7 独立钢支撑安全管理与维护要点

1. 独立钢支撑搭设与拆除作业人员必须正确戴安全帽、系安全带、穿防滑鞋。高空作业的各项安全检查不合格时，严禁高空作业。

2. 支撑结构作业层上的施工荷载不得超过设计允许荷载。

3. 叠合梁后浇混凝土应从跨中向两端、叠合板后浇混凝土应从中央向四周对称分层浇筑，叠合板局部混凝土堆置高度不得超过楼板厚度100mm。

4. 预制叠合板、预制叠合梁吊装及后浇混凝土浇筑施工过程中，应派专人监测独立钢支撑的工作状态；发生异常时监测人员应及时报告施工负责人，情况紧急时应迅速撤离施工人员，并应进行相应加固处理。当遇到险情及其他特殊情况时，应立即停工和采取应急措施；待修复或险情排除后，方可继续施工。

5. 独立钢支撑搭设和拆除过程中，应设置警戒标识，严禁非操作人员进入作业范围。

6. 有5级及以上大风及雨雪时，应停止混凝土叠合受弯构件的吊装作业。

7. 拆除时应注意对插管、套管、支撑头、水平杆及三脚架的保护，拆除的独立钢支柱构配件应安全传递至楼地面，严禁抛掷。

### 6.3.8 铝模板系统安装安全使用要点

1. 工作人员在实施高空作业时必须佩戴安全带同时使用安全绳，以防产生意外。

2. 严格检查结构构件的吊点，对有问题的吊点构件进行加固，确保吊点不留安全隐患。

3. 铝模板吊装时应注意吊点牢固，均匀平行上升。上升到一定高度后均吊至操作层上，然后由操作层人员配合对铝模板平稳放置在拟使用的楼层，然后由专业工作人员对模板进行组装。

4. 铝模板吊装完毕，操作员未完全紧闭吊绳螺栓螺母时模板不得与塔式起重机脱离。

5. 铝模板楼层之间传递用楼板内预留的洞孔，严禁从楼外抛掷。

## 6.4 建筑物外防护架安全使用

### 6.4.1 外防护架简述

1. 如果装配整体式混凝土结构只有水平构件均采用预制构件，竖向结构为现浇剪力墙系统时，外脚手架可以采用传统的落地钢管脚手架系统或工字钢悬挑钢管脚手架系统作为外防护架，当采用工字钢悬挑钢管脚手架系统作为外防护架时，水平预制楼板上应在生产构件时预留固定工字钢锚固件的预留洞。

2. 如果装配整体式混凝土结构水平构件和竖向构件均采用预制构件，传统的外防护脚手架无法使用，当前国内尚无与之相配套的外防护安全系统，施工过程中可以采用与预制外墙板相配套的自主开发的轻钢工具式外防护架，轻钢工具式钢外防护架为近年来与装配整体式混凝土结构相适应的新兴配套产品。轻钢工具式外防护架是一种集护栏杆、脚手板、安全网于一体的整体防护架，该防护架具有安装便捷、绿色节能、周转使用次数多、外观观感好等优点。轻钢工具式外防护架安装时，其长度可以加工同外剪力墙同长度的成品，在吊装前在施工现场地面通过外墙剪力墙留洞固定在预制构件上，剪力墙吊装就位时外防护架随之向上移动，也可以等同层的预制构件吊装就位后由起重机械吊运到预定位置进行固定，充分体现绿色、节能、环保、灵活等特点，其主要解决装配整体式混凝土结构预制外墙施工的临边防护的问题。架体灵巧，拆分简便，易于操作，整体拼装牢固，施工人员无需高空拼装作业，安全性高。图 6.4-1 是某工程外防护架实景图。

图 6.4-1 某工程外防护架实景图

3. 外防护构造

（1）外防护架通常由钢支托架、竹（木）或钢脚手板、钢防护栏杆、密目安全网等组成。外防护架同外墙板如图 6.4-2 所示。

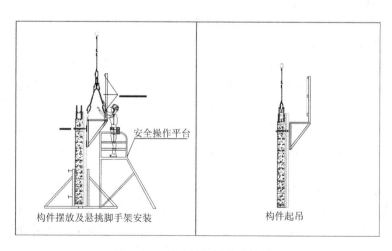

图 6.4-2 外防护架同外墙板图示

（2）外防护架钢支托架通常采用∟50×5 的角钢焊接而成，也可采用槽钢、钢管等材料制作，钢支托架应能保持足够的刚度和承载力。

（3）脚手板宜采用成品钢制脚手板，也可采用、木脚手板，冲压钢制脚手板的材质应符号现行国家标准《碳素结构钢》GB/T 700 中 Q235—A 级钢的规定，并应有防滑措施。木脚手板应采用杉木或松木制作，脚手板厚度不应小于 50mm，两端应各设直径为 4mm 的镀锌钢丝箍两道。

（4）防护栏杆通常由带底座的 $\Phi$48.3mm 竖向钢栏杆柱管和水平杆组装而成，扣件采用普通直角扣件，也可以用角钢制作。

（5）密目安全网其作用主要以建筑工程现场安全防护为目的，可有效防止建筑现场各种物体的坠落。密目安全网的质量与密度成正比，密度越高，透明度越低的密目网，其质量越好，安全性越高。外防护架密目网可采用高密度聚氯乙烯密目安全网，也可以采用钢制密目安全网。密目安全网应沿防护栏杆通长严密布置，不得留有缝隙，且应安装牢固。外防护架构造如图 6.4-3 所示。

图 6.4-3 外防护架构造图

4. 外防护架安装工艺流程

清理预制墙板留孔→安装钢支托架→铺脚手板→安装安全网→安装防护栏杆

5. 外防护架施工及其要求

（1）预制墙板预留孔清理：在搭设外防护架前，应先根据图纸设计要求对墙体预制构件的预留孔洞进行检查并清理，确保其位置正确、孔洞通畅后方可进行外防护架搭设。

（2）三角支托架安装：三角支托架与预制外墙采用穿墙螺栓固定牢固，安装时首先将外防护架用螺栓与预制墙体进行连接，使用 60mm×60mm×3mm 厚的钢板垫片与螺母进行连接并拧紧。钢支托架安装应垂直于墙体外表面，支托架不应歪斜，相邻支托架安装高度应一致。每块预制外墙板上不得少于 2 个钢支托架。

（3）脚手板安装：钢制脚手板安装时，脚手板与钢支托架应采用螺栓进行可靠连接固定。铺设木质脚手板时，脚手板应铺设在满足刚度要求的钢框支架上，并用钢丝将木脚手板与钢框支架绑扎牢固，钢框支架与钢支托架应可靠固定。脚手板应对接铺设，为防止杂物坠落，作业层脚手板应铺稳、铺满，距墙距离不宜过大。

（4）外防护栏杆安装：防护栏杆宜由上、中、下三道水平杆及栏杆柱组成，防护栏杆与支架应可靠连接，竖向栏杆高度不小于 1200mm。水平杆与竖向栏杆可采用扣件连接，上杆离地高度为 1.2m，下杆离地高度为 0.2~0.4m，中杆居中布置。

（5）密目安全网安装：安全网安装时，密目式安全立网上的每个扣眼都必须穿入符合规定的纤维绳，系绳绑在支撑物或栏杆架上，应符合打结方便、连接牢固、易于拆卸的原则。相邻密目安全网搭接要严密牢靠，不得有缝隙，搭设的安全网，不得在施工期间拆移、损坏，必须到无高处作业时方可拆除。

（6）外防护架组装完毕后，应检查每个挂架连接件是否牢固，与结构连接数量、位置是否正确，确认无误后方可进行后续作业施工。外防护架随墙板就位施工如图 6.4-4 所示。

图 6.4-4　外防护架随墙板就位施工图

6. 外防护架拆除及其要求

装配整体式混凝土结构预制外墙防护架拆除时，首先应使用吊装机械吊稳外防护架，然后由拆装人员从建筑物内部拆除预制外墙上固定三角支托架的穿墙螺栓，最后起吊吊运外防护架至地面后再拆卸外防护架即可。外防护架拆除时应符合下列要求：

（1）预制外墙外防护架拆除过程中，地面应设置围栏和警戒标志，并派专人看守，严禁非操作人员进入吊装作业范围。

（2）穿墙螺栓拆除前，应确认外防护架与吊索稳固连接，且外防护架上无异物、杂物等，严禁操作人员站立在外防护架上。

（3）外防护架拆除过程中，不得擅自在高空拆分防护架，必须待外防护架整体平稳吊运至地面时，方可拆卸外防护构配件。

（4）有 5 级及以上强风或雨、雪时，应停止外防护架的拆除作业。

# 7 预制构件的吊装机械管理

对于传统混凝土结构工程而言，一般每栋建筑物选用一台或多台塔式起重机，用于模板、钢筋、脚手架等施工周转材料竖向运输，现场采用拖式输送泵或汽车输送泵将湿散状混凝土输送到拟浇筑楼层部位；施工电梯用来竖向运输砌体、砌筑砂浆及水电暖通等管材配件等。

装配整体式混凝土结构施工组织同传统混凝土结构有较大差异，由于预制构件较多，同时现场仍存在部分现浇混凝土的诸多施工工序，因此，对于施工机械设备选择既要考虑传统混凝土结构模板、钢筋、脚手架等周转运输、混凝土浇筑成型、砌体、砌筑砂浆及水电暖通管材配件运送，更要考虑预制构件数量多、单件重量大、几何尺寸不规整的特点，科学、合理、安全、经济地选用合适的起重吊装机械。

由于预制构件类型多、重量大，形状和重心等差别大，相对于传统建筑业的吊装过程，吊装吊具索具不应仅仅只是钢丝绳、卡环、卸扣等。为提高挂钩效率，防止被吊构件因重心问题在起吊过程中翻滚发生安全事故，应采用更专业化的吊具索具来协助完成吊装作业。

## 7.1 吊装吊具索具介绍

### 7.1.1 吊具索具的选择

#### 1. 吊装工具梁

吊装工具梁常用于梁、柱、墙板、叠合板等预制构件的吊装。用吊装工具梁吊运部品构件时，预制构件起吊受力比较均匀，更加有利于构件的安装，校正比较合理。

吊装工具梁采用合适型号及长度的钢板、槽钢、工字钢或类似金属材料焊接而成；使用时根据被吊构件的尺寸、重量以及构件上的预留吊环位置，利用卸扣将钢丝绳和构件上的预留吊环连接；吊装工具梁上设置有多组圆孔，无论吊装何种构件，均可通过吊装梁的圆孔连接卸扣与钢丝绳进行吊装，保证了吊装安全和吊装工效。

以下是某工程根据具体预制构件设计的吊装工具梁。

吊装工具梁采用 45 号钢板＋4 块 10 槽钢组合加工制作而成。现行规范《优质碳素钢》GB/T 699—2015 标准规定 45 号钢抗拉强度为 600MPa，屈服强度为 355MPa。钢板厚度为 40mm，高度为 500mm，孔径均为 90mm。10 槽钢截面尺寸为 $h$（高）$\times b$（宽）$\times d$（厚）＝100mm×48mm×5.3mm。具体吊装工具梁尺寸如图 7.1-1 所示。

单根吊装工具梁常用于预制梁、柱、预制墙板的吊装，如图 7.1-2 所示。

还有自行设计的框架式吊梁，常用于吊装预制叠合板、阳台板等宽大构件，如图 7.1-3 所示。

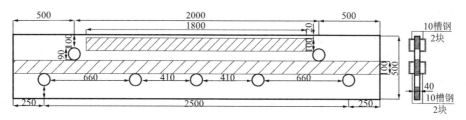

图 7.1-1 吊装工具梁构造示意

图 7.1-2 单根吊装工具梁

图 7.1-3 框架式吊梁

### 2. 千斤顶

千斤顶是一种用较小的力将重物顶高、降低或移位的简易起重设备，可以用来校正预制构件的安装偏差，也可以顶升和提升构件，移动方便，便于携带。常用千斤顶有齿条式、螺旋式和液压式三种。

### 3. 吊钩

吊钩是起重机上重要取物装置之一，要加强对吊钩使用管理，防止吊钩损坏和折断发生重大安全事故，吊钩按制造方法可分为锻造吊钩和片式吊钩。锻造吊钩又可分为单钩和双钩，采用优质低碳镇静钢或低碳合金钢锻造而成，在装配整体式混凝土结构的预制构件吊装施工中，通常采用单钩，如图 7.1-4 和图 7.1-5 所示。单钩一般用于小起重量，双钩多用于较大的起重量。

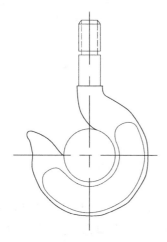

图 7.1-4 锻造单钩图

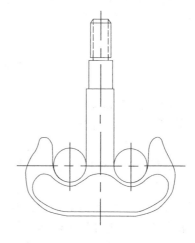

图 7.1-5 锻造双钩图

**4. 捯链**

捯链又称链式滑车、手拉葫芦。它适用于小型设备或物体的短距离吊装，拉紧缆风绳及拉紧捆绑构件的绳索等，在预制构件吊装中使用比较广泛。由于装配整体式混凝土结构吊装中塔式起重机、履带式起重机或汽车起重机只能进行初步就位，无法进行预制构件精确就位，因此捯链较普遍用于在预制构件吊装中初步就位后，由人工操作捯链使预制构件精确就位，弥补大型机械精度准确性不足的难题。捯链使用示意如图 7.1-6 所示。

图 7.1-6　捯链使用示意

**5. 钢丝绳**

（1）钢丝绳是起重吊装作业中重要的工具，通常由多层钢丝捻成绳股，再由多股绳股绕绳芯为中心捻成，能卷绕成盘，钢丝绳是吊装中主要绳索，具有自重轻、强度高、弹性大、韧性好、耐磨、耐冲击、在高速下平稳运动且噪声小，安全可靠等特点。广泛应用于起重机及捆绑物体的起升、牵引、缆风绳等。

（2）吊装中常用的有 $6 \times 19$，$6 \times 37$ 两种。$6 \times 19$ 钢丝绳一般用作缆风绳和吊索；$6 \times 37$ 钢丝绳一般用于穿过滑车组和用作吊索。

（3）在正常情况下使用的钢丝绳不会发生突然破断，但可能会因为承受的载荷超过其极限破断力而破坏。在检查和使用中应做到使用检验合格的产品，保证其机械性能和规格符合设计要求。

（4）钢丝绳使用中能承受反复弯曲和振动作用；使用不发生扭转；钢丝绳应有较好的耐磨性；保持钢丝绳表面的清洁和良好的润滑状态，与使用环境相适应。

（5）钢丝绳安全系数取值

钢丝绳的安全系数，用作手控缆风时安全系数取 3.5 以上，用作手动起重设备时安全系数取 4.5 以上，用作机动起重设备时安全系数取 $5 \sim 6$ 以上，用作吊索时安全系数取 $6 \sim 7$ 以上，用作吊载人的升降机时时安全系数取 14，必要时使用前要做受力计算。

**6. 钢丝吊索**

吊索又称千斤绳。吊索是由钢丝绳制成的，常常用来捆绑物体，也可用来连接吊钩、吊环或固定滑轮、卷扬机等吊装机具，因此钢丝绳的允许拉力即为吊索的允许拉力，在使用时，其拉力不应超过其允许拉力。吊索有下面多种形式，如图 7.1-7 所示。

吊装带成套索具

图 7.1-7 各种钢丝吊索示意

（*a*）软环人字钩索具；（*b*）可调式索具；（*c*）环形索具；（*d*）吊环天字钩索具；
（*e*）单腿索具；（*f*）双腿索具；（*g*）三腿索具；（*h*）四腿索具

### 7. 吊装带

目前使用的常规吊装带（合成纤维吊装带），一般采用高强度聚酯长丝制作。根据外观分为：环形穿芯、环形扁平、双眼穿芯、双眼扁平四类。吊装能力分别在 1～300t 之间。

一般采用国际色标来区分吊装带的吨位，分紫色（1t）到橘红色（10t）等几个吨位。对于吨位大于 12t 的均采用橘红色进行标识，同时带体上均有荷载标，吊装带工作图如图 7.1-8 所示。

图 7.1-8 吊装带工作图

### 8. 卸扣

（1）又称为卡环，卸扣是由 20 号低碳合金钢锻造后经热处理而制成，是起重吊装中普遍使用的连接工具，用于吊索之间或吊索与构件吊环之间的连接。由弯环与销子两部分组成，如图 7.1-9、图 7.1-10 所示。

（2）卸扣按外形分，有直形卸扣和椭圆形卸扣；按活动销轴的形式分，有螺栓式卸扣和销子式卸扣。螺栓式卸扣的销子和弯环采用螺纹连接；销子式卸扣的孔眼无螺纹，可直接抽出。螺栓式卸扣使用较多，但在柱子吊装中多采用销子式卸扣。

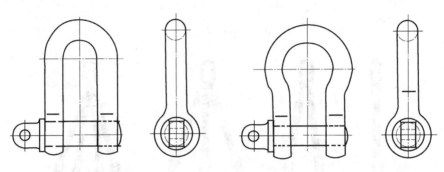

图 7.1-9　直形卸扣　　　　　　　　　图 7.1-10　椭圆形卸扣图

### 9. 新型索具（接驳器）

近些年，出现了几种新型的专门用于连接新型吊点（圆形吊钉、鱼尾吊钉、螺纹吊钉）的连接吊钩，或者用于快速接驳传统吊钩，具有接驳快速、使用安全等特点。主要用于预制构件吊装用。连接吊钩可以重复多次使用。预埋件、吊钉接驳器如图 7.1-11 和图 7.1-12 所示，生产用固定装置如图 7.1-13 所示。

图 7.1-11　预埋件、吊钉接驳器

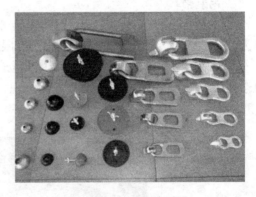

图 7.1-12　吊钉接驳器

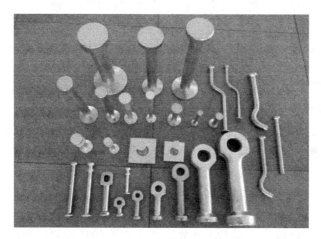

图 7.1-13 生产用固定装置

## 7.2 常用起重机械选择和使用

### 7.2.1 施工起重吊装机械选择的原则

1. 适应性：拟建工程项目预制率高低是确定起重吊装机械规格型号的关键，施工机械还要适应建设项目的施工条件和作业内容。

2. 高效性：通过对机械功率、技术参数的分析研究，在与项目条件相适应的前提下，尽量选用生产效率高、操作简单方便吊装机械设备。

3. 安全性：选用的施工机械的性能优越稳定，安全防护装置要齐全、灵敏可靠。

4. 经济性：在选择工程施工机械时，必须权衡工程量与机械费用的关系。尽可能选用低能耗、易保养维修的吊装机械设备。吊装机械的工作量、生产效率等要与工程进度及工程量相符合，尽量避免因施工吊装机械设备的作业能力不足而吊装机械设备的利用率降低，或因作业能力超过额定能力而延误工期给吊装机械安全使用带来隐患。

5. 综合性：有的工程情况复杂，仅仅选择一种起重机械工作有很大的局限性，可以根据具体工程实际选用多种起重吊装机械配合使用，充分发挥每种机械的优势，达到经济、适用、高效、综合的目的。

### 7.2.2 施工起重吊装机械选择的依据

1. 工程特点：根据工程建筑物所处具体地点、平面形式、占地面积、结构形式、建筑物长度、建筑物宽度、建筑物高度等确定起重吊装机械选型。

2. 施工项目的施工条件特点：主要是施工工期、现场的道路条件、周边环境条件、基坑开挖深度和范围、基坑支护状况、现场平面布置条件、施工工序等确定起重吊装机械位置的设置。

3. 预制构件特点：根据建筑物的预制装配率和构件数量、重量、长度、最终就位位置确定起重吊装机械选型。

4. 其他材料兼顾特点：现浇混凝土使用需要的钢架管、模板、钢筋、木材、砌体等也要兼顾考虑起重吊装机械。

5. 工程量：根据建设工程需要加工运输的工程量大小，决定选用的设备型号。

### 7.2.3 装配整体式混凝土结构施工起重吊装机械的选型

1. 装配整体式混凝土结构，一般情况下采用的预制构件体型重大，人工很难对其加以吊运安装作业，通常情况下需要采用大型机械吊运设备完成构件的吊运安装工作。吊运设备分为汽车起重机、履带式起重机或塔式起重机，汽车起重机示意如图 7.2-1 所示，也可根据工程使用专用移动式机械，在实际施工过程中应合理地使用多种吊装设备，使其优势互补，以便于更好的完成各类构件的装卸运输吊运安装工作，取得最佳的经济、社会和环境效益。

2. 对于单体工程建筑总高度不高且外形造型奇特的建筑物，可以优先选择汽车起重机、履带式起重机，优点是吊机位置可灵活移动，进场出场方便。

3. 对于单体工程建筑高度较高，且外形规整且上下基本无变化或变化有规律的建筑物可以优先选用附着塔式起重机；塔式起重机示意如图 7.2-2 所示。对于单体工程建筑高度较高，且外形不规整，上下基本变化大且有规律的建筑物可以选用内爬塔式起重机，其优点是起重量大位置固定，内爬塔式起重机一般安设在混凝土电梯井内，可随电梯井同步升高。

4. 若预制构件几何尺寸小，重量较轻，也可采用楼面移动式小吊机等自行研制的实用型吊装机械进行吊装或就位。

图 7.2-1　汽车起重机示意

图 7.2-2　平头塔式起重机示意

### 7.2.4 塔式起重机选择和使用

1. 塔式起重机的类型

它是把吊臂、平衡臂等结构和起升、变幅等机构安装在金属塔身上的一种起重机，其特点是提升高度高、工作半径大、工作速度快、吊装效率高等。

（1）塔式起重机基本分类

按变幅方式可分为：俯仰变幅式；小车变幅式。

按操作方式可分为：可自升式；不可自升式。

按转体方式可分为：动臂式；下部旋转式。

按固定方式可分为：轨道式；水母架式。

按塔尖结构可分为：平头式；塔帽式。

按作业方式可分为：机械自动；人为控制。

（2）平头式起重机是最近几年发展起来的一种新型塔式起重机，其特点是在原自升式塔式起重机的结构上取消了塔尖及其前后拉杆部分，增强了大臂和平衡臂的结构强度，大臂和平衡臂直接相连，其优点是：1）整机体积小、装拆方便、安装便捷安全，降低运输成本；2）起重臂耐受力简单，臂架杆件受力单一，在高频率工作下不易损坏；3）安装高度比一般有塔帽的塔式起重机能降低 10m 左右，多台塔式起重机在同一工程应用时，相邻两台平头式起重机比有塔帽的塔式起重机间距大大缩小，平头式起重机机体设计可标准化、模块化、互换性强，减少设备闲置，提高投资效益。其缺点是在同有塔帽的塔式起重机比较中，平头式起重机价格稍高。

2. 塔式起重机选择

塔式起重机是当前装配式结构现场使用的主要起重机械，塔式起重机选型首选取决于装配整体式混凝土结构的工程规模、建筑物高度、平面形状、预制构件最大重量和数量等。

3. 塔式起重机的主要技术参数有结构形式、变幅方式、塔身截面尺寸、最大起重量、端部吊重（起重力矩）、最大/最小幅度、最大起升高度等。

4. 塔式起重机按起重量大小分为轻型、中型和重型三种。起重量在 0.5t 到 3t 的为轻型塔式起重机，起重量在 3t 到 15t 的为中型塔式起重机，起重量在 20t 及以上的为重型塔式起重机。

5. 在塔式起重机的选型中应结合塔式起重机的尺寸及起重量荷载特点，起重量应包括预制构件自重、挂钩、钢丝绳、钢工具梁或钢框架梁重量；一般情况下应满足起重力矩（起重量乘以工作幅度）在 75% 以内。

6. 塔式起重机最大起重能力的要求，具体选择应考虑最大起重量和起重幅度，应根据其存放的位置、吊运的部位，距塔中心的距离，确定该塔式起重机是否具备相应起重能力，重点考虑工程施工过程中，最重的预制构件对塔式起重机吊运能力的要求，确定塔式起重机方案时应留有余地，塔式起重机吊点的最远距离处预制构件重量应小于塔式起重机允许起重量，最重预制构件位置处应小于塔式起重机允许半径；塔式起重机不满足吊重要求，必须调整塔式起重机型号或调整基座位置，使其满足使用要求。

7. 塔式起重机从经济角度选择，应从机械单台价格、进出场按拆费、月租金、人工工资等考虑。

8. 塔式起重机选择主要根据工作幅度、最大起重量、起吊高度和每个工作台班起吊班次等因素综合考虑；目前工程中预制剪力墙重量最大达到 7t 以上，预制叠合底板重量则在 1.5～2.5t 左右，预制梁最大则达 5t 左右，预制柱最大 15t 左右，均远大于现浇施工方法的材料单次吊装重量。故住宅建筑保有量 80% 以上的端部起重量在 1t 左右的 100t-m 及以下的塔式起重机不能满足预制装配式结构的吊装要求，需要更大吨位的起重设备。为满足 100m 左右的高度、覆盖范围 50m 左右的高层施工吊装要求，塔机端部起重量不应低于 2.5t，并且应布置至少两台以完成较重构件的吊装；也可以选用端部起重量在 4t 左右的一台塔式起重机完成吊装任务。而对于更大跨度的覆盖范围，则其端部起重量则应根据塔式起重机数量和工程进度安排等实际情况选择。

9. 对起升机构工作性能的要求

一般情况下，总起重力矩不变，幅度与起重量成反比，即幅度越大则起重量越小，反之亦然。而在功率一定情况下，力与速度是反比关系。

（1）塔式起重机设计时，为充分发挥起升机构使用性能，在电机总功率一定的情况下，速度与力（也就是载荷）按"重载低速、轻载高速"之原则匹配；因此塔式起重机通常设置了2倍率、4倍率甚至更大倍率，以充分挖掘了电机的工作性能，提高设备工作效率。

（2）在钢丝绳长度一定的情况下，对于同一起升机构，使用小倍率可以获得较大的起升高度和较低的起重量，而大倍率时其起升高度较小但起重量较大；即钢丝绳长度一定时，对于同一起升机构，起升高度与倍率是反比关系，起重量与倍率是正比关系。

（3）受制于塔式起重机功率的原因，塔式起重机为满足最大起重量要求使用了较大的倍率，但同时使塔式起重机的起升速度下降，如 TC5610-6 塔式起重机二倍率时最大起升速度为 40/80m/min，相应的最大起重量为 3.0/1.5t；其 4 倍率时最大起升速度下降一半为 20/40m/min，但相应的最大起重量为 6.0/3.0t。

（4）在传统施工中，因可自由组合重物重量，在起升高度较大时可使用二倍率以获得较快的起升速度，采用多次少量方式即可满足吊装要求。而对于吊装预制构件，如构件较重且有较大起升高度则必须使用较大倍率，显然以上低速不利于提高施工效率，解决方法是只能选择提高起升速度和增加设备其中之一，显然使用前一种方法增加的设备成本较少而成为较好的选择，即必须同步提高起升机构的功率，以满足高层施工中采用较大倍率时对起升速度的要求。

（5）在塔式起重机选型和定位设计时，应保证各幅度时的额度起重量大于该幅度下起吊的单个构件的重量。为充分发挥塔式起重机金属结构性能，塔式起重机最大起重量一般远大于最大幅度时的起重量；而使用中可能会出现起重量较大且超过该幅度较小倍率时额定起重量的情况。如在最大起重量和起重力矩范围内，使用 2 倍率不能满足起重量的要求，则必须使用 4 倍率甚至更大的钢丝绳倍率，这样就必然使塔式起重机在整个起升高度内都要使用较大的倍率以完成吊装任务，因此必须将起升钢丝绳长度增加一倍甚至更长以满足这个新的变化，也就是必须增加起升机构的容绳量。

10. 起升高度要求

塔式起重机最大独立起升高度不小于产品手册规定，附着一层到二层最大起升高度可达到 100m，即塔式起重机独立高度可满足大多数装配式建筑的施工要求，国内一般规定装配式建筑高度由于超限的原因一般高度不超过 100m，也就是附着一层就能满足所有住宅类装配式建筑的施工要求。具体工程应用中以建筑物最大点再往上增加 2 到 3 标准节（一般是 10m 左右）确定，如是群塔作业，相邻塔式起重机垂直距离应错开 2 个标准节高度。

11. 起重量：最大额定起重量不小于 24t，能满足超高层装配式建筑的最大构件的要求。

12. 速度：针对建筑装配化施工速度快、作业频率高的特点，其影响施工效率的主要速度参数—最大起升速度不小于 40m/min。

13. 塔式起重机工作幅度的要求

（1）当地下室施工时，塔式起重机主要负责吊装模板、钢筋、混凝土、脚手架管等。

（2）当装配式主体结构施工时，塔式起重机应从预制构件重量和所处安装位置考虑选择。

（3）塔式起重机型号决定了塔式起重机的臂长幅度，布置塔式起重机时，起重臂应覆盖堆场构件，避免出现覆盖盲区，减少预制构件的二次搬运。对含有主楼、裙房高层建筑，起重臂应全面覆盖主体结构部分和堆场构件存放位置，裙楼力求起重臂全部覆盖，当出现起重臂无法达到的的楼边局部偏远部位时，可考虑采用汽车起重机解决裙房边角垂直运输问题，不宜盲目加大塔式起重机型号，应认真进行技术经济比较分析后确定方案。

14. 如装配式结构预制构件较小，最大构件重量在 6t 内，最大幅度不小于 60m，能满足装配式建筑的整个覆盖范围，同时根据建筑施工要求也可减小幅度使用。选用塔式起重机臂长在 56m 市场上常用的塔式起重机 TC5610 比较经济适用，TC5610-6 塔式起重机参数见表 7.2-1。

**TC5610-6 塔式起重机参数表** 表 7.2-1

| 标定起重力矩 kN·m | | 800 | | | | |
|---|---|---|---|---|---|---|
| 起升高度 m | 倍率 | 独立固定式 | | | 附着式 | |
| | $\alpha=2$ | 40.5 | | | 220 | |
| | $\alpha=4$ | 40.5 | | | 110 | |
| 工作幅度 m | 最大工作幅度 | 56 | | | | |
| | 最小工作幅度 | 2.5 | | | | |
| 最大起重量 t | | 6 | | | | |
| 起升机构 | 倍率 | $\alpha=2$ | | | $\alpha=4$ | |
| | 速度 m/min | 80 | 40 | 8.88 | 40 | 20 | 4.44 |
| | 起重量 t | 1.5 | 3 | 3 | 3 | 6 | 6 |
| | 功率 kW | 24/24/5.4 | | | | |
| 牵引机构 | 速度 m/min | 50/25 | | | | |
| | 功率 kW | 3.3/2.2 | | | | |
| 回转机构 | 速度 r/min | 0~0.65 | | | | |
| | 功率 kW | 7.5 | | | | |

15. 如装配式结构预制构件为中等重量，最大预制构件重量在 3t 到 15t 之间，需塔式起重机臂长在 70m 内时，可选用 TC7030 的塔式起重机性能，此类起重机足以能承担房屋建筑最大预制构件的垂直运输。TC7030 的塔式起重机性能见表 7.2-2。

**TC7030 的塔式起重机性能表**                    表 7. 2-2

| 标定起重力矩 kN·m | | | 2500 | |
|---|---|---|---|---|
| 起升高度 m | | 倍率 | 独立固定式 | 附着式 |
| | | $\alpha=2$ | 54 | 196.5 |
| | | $\alpha=4$ | 54 | 98.25 |
| 工作幅度 m | | 最大工作幅度 | | 75 |
| | | 最小工作幅度 | | 3.5 |
| 最大起重量 t | | | 20 | |
| 起升机构 | 倍率 | $\alpha=2$ | | $\alpha=4$ |
| | 速度 m/min | 40 | 80 | 100 | 20 | 40 | 50 |
| | 起重量 t | 10 | 5 | 3 | 20 | 10 | 6 |
| | 功率 kW | | 75 | |
| 牵引机构 | 速度 m/min | | 0~100 | |
| | 功率 kW | | 11 | |
| 回转机构 | 速度 r/min | | 0~0.6 | |
| | 功率 kW | | 7.5×3 | |

16. 如装配式结构部分预制构件为重量较大，最大构件重量在 15t 以上，需塔式起重机臂长在 60m 内时，可选用国内更大型的塔式起重机。

17. 塔式起重机应满足吊次的需求

塔式起重机吊次计算：由于当前装配式构件吊装及就位要求精度高，操作人员熟练程度差，还需就位临时固定及钢筋连接处坐浆及孔道灌浆，一般塔式起重机的竖向构件吊次为每构件一个吊次按 30min 考虑，水平构件就位时还需精细调整临时固定，吊次为每构件一个吊次按 15min 考虑，每个综合台班约为 24 吊次。计算时可按所选塔式起重机所负责的区域，每月计划完成的楼层数，统计需要塔式起重机完成的垂直运输的实物量，合理计算出每月实际需用吊次，再计算每月塔式起重机的理论吊次（根据每天安排的台班数），当理论吊次大于实际需用吊次即满足要求，当不满足时，应采取相应措施，如增加每日的施工班次，增加吊装配合人员，塔式起重机尽可能的均衡连续作业，提高塔式起重机利用率。

18. 塔式起重机位置选择

选择塔式起重机位置应满足工作幅度能覆盖所有预制构件和相应的模板、脚手架管、钢筋的要求。

如是相邻群塔作业应满足以相邻塔式起重机水平距离和垂直高度要求。相邻群塔作业高、低塔式起重机应根据施工进度合理升节。

### 7.2.5 塔式起重机附着要求

塔式起重机高度与底部支承尺寸比值较大，且塔身的重心高、扭矩大、启制动频繁、冲击力大，当塔式起重机超过它的独立高度时要架设附墙装置，以解决构建物高度增加带来的吊装安全问题，增加塔式起重机的稳定性。塔式起重机应从自身安全和建筑物结构两方面考虑，附墙装置要按照塔式起重机说明书并根据拟安装附墙装置所在楼层结构情况，确定使用定型产品或单独加工专用工具式附着钢梁。如所在楼层竖向结构为现浇混凝土，可在结构的梁、柱或剪力墙上需锚固位置预留钢预埋件，用来同附着装置固定连接；根据锚固位置的受力情况计算，局部增加配筋进行加强处理，埋设附着装置的预埋件处的混凝土强度适当增大。如所在楼层竖向结构为预制构件柱、梁或剪力墙，预制剪力墙体、外墙挂板、非承重内墙板、预制柱、预制梁均不能作为附着架固定点；应将附墙装置提前设计并应通过外窗洞口伸入建筑物，固定在现浇结构剪力墙或楼面现浇梁内，附着位置竖向距离一般在 15～20m 一道，附着位置两根杆件之间水平距离为 3～4m。附着受力要求要保持水平。附着后要求附着点以下塔身的垂直度不大于 2/1000，附着点以上垂直度不大于 3/1000。

### 7.2.6 塔式起重机吊装可视化视频系统应用

1. 预制构件安装精度问题

装配整体式混凝土结构的施工方式与现有的施工方式存在本质区别，通过工厂生产柱、墙、梁、板等预制构件，现场通过塔式起重机吊装就位，塔式起重机作为预制构件吊装主要的起重设备，具有塔身高度高、自身重量大、工作环境恶劣、操作人员素质要求高、使用频繁、周边环境复杂等不利因素。塔式起重机事故的发生有设备自身质量因素造成的，包括制造质量、安装质量等，也有使用过程中超载、歪拉斜拽、指挥有误等因素造成的。由于传统吊装靠司机和信号工配合而引发的指挥失误造成人员伤害事件等事故，司机从主观上不存在故意违章操作的意识，因为司机在塔式起重机上是事故伤害的最直接受害者和责任人，为了加强使用过程的安全应用，各地方、企业都要求塔式起重机吊装严禁违章操作，做到"十不吊"，保证塔式起重机安全运行。

2. 塔式起重机吊装盲区

塔式起重机一般都布置在建筑物一侧，由于建筑物的遮挡，相对于塔式起重机的建筑物的另一侧成为司机的视觉盲区（如图 7.2-3 所示）。在视觉盲区，塔式起重机司机的吊装都是通过信号工的指挥操作，由于没有直观的视觉判断，对"十不吊"中的很多规定无法自己判断，预制构件就位处精度无法掌握，完全依赖于信号工指挥，存在一定安全隐患。而且对于目标点的把握通过语言描述和视觉判断进行吊装也存在很大差异，塔式起重机吊装同样的预制构件同样的工况，在盲区工作的时间大约是在可视区工作时间的 2 倍，盲区的存在大大影响了工作效率。

3. 对可视性的要求

工作时由于距离预制构件堆场和最终就位位置均较远，因塔式起重机司机与施工人员的分离且空间距离较大，常规做法是司机通过操作人员哨声指挥起升、行走、就位，吊运过程中始终存在视觉盲区或观察无法精准的状态，为保证构件就位准确、快速，两者之间的直接沟通必不可少，如能让司机直接观察到构件的就位情况，显然更有利于司机的就位操作和减少误操作，提高吊装效率，有效减少现场安全事故的发生，通过使用可视技术显然是满足这个要求的有效途径。

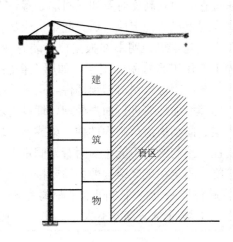

图 7.2-3　视屏盲区示意

4. 摄像头设置

具体做法是通过安装在塔式起重机起重臂小车上的摄像头，利用无线传输技术将视频传输到驾驶室，从而实现司机视觉无死角，有利于增加吊装过程安全性，提高工作效率。满足了预制构件吊装就位精度高、吊装效率高的要求。

5. 可视化塔式起重机视频吊装系统简介

塔式起重机视频吊装问题在国家标准《起重机械安全监控管理系统》GB 28264-2012有明确规定，塔式起重机主要监控内容应该包括视频系统，该视频系统至少需观察到吊点。但目前的塔式起重机安全监控系统主要是通过五限位管理、空间限制等功能，塔式起重机视频系统还没有形成标准产品。视频系统目前应用比较成熟广泛，但是吊钩运行有其自身的特点，吊钩位置随时变化，因此塔式起重机至少观测到吊钩的视频系统，存在以下三个问题需要解决：

（1）电源供电、数据传输布线不方便；

（2）起吊过程中吊钩位置处于移动状态，怎样能保证吊钩始终在摄像头监视范围内；

（3）预制构件就位处于不同的楼层，高差较大，吊装需要进行变倍。

传统的预制构件就位常常是操作工人人工观察加哨子和报话机呼叫，塔式起重机司机根据信号工指令进行操作机械，吊装预制构件距离操作司机较远，配合协调难，工程本身又遮挡操作司机视线，往往多次反复调整方能就位。装配连接如钢套筒连接或金属波纹管连接均精度要求高，公差较小，司机看不清楚需装配的细节，影响吊装精确就位效率，成为制约装配整体式混凝土结构的一个瓶颈。

（4）视频监控系统应用

1）针对塔机的应用问题及工作特点，可视化塔式起重机视频监控系统将会解决上述问题。该系统包括：摄像机、显示器、无线传输系统、电源系统、控制器、存储设备。

2）塔机吊装视觉盲区消除办法：摄像机安装在塔式起重机变幅小车上（如图 7.2-4

所示）选择可变焦的摄像机。为了保证数据传输质量，采用网络数字摄像机，画质清晰，受干扰小，采用网络摄像机也为远程观看预留钢筋和钢套筒或金属波纹管是否顺利套入提供了方便。为了解决不好布线的问题，采用无线传输方式。无线传输系统包括图像传输和控制信号，通过可视化的视频吊装系统，在传统单一的信号指挥模式基础上，增加了视频辅助判断，可有效增加塔机吊装安全性，提高吊装效率三分之一以上，尤其塔式起重机在楼体背面（不可视作业面），塔式起重机司机在驾驶室内无法看见地面吊装作业情况。司机可以通过显示器观看所吊货物，通过变焦拉近监控视频镜头确认货物大小、估算货物重量、散物捆扎是否规范、吊索和附件捆绑是否牢靠或平衡，辨认完毕后起勾进行吊装，吊装行走过程中利用视频监控显示器（如图 7.2-5 所示）观看路径周围环境，及时调整吊装行走路径，保障了吊装作业的安全完成，为项目安全管理提供了有力保障，进一步规范了塔式起重机操作。同时摄像机具有夜视功能，能够保证夜间及视线不太好的条件下正常工作。

图 7.2-4　摄像头安装位置　　　　图 7.2-5　显示器安装在操作室内

3）无线传输包括发射和接收两部分，发射部分安装在变幅小车内，接收部分安装于驾驶室附近。

4）电源系统采用蓄电池供电，蓄电池可以应用太阳能发电技术供电，并且留有备用电池，保证在天气异常情况下正常供电。

5）控制器主要是对摄像机和电源系统进行控制。摄像机控制包括摄像机云台控制和变焦控制。云台控制通过遥感控制方式操作，在摄像机安装完成后，调节摄像机镜头对准吊钩，正常工作时一般不需调整。由于楼顶与楼底存在高度差，需要进行变焦，变焦控制是司机经常应用的功能，为此采用脚踏开关进行操作。在不影响司机正常操作的同时，通过脚踏实现变倍功能。即使在司机可视区也可通过变倍观测到捆绑是否牢固等。电源控制主要是驾驶室电量显示提醒以及电源供电控制在夜间不施工及显示器关闭的状态下，关闭蓄电池供电，减少不必要的损失，大型预制件吊装与安装针对这一问题可以增加手持摄像机，将装配细节通过无线传输发送给司机，与上述的可视化吊装形成立体的视觉效果，特别是比较危险不适宜吊装过程有人的情况。司机根据局部多角度视频图像显示，精确操作塔式起重机吊装，大大提高吊装物的就位精度和工作效率。存储器可以存储摄像机监控的视频录像，发生问题时起到"黑匣子"作用。结合手持摄像机可形成立体化的视频辅助系统，解决了装配整体式混凝土结构吊装要求就位精确高、效率高的难题，效果良好，可实现塔式起重机司机视线的无死角。

### 7.2.7 塔式起重机的转移

1. 塔式起重机转移前，要按照安装的相反顺序，采用相似的方法，将塔式起重机降下或解体，然后进行整体拖运或解体运输。

(1) 采用整机拖运塔式起重机，轻型的大多采用全挂式拖运方式，中型及重型的则多采用半挂式拖运方式。拖运的牵引车可利用载重汽车或平板拖车的牵引车。

(2) 中型或重型塔式起重机必须解体运输。为了便于装卸运输，缩短组装及安装时间，在拆卸塔式起重机时，不需全部解体，将其分解为若干组件，如将整个底架保留成一体。可根据结构部件尺寸的特点，把臂架节塞装到塔身标准节里，从而压缩运输空间和降低运输费用。由于塔式起重机高大，组件的重量和轮廓尺寸都比较大，必须用平板拖车运输，以汽车起重机配合装卸。由于整机拖运长度超限，在拖运中必须注意下列各点：

1) 拖运前，必须对拖运路线进行勘察，对路面宽度、弯道半径、架空电线、路面起伏等情况作充分了解，根据实际情况采取相应的安全措施。

2) 当路面宽度小于 7m，弯道半径小于 10m，架空电线低于 4.5m，桥涵孔洞净空高度小于 4.5m，桥梁承载力低于 15t 时，均不能通行。

3) 拖运前，应为拖运列车配齐尾灯和制动器，并在牵引车上装适当配重。

4) 拖运速度不得超过 25km/h，通过弯道时更应低速缓行，并有专人负责地面指挥使拖运列车顺利通过。

2. 在拖运途中，必须随时注意检查，发现异常现象应及时排除。

### 7.2.8 履带式起重机选择和使用

1. 装配整体式混凝土结构施工中，对于履带式起重机的选择，通常会根据施工现场环境、合同周期、建筑高度、单件构件吊运最大重量和预制构件数量、设备造价或租赁费用等因素综合考虑确定。一般情况下，在低层、多层装配式结构施工中以及单层工业厂房结构吊运安装作业中，履带式起重机得到广泛的使用，履带式起重示意图如图 7.2-6 所示。

2. 当现场构件需二次倒运时，也可采用履带式起重机。其优点是移动操纵灵活，在平坦坚实的地面上能负荷行驶，对支撑面强度无特殊要求，起重机能回转 360°，适用于场地不平且承载力较差的场区。其缺点是稳定性较差，不应超负荷吊装，行驶速度慢且履带易损坏路面，因而，进出场和转移时多用平板拖车装运。履带式起重机选用时的主要技术参数主要取决于起重量、工作半径和起吊高度，常称"起重三要素"，起重三要素之间，存在着相互制约的关系。其技术性能的特点适用于吊装一般预制构件移动就位。如预制柱、梁、剪力墙板和外墙挂板等及跨度在 18~24m 的单层厂房的相应构件。以下是中联重科 QUY50 履带起重机参数，详见表 7.2-3，QUY50 履带起重机如图 7.2-6 所示。

图 7.2-6　QUY50 履带起重机图

**QUY50 履带起重机参数**　　　　　　　　　　表 7.2-3

| 项　目 | | 单　位 | 数　值 |
|---|---|---|---|
| 最大起重量×幅度 | | t×m | 55×3.7 |
| 固定副臂最大起重量 | | t | 5 |
| 主臂长度 | | m | 13～52 |
| 固定副臂长度 | | m | 6～15 |
| 主臂+固定副臂 | | m | 43+15 |
| 变幅角度 | | ° | 30～81 |
| 固定副臂安装角度 | | ° | 10，30 |
| 卷筒单绳速度 | 主起升 | m/min | 125（自由落钩选配） |
| | 副起升 | m/min | 125 |
| | 变幅 | m/min | 60 |
| 回转速度 | | rpm | 0～2.6 |
| 行走速度 | | km/h | 0～1.7 |
| 爬坡能力（基本臂，配重置于前方） | | % | 40 |
| 接地比压 | | MPa | 0.066 |
| 自重（带基本臂） | | t | 49 |
| 配重 | | t | 16.5 |
| 总外形尺寸长×宽×高（含人字架、底节臂） | | mm | 12800×3300×3030 |

续表

| 项 目 | | 单 位 | 数 值 |
|---|---|---|---|
| 发动机 | 型号 | | 潍柴 TBD226B-61G3 |
| | 额定功率/转速 | kW/rpm | 140/1900 |
| | 最大输出扭矩/转速 | Nm/rpm | 830/1300 |
| 履带轨距×接地长度×履带板宽度 | | mm | 2540×4900×760（履带架缩回） |
| | | mm | 3540×4900×760（履带架伸出） |

3. 履带式起重机的类型

履带式起重机是在行走的履带底盘上装有起重装置的起重机械，主要由动力装置、传动装置、行走机构、工作机械、起重滑车组、变幅滑车组及平衡重等组成。它具有起重能力较大、自行式、全回转、工作稳定性好、操作灵活、使用方便、在其工作范围内可载荷行驶作业、对施工场地要求较为宽松等特点。它是结构安装工程中常用的起重机械。

履带式起重机按传动方式不同可分为机械式、液压式和电动式三种，当前，液压式履带式起重机是最常用起重机械，履带式起重机施工图如图 7.2-7 所示。

图 7.2-7　履带式起重机施工图

4. 履带式起重机的使用要点

使用时应注意以下问题：

（1）驾驶员应熟悉履带式起重机技术性能，启动前应按规定进行各项检查和保养。启动后应检查各仪表指示值和视听发动机工作状况，确认正常后操作起重机试运转，检查各机构工作是否正常，特别是制动器是否可靠。

（2）履带式起重机启动前应将主离合器分离，各操纵杆放在空挡位置，并应按照履带式起重机使用说明书的规定启动内燃机。内燃机启动后，应检查各仪表指示值，待运转正常再接合主离合器，进行空载运转，顺序检查各工作机构及其制动器，确认正常后，方可作业。

（3）起吊重物时应先稍离地面试吊，当确认重物已挂牢，履带式起重机的稳定性和制动器的可靠性均良好，再继续起吊。在重物升起过程中，操作人员应把脚放在制动踏板上，密切注意起升重物，防止吊钩冒顶。当履带式起重机停止运转而重物仍悬在空中时，即使制动踏板被固定，仍应脚踩在制动踏板上。履带式起重机变幅应缓慢平稳，严禁在起重臂未停稳前变换挡位；履带式起重机载荷达到额定起重量的90%及以上时，升降动作应慢速进行，严禁下降起重臂，严禁超载作业，如确需超载时应进行验算并采取可靠措施；并严禁同时进行两种及以上动作。作业时，起重臂仰角不得超过出厂规定。当无资料可查时，仰角控制在45°~78°之间。

（4）当有些工程的预制构件较重需采用双机抬吊作业时，绑扎构件时注意分配两台起重机的负荷均匀受力，两台起重机的性能应相近；抬吊时统一指挥，动作协调，互相配合，起重机的吊钩滑轮组均应保持垂直。抬吊时单机的起重载荷不得超过允许载荷值的80%。

（5）履带式起重机带载行走时，载荷不得超过允许起重量的70%；带载行走时道路应坚实平整，起重臂与履带平行，重物离地不能大于500mm，并拴好控制摆动的拉绳，缓慢行驶，严禁长距离带载行驶，上下坡道时，应空载行驶。上坡时，应将起重臂扬角适当放小，下坡时应将起重臂的仰角适当放大，严禁下坡空挡滑行，拐弯不得过急。

（6）履带式起重机作业完成后，起重臂应转至顺风方向，并降至40°~60°之间，吊钩应提升到接近顶端的位置，应关停内燃机，将各操纵杆放在空挡位置，各制动器加保险固定。

## 7.2.9 履带式起重机的转移

履带式起重机的转移有三种形式：自行转移、平板拖车运输和铁路运输。对于普通路面且运距较近时，可采用自行转移，在行驶前，应对行走机构进行检查，并做好润滑、紧固、调整和保养工作。每行驶500~1000m时，应对行走机构进行检查和润滑。对沿途空中架线情况进行察看，以保证符合安全距离要求；当采用平板拖车运输时，要了解所运输的履带式起重机的自重、外形尺寸、运输路线和桥梁的安全承载能力、桥洞高度等情况，选用相应载重量平板拖车。起重机在平板拖车上停放牢固，位置合理。应将起重臂和配重拆下，刹住回转制动器，插销销牢，为了降低高度，可将起重机上部人字架放下；当采用铁路运输时，应将支垫起重臂的高凳或道木垛搭在起重机停放的同一个平板上，固定起重臂的绳索也绑在该平板上，如起重臂长度超过该平板时，应另挂一个辅助平板，但可不设支垫也不用绳索固定，同时吊钩钢丝绳应抽掉。

## 7.2.10 汽车式起重机选择和使用

1. 装配整体式混凝土结构施工中，对于汽车式起重机的选择，通常会根据合同周期、施工现场环境、建筑高度、单件构件吊运最大重量和构件数量、设备造价或租赁费等因素综合考虑确定。一般情况下，在低层、多层装配整体式混凝土结构施工中，预制构件的吊运安装作业通常采用重型汽车式起重机，当现场构件需二次倒运时，可采用轻型汽车起重机，汽车式起重机优点是移动灵活、进出场方便，缺点是对支撑面强度有一定要求，每次起重量有限制。

2. 汽车式起重机的类型

汽车式起重机是将起重机构安装在普通载重汽车或专用汽车底盘上的起重机。汽车式起重机行驶通过性能和机动性能好，转移快捷、运行速度快，对路面破坏性小，但不能带负荷行驶，吊重物时必须支腿，对工作场地的要求较高。汽车式起重机如图7.2-8所示。

汽车式起重机按起重量大小分为轻型、中型和重型三种。起重量在20t以内的为轻型，起重量在20~50t的为中型汽车式起重机，起重量在50t及以上的为重型汽车式起重机；按起重臂形式分为桁架臂和箱形臂两种；按传动装置形式分为机械传动、电力传动、液压传动三种。液压传动的汽车式起重机应用较广泛。预制构件一般为7t，QY25VF532汽车式起重机一般能满足要求，基本参数见表7.2-4。

图7.2-8 汽车式起重机

**QY25VF532汽车式起重机基本参数表**  表7.2-4

| 项　　目 | | | 数　值 |
|---|---|---|---|
| 工作性能参数 | 最大额定总起重量 | kg | 25000 |
| | 基本臂最大起重力矩 | kN·m | 980 |
| | 最长主臂最大起重力矩 | kN·m | 494 |
| | 基本臂最大起升高度 | m | 11.0 |
| | 主臂最大起升高度 | m | 39 |
| | 副臂最大起升高度 | m | 47.0 |
| 工作速度 | 单绳最大速度（主卷扬） | m/min | 120 |
| | 单绳最大速度（副卷扬） | m/min | 100 |
| | 起重臂起臂时间 | s | 40 |
| | 起重臂伸出时间 | s | 80 |
| | 回转速度 | r/min | 0~2.2 |

3. 汽车式起重机的使用要点

（1）汽车式起重机行驶前，应检查并确认各支腿的收存无松动，轮胎气压应符合规定。汽车式起重机行驶和工作的场地应保持平坦坚实，并应与沟渠、基坑保持安全距离。

（2）起重机启动前重点检查项目是安全保护装置和指示仪表齐全完好。钢丝绳及连接部位是否符合规定。燃油、润滑油、液压油及冷却水是否添加充足。各连接件无松动。轮胎气压符合规定。

（3）启动前，应将各操纵杆放在空挡位置，手制动器应锁死，并应按规定启动内燃机。启动后，应怠速运转，检查各仪表指示针，运转正常后接合液压泵，待压力达到规定值，油温超过 30℃时，方可开始作业。

（4）应根据所吊重物的重量和提升高度，调整起重臂长度和仰角，并应估计吊索和重物身的高度，留出适当空间。

（5）应全部伸出支腿，并在撑脚板下垫方木，调整机体使回转支撑面的倾斜角在无荷载时不大于 1/1000。支腿有定位销的必须插上，底盘为弹性悬挂的汽车式起重机，放支腿前应先收紧稳定器。

（6）作业中严禁搬动支腿操纵阀。调整支腿必须在无荷载时进行，并将起重臂转至正前或正后方可再行调整。

（7）起吊重物达到额定起重量的 90％以上时，严禁同时进行两种及以上的动作。

（8）起重臂伸缩时，应按规定程序进行，在伸臂的同时应相应下降吊钩，当限制器发出警报时，应停止伸臂，起重臂伸出后，当前节臂杆的长度大于后节伸出长度时，应调整正常后，方可作业，起重臂回缩时，角度不易太小。

（9）起重臂伸出后，或主副臂全部伸出后，变幅时不得小于各长度所规定的仰角。满负荷起重吊装时，应检查起重臂的挠度不超过规定，侧向起重吊装时应注意支腿状况。

4. 汽车式起重机日常检查

定期检查起重臂是否有裂缝变形，检查连接螺栓是否紧固。作业后，应将起重臂全部缩回放在支架上，再收回支腿。吊钩应用专用钢丝绳挂牢，应将阻止机身旋转的销式制动器插入销空，并将取力器操纵手柄放在托开位置，最后应锁住起重操纵室门。

## 7.2.11　移动式小吊机选择和安装使用

1. 移动式小吊机选择

装配整体式混凝土结构施工中，部分工程预制构件往往位于建筑物四周，如预制外墙挂板、阳台板或空调板、女儿墙等，而且每块构件重量均不大，一般在 2t 以内，由于汽车式起重机或履带式起重机吊臂高度限制，塔式起重机因其他工序占用，因此选择其他便捷的吊运机械就是工程需要考虑的问题，对于移动式小吊机的选择，通常会根据施工现场环境、建筑高度、单件构件吊运重量和构件数量、构件部位、租赁费及灵活性等因素综合考虑确定。一般情况下，首先应主体结构施工封顶，只是外墙周边为预制挂板等构件待安装，将移动式小吊机放置在建筑物楼顶进行吊装预制构件，如建筑物较高，也可按竖向分段安装使用移动式小吊机，如可将移动式小吊机放置在已施工完毕的部分楼层上，当待放置移动式小吊机的楼层混凝土强度等级达到 100％结构楼面上，可对建筑物较高的已施工完成的最下部分楼层外侧外墙预制挂板先进行预制安装就位，其优点是移动灵活、进出场方便，且不影响主体结构总体施工安排。通过一定固定装置将附近楼面框架柱或剪力墙作为移动式小吊机的固定平衡点，注意的是对支撑楼面强度有一定要求，每吊次预制构件的起重量有一定限制。

2. 移动式小吊机安装、移位说明

考虑到移动式小吊机需要在楼层内移位，综合考虑一般建筑物常用的塔式起重机的吊装能力，为便于拆装，设计整机可以拆解为两个部分：一部分为安装底座部分，另一部分为旋臂梁和卷扬机起升部分，每部分重量不大于3t，以确保现场常用的塔式起重机能安全起吊、移位。

（1）固定安装座部分详见图 7.2-9 所示。

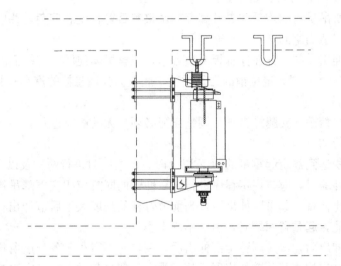

图 7.2-9　固定安装座部分

（2）旋臂梁和卷扬起升部分如图 7.2-10 所示。

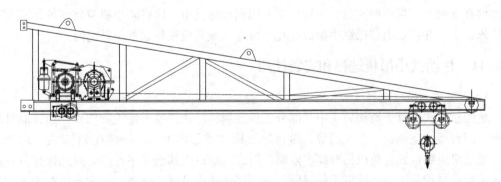

图 7.2-10　旋臂梁和卷扬起升部分

（3）移动式小吊机安装

1）安装前准备工作，移动式小吊机安装在框架柱或剪力墙上，安装面应平整，安装面应与水平面垂直。安装柱截面尺寸误差不大于 15mm。安装柱或剪力墙正上方横梁上预埋手拉捯链安装吊点，用于安装吊移动式小吊机安装座和卷扬机。

2）旋臂吊移动式小吊机安装座安装

用塔式起重机将旋臂吊安装座吊运到指定楼层，将安装座放置在运输平车上，运输到需要安装位置。在预埋吊点上挂 3t 手拉捯链。用钢丝绳、卸扣与安装座连接，将钢丝绳挂在手拉捯链上，拉动手拉捯链，将安装座提升到安装高度，用螺栓、压板将安装座固定在框架柱或剪力墙上。

3) 旋臂梁和卷扬起升安装

旋臂梁和卷扬起升机构安装在一起，总重量小于 3t，满足塔式起重机起吊重量要求可以整体起吊。用塔式起重机将旋臂梁吊运到指定楼层高度，旋转塔式起重机，使旋臂梁安装位置与安装座位置一致；旋臂梁与安装座连接采用销轴连接方式安装，旋臂梁达到安装位置后用手拉捯链与旋臂梁起吊连接，利用手拉捯链拉动旋臂梁可对准销轴孔位置。插上销轴，拧紧销轴固定。悬臂梁安装示意如图 7.2-11 所示。

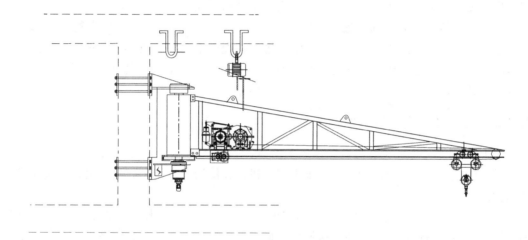

图 7.2-11　悬臂梁安装示意

4) 旋臂起重机在安装和移位过程中，需要配置手动液压叉车，用于安装座和小件的移动。手动液压叉车如图 7.2-12 所示。

图 7.2-12　手动液压叉车

5）安装时间：第一次安装时，使用塔式起重机和施工电梯将移动式小吊机各部件运输至安装层，进行组装、固定，需要 1 天时间；移动式小吊机移位时包括拆卸、转移和安装，需要塔式起重机配合，预计需要 4～6h，整个吊装过程中，机械安拆、挪移大约占用10 天工期。

# 7.3　起重吊装机械安全使用管理

## 7.3.1　起重吊装机械简介

起重机械安全使用管理非常重要，在装配整体式混凝土结构工程施工中主要采用塔式起重机、履带式起重机或汽车式起重机，用于预制构件及材料的装卸和安装。其他垂直运输设施主要包括物料提升机和施工升降机，其中施工升降机既可承担负责物料的垂直运输，也可承担施工人员的垂直运输。科学安排与合理使用起重机械可大大减轻施工人员体力劳动强度，确保施工质量与安全生产，加快施工进度，提高劳动生产率。起重机械属特种设备，其安拆与相关施工操作人员均属特种作业人员。

## 7.3.2　建立日常检查管理制度

1. 持证制度：施工起重机械操作人员必须经过技术考核合格并取得操作证后，方可独立操作机械，严禁无证操作。主要施工起重机械在使用中实行定人、定机、定岗位责任的制度。

2. 技术培训制度：通过进场培训和定期的过程培训，使操作人员做到"四懂三会"，即懂机械原理、懂机械构造、懂机械性能、懂机械用途，会操作、会维修、会排除故障。

3. 安全交底制度：严格实行安全交底制度，使操作人员对施工要求、场地环境、气候等安全生产要素有详细的了解，确保机械使用的安全。

4. 交接班制度：施工起重吊装机械往往多人操作，交接班制度非常重要。交接班制度应交代交接上一班工作完成情况、机械设备运转情况、备用料具、机械运行记录等内容。

5. 施工起重吊装机械的进厂检验

施工项目总承包企业的项目经理部，对进入施工现场的所有机械设备安装、调试、验收、使用、管理、拆除退场等负有全面管理的责任。因此项目经理部无论是企业自有的设备或是租赁的设备，还是分包单位自有或者租赁的设备，都要进行全面检查。

6. 日常维护保养工作

（1）日常维护保养是保证起重机械安全、可靠运行的前提，在起重机械的日常使用过程中，应严格按照随机文件的规定，定期对设备进行维护保养。

（2）设备管理部门应严格执行设备的日检、月检和年检，即每个工作日对设备进行一次常规的巡检，每月对易损零部件及主要安全保护装置进行一次检查，每年至少进行一次全面检查，保证设备始终处于良好的运行状态。

（3）维护保养工作可由起重机械司机、管理人员和维修人员进行，也可以委托具有相应资质的专业单位进行。检查中发现异常情况时，必须及时进行处理，严禁设备带故障运行，所有检查和处理情况应及时进行记录。

7. 起重机械年检的主要内容：

（1）月度检查的所有内容；

（2）金属结构的变形、裂纹、腐蚀及焊缝、铆钉、螺栓等连接情况；

（3）主要零部件的磨损、裂纹、变形等情况；

（4）重量指示、超载报警装置的可靠性和精度；

（5）动力系统和控制器。

### 7.3.3 起重吊装机械产权单位管理

1. 出租单位出租的建筑起重机械和使用单位购置、使用的建筑起重机械应当具有特种设备制造许可证、产品合格证、制造监督检验证明。

2. 出租单位在建筑起重机械首次出租前，自购建筑起重机械的使用单位在建筑起重机械首次安装前，应当持建筑起重机械特种设备制造许可证、产品合格证和制造监督检验证明到本单位所在地县级以上地方人民政府建设主管部门办理备案。

3. 出租单位应当在签订的建筑起重机械租赁合同中，明确租赁双方的安全责任，并出具建筑起重机械特种设备制造许可证、产品合格证、制造监督检验证明、备案证明和自检合格证明，提交安装使用说明书。

### 7.3.4 施工总承包单位对起重吊装机械管理

1. 施工总承包单位应当履行下列安全职责：

（1）向安装单位提供拟安装设备位置的基础施工资料，确保建筑起重机械进场安装、拆卸所需的施工条件；

（2）审核建筑起重机械的特种设备制造许可证、产品合格证、制造监督检验证明、备案证明等文件；

（3）审核安装单位、使用单位的资质证书、安全生产许可证和特种作业人员的操作资格证书；

（4）审核安装单位制定的建筑起重机械安装、拆卸工程专项施工方案；

（5）审核使用单位制定的建筑起重机械生产安全事故应急救援预案；

（6）指定专职安全生产管理人员监督检查建筑起重机械安装、拆卸、使用情况。

### 7.3.5 塔式起重机安全管理

1. 对塔式起重机操作司机和起重工做好安全技术交底，以加强个人责任心，每一台塔式起重机，必须有1名以上专职、经培训合格后持证上岗的指挥人员。指挥信号明确，必须用旗语或对讲机进行指挥。塔式起重机应由专职人员操作和管理，严禁违章作业和超载使用，宜采用可视化系统操作和管理预制构件吊装就位工序。

2. 塔式起重机与输电线之间的安全距离应符合要求。塔式起重机与输电线的安全距离达不到规定要求的，通过搭设非金属材料防护架来安全防护。

3. 塔式起重机在平面布置的时候要绘制平面图，当多台塔式起重机在同一工程中使用时，相邻塔式起重机之间的吊运方向、塔臂转动位置、起吊高度、塔臂作业半径内的交叉作业要充分考虑相邻塔式起重机的水平安全距离，由专业信号工设限位哨加强彼此之间的安全控制。

4. 当同一施工地点有两台以上塔式起重机时，应保持两机间任何接近部位（包括吊重物）距离不得小于 2m。

5. 动臂式和尚未附着的自升式塔式起重机，塔身上不得悬挂标语牌。夜间施工，要有足够的照明。

6. 坚持"十"不吊。作业完毕，应断电锁箱，搞好机械的"十字"作业工作。十不吊的内容如下：

(1) 斜吊不吊；

(2) 超载不吊；

(3) 散装物装得太满或捆扎不牢不吊；

(4) 吊物边缘无防护措施不吊；

(5) 吊物上站人不吊；

(6) 指挥信号不明不吊；

(7) 埋在地下的构件不吊；

(8) 安全装置失灵不吊；

(9) 光线阴暗看不清吊物不吊；

(10) 六级以上强风不吊。

7. 塔式起重机安全操作管理规定

(1) 塔式起重机起吊前应对吊具与索具检查，确认合格后方可起吊。

(2) 塔式起重机使用前，应检查各金属结构部件和外观情况完好，现场安装完毕后应按有关规定进行试验和试运转，空载运转时声音正常，重载试验制动可靠。

(3) 塔式起重机在现场安装完毕后应重新调节好各种保护装置和限位开关；各安全限位和保护装置齐全完好，动作灵敏可靠。塔式起重机传动装置、指示仪表、主要部位连接螺栓、钢丝绳磨损情况、供电电缆等必须符合有关规定。

(4) 多台塔式起重机同时作业时，并要听从指挥人员的指挥，必须保持往同一方向放置，不能随意旋转，塔式起重机的转向制动，要经常保持完好状态。当塔式起重机进行回转作业时，要密切留意塔式起重机起吊臂工作位置，留有适当的回转位置空间。

(5) 机械出现故障或运转不正常时应立即停止使用，作业中遇突发故障，应采取措施将吊物降落到安全地点，严禁吊物长时间悬挂在空中；及时在塔臂前端设置明显标志，应及时停机维修，决不能带病转动。

(6) 预制构件吊装时，应根据预先设置的吊点挂稳吊钩，零星材料起吊时，应用吊笼或钢丝绳绑扎牢固；在吊钩提升、起重小车或行走大车运行到限位装置前，均应减速缓行到停止位置，并应与限位装置保持一定距离。严禁采用限位装置作为停止运行的控制开关。

(7) 操作各控制器时，应依次逐步操作，严禁越挡操作。在变换运转方向时，应将操作手柄归零，待电机停止转动后再换向操作，力求平稳，严禁急开急停。

(8) 起重吊装作业中，操作人员临时离开操纵室时，必须切断电源。起重吊装作业完毕后，起重臂应转到顺风方向，并松开回转制动器，小车及平衡重应置于非工作状态，吊钩宜升到离起重臂顶端 2～3m 处。应将每个控制器拨回零位，依次断开各开关，关闭操纵室门窗，断开电源总开关，打开高空指示灯。

8. 塔式起重机资料管理

施工企业或塔式起重机产权单位应将塔式起重机的生产许可证、产品合格证、拆装许可证、地质勘察资料、使用说明书、电气原理图、液压系统图、司机操作证、塔式起重机基础图、塔式起重机拆装方案、安全技术交底、主要零部件质保书（钢丝绳、高强连接螺栓、地脚螺栓及主要电气元件等）报给地方特种设备检测中心，经地方特种设备检测中心检测合格后，获得安全使用证。

日常使用中要加强对塔式起重机的动态跟踪管理，作好台班记录、检查记录和维修保养记录（包括小修、中修、大修）并有相关责任人签字，在维修的过程中所更换的材料及易损件要有合格证或质量保证书，并将上述材料及时整理归档，建立一机一档台账。

9. 塔式起重机拆装安全管理

塔式起重机的拆装是事故的多发阶段。因拆装不当和安装质量不合格而引起的安全事故占有很大的比重。塔式起重机拆装必须要具有资质的拆装单位进行作业，拆装要编制专项的拆装安全方案，方案要有安装单位技术负责人审核签字。拆装人员要经过专门的业务培训，有一定的拆装经验并持证上岗，同时要各工种人员齐全，岗位明确，各司其职，听从统一指挥，安排专人指挥，无关人员禁止入场，严格按照拆装程序和说明书的要求进行作业。当遇风力超过 4 级要停止拆装，风力超过 5 级，塔式起重机要停止起重作业。特殊情况确实需要在夜间作业的要有足够的照明。

10. 塔式起重机安全装置设置管理

塔式起重机必须安装的安全装置主要有：起重力矩限制器、起重量限制器、高度限位装置、幅度限位器、回转限位器、吊钩保险装置、卷筒保险装置、风向风速仪、钢丝绳脱槽保险装置、小车防断绳装置、小车防断轴装置和缓冲器等。这些安全装置要确保完好与灵敏可靠，不得私自解除或任意调节，保证塔式起重机的安全使用。

11. 塔式起重机电气安全管理

按照《建筑施工安全检查标准》JGJ59 要求，塔式起重机的专用开关箱也要满足"一机、一箱、一闸、一漏"的要求，漏电保护器的脱扣额定动作电流应不大于 30mA，额定动作时间不超过 0.1s。司机室里的配电盘不得裸露在外。电气柜应完好，关闭严密、门锁齐全，柜内电气元件应完好，线路清晰，操作控制机构灵敏可靠，各限位开关性能良好，定期安排专业电工进行检查维修。

12. 塔式起重机报废与年限

为保证塔式起重机安全使用，对于使用时间超过一定年限塔式起重机应由有资质的评估机构进行安全性能评估，起重力矩在 630kN·m（不含 630kN·m）以下且出厂年限超出 10 年、起重力矩在 630～1250kN·m（不含 1250kN·m）的塔式起重机超过 15 年、起重力矩在 1250N·m 以上塔式起重机超出 20 年时，经有资质单位评估合格后，作出合格、降级使用和不合格判定，对于合格、降级使用塔式起重机，起重力矩在 630N·m（不含 630kN·m）塔式起重机以下评估有限期不得超过 1 年、起重力矩在 630～1250 kN·m（不含 1250kN·m）的塔式起重机超过评估有限期不得超过 2 年、起重力矩在 1250kN·m 以上塔式起重机超出 20 年时评估有限期不得超过 3 年。

### 7.3.6 履带式起重机安全使用管理

1. 履带式起重机工作时起重吊装的指挥人员必须持证上岗，履带式起重机作业时应与操作人员密切配合，操作人员按照指挥人员的信号进行作业，当信号不清或错误时，操作人员可拒绝执行。

2. 履带式起重机应在平坦坚实的地面上作业、行走和停放。在正常作业时，坡度不得大于 3°，并应与沟渠、基坑保持安全距离。

3. 履带式起重机启动前重点检查项目应符合下列要求：

(1) 各安全防护装置及各指示仪表齐全完好；

(2) 钢丝绳及连接部位符合规定；

(3) 燃油、润滑油、液压油、冷却水等添加充足；

(4) 各连接件无松动。

4. 履带式起重机必须在平坦坚实的地面上作业，当起吊荷载达到额定重量的 80% 及以上时，工作动作应慢速进行，先将重物吊离地面 200～300mm，检查确认起重机的稳定性，制动器的可靠性，构件的绑扎牢固性后方可继续吊装，并禁止同时进行两种及以上动作。

5. 采用双机抬吊作业时，应选用起重性能相似和起重量相近的两台履带式起重机进行。抬吊时应统一指挥，动作应配合协调，载荷应分配合理，单机的起吊载荷不得超过允许载荷的 70%。在吊装过程中，两台履带式起重机的吊钩滑轮组应保持垂直状态。

6. 当履带式起重机如需带载行走时，行走道路应坚实平整，载荷不得超过允许起重量的 70%，重物应在履带式起重机正前方向，重物离地面不得大于 500mm，并应拴好拉绳，缓慢行驶。严禁长距离带载行驶。履带式起重机行走时，转弯不应过急；当转弯半径过小时，应分次转弯；当路面凹凸不平时，不得转弯。履带式起重机上下坡道应无载行走，上坡时应将起重臂仰角适当放小，下坡时应将起重臂仰角适当放大。严禁下坡空挡滑行。

7. 履带式起重机的变幅指示器、力矩限制器、起重量限制器以及各种行程限位开关等安全保护装置，应完好齐全、灵敏可靠，不得随意调整或拆除。严禁利用限制器和限位装置代替操纵机构。

8. 履带式起重机作业时，起重臂和重物下方严禁有人停留、工作或通过。重物吊运时，严禁从人上方通过。严禁用履带式起重机载运人员。

9. 严禁使用履带式起重机进行斜拉、斜吊和起吊地下埋设或凝固在地面上的重物以及其他不明重量的物体。对于现场浇筑的混凝土预制构件，必须全部脱模后方可起吊。

10. 严禁起吊重物长时间悬挂在空中，作业中遇突发故障，应采取措施将重物降落到安全地方，并关闭发动机或切断电源后进行检修。在突然停电时，应立即把所有控制器拨到零位，断开电源总开关，并采取措施使重物降到地面。

11. 操纵室远离地面的履带式起重机，在正常指挥发生困难时，地面及作业层（高空）的指挥人员均应采用对讲机等有效的通讯联络进行指挥。

12. 在露天有 5 级及以上大风或大雨、大雪、大雾等恶劣天气时，应停止起重吊装作业。雨雪过后作业前，应先试吊，确认制动器灵敏可靠后方可进行作业。

## 7.3.7 汽车式起重机安全使用管理

1. 应遵守汽车式起重机的有关操作规程及交通规则。起重吊装作业时，汽车驾驶室内不得坐人，起重臂下方也不得站人，发现起重机倾斜、不稳等异常情况时，应立即采取措施。

2. 作业时，汽车驾驶室内不得有人，重物不得超越驾驶室上方，且不得在车的前方起吊。

3. 起吊重物达到额定起重量的 90% 以上时，严禁同时进行两种及以上的操作动作。

4. 作业中发现汽车式起重机支腿不稳等异常现象时，应立即使重物下落在安全的地方，下降中严禁制动。

5. 重物在空中需要较长时间停留时，应将起升卷筒制动锁住，操作人员不得离开操纵室。

6. 行驶时，应保持中速，不得紧急制动，过铁道口或起伏路面时应减速，下坡时严禁空挡滑行，倒车时应有人监护。

7. 汽车式起重机带载回转时，操作应平稳，避免急剧回转或停止，换向应在停稳后进行。

8. 当汽车式起重机带载行走时，道路必须平坦坚实，载荷必须符合出厂规定，重物离地面不得超过 0.5m，并应拴好拉绳，缓慢行驶。

9. 行驶时，底盘走台上严禁载人或物。

## 7.3.8 移动式小吊机安全使用措施

1. 移动式小吊机在装配整体式混凝土结构中布设位置灵活，用法简便，但是目前不是国家定型产品，因此试用前，应由产权单位或施工总承包单位向地方特种机械管理部门提出申请，由地方特种机械管理部门组织相关专家，对移动式小吊机使用性能和安全性进行专业鉴定和评估，出具鉴定或评估结论而后才能在工程中应用。

2. 移动式小吊机产权单位鉴定和评估前，应提供下列资料：

(1) 申请表；

(2) 产权单位法人营业执照；

(3) 企业岗位安全责任制、设备安全管理制度及事故应急救援预案；

(4) 有关的设备的管理、检验、维护保养人员情况；

(5) 企业生产经营场所证明材料；

(6) 特种设备制造许可证和产品设计文件、产品质量合格证明、安装及使用维修说明、有关型式试验合格证明等文件；

(7) 购销合同或发票；

(8) 其他应提供的资料。

3. 移动式小吊机使用安全注意事项

(1) 吊装前先检查移动式小吊机的各功能是否能正常运转，移动式小吊机是否完好，着重检查吊钩和钢丝绳有无损坏；

(2) 起吊前对工人做好安全技术交底，讲解作业规范和注意事项，对于移动式小吊机操作人员提前进行培训，并进行考核，考核合格后方可上岗；

（3）地面人员必须确保吊钩与预制构件上的吊环完全连接好后，再给楼上小吊机操作人员发信号，进行起吊，先慢慢起吊，待预制构件离地面500mm高时暂停提升，再次检查吊钩连接情况，确认后方可继续提升；

（4）预制构件吊运要避让操作人员，操作要缓慢匀速，在操作小吊机进行预制构件提升过程中，不可进行变幅操作和回转操作；

（5）在操作楼层设置风速计，当风速大于10m/s时或遭遇雷雨天气，严禁进行吊装，可以使用牵引绳调整预制构件位置；

（6）以吊物为中心半径10m的范围内拉安全警戒带并设立警戒牌，并有安全员专门监护；

（7）现场清理，作业半径30m范围内，严禁车辆行驶和人员走动；

（8）应采用有足够安全储备的钢丝绳，钢丝绳与构件的水平夹角不宜小于45°，否则需要验算确定。

# 8 预制构件的吊装与安装组织

装配整体式混凝土结构施工现场和生产场区必须具备较大的空旷区域，用来堆放预制构件及部品，这是装配整体式混凝土结构工程吊装与安装组织非常重要的环节，本章对此进行详细介绍，装配整体式混凝土结构中各种预制构件规格品种繁多，对于施工组织管理、作业人员的安装技术要求、吊装机械的选用都是非常重要的，同时同后浇混凝土的组织如何协调也应当引起关注。

## 8.1 预制构件安装组织准备

### 8.1.1 预制构件和建筑材料场区布置

#### 1. 生产企业车间、场地布置规划

生产企业场地布置设计以及规划车间高度，是为达到预制构件使用要求、运输方便、统一归类以及不影响预制构件生产的连续性等要求，场区的平整及预制构件场地布置规划尤为重要。生产车间高度应充分考虑生产预制构件高度、模具高度及起吊设备升限、构件重量等因素，应避免预制构件生产过程中发生设备超载、构件超高不能正常吊运等问题。

生产企业场地预制构件临时堆放区如图 8.1-1 所示。

图 8.1-1 生产企业场地预制构件临时堆放区

## 2. 预制构件现场堆放特点

装配整体式混凝土结构施工现场，由于使用大量预制构件，预制构件型号繁多，构件堆场在施工现场占有较大的面积，往往预制构件堆放场地要比建筑物占地面积还要大些，因此，对预制构件进行合理有序的分类堆放，对于减少使用施工现场面积，减少水平和竖向运输及吊装机械的使用，加强预制构件成品保护，保证构件装配作业高效，提高工程作业进度，构建文明施工现场，具有重要的意义。

## 3. 构件堆场布置原则

（1）标识清晰，分类合理

预制构件应标识清晰明显，按出厂日期、规格型号、使用部位及楼层、吊装顺序分类存放，宜按使用楼层分层进场堆放。

（2）场地平整及硬化防水

预制构件堆放场平整坚实，采用不低于 C20 混凝土硬化，满足平整度和地基承载力的要求，场地排水措施完备。构件存放场地应设置隔离措施，本身预制构件应采取合理的防潮、防雨、防边角损伤措施，防止运输、装卸构件过程中意外碰撞，造成构件损坏。各种类型构件之间应留有不少于 0.7m 的通道，方便操作人员作业及检查。构件堆放整齐后应用塑料薄膜包裹，防止降雨及尘土对构件造成污染。

（3）方便吊运，节省资金

为便于起吊就位，预制构件应设置在起重机械的有效起重作业范围内，尽可能的靠近吊装机械和建筑物，减少甚至杜绝现场二次倒运的人力和机械费用。

（4）保护表面，支垫合理

预制混凝土构件与刚性搁置点之间应设置柔性垫片，构件与构件之间应采用垫木支撑；预埋吊环宜向上，标识向外。预制外墙板有花岗石或面砖等装饰面时，应对装饰面及边角用模塑聚苯板或其他轻质材料包覆保护，确保装饰表面完整美观，预制墙板插放实景如图 8.1-2 所示。

图 8.1-2　预制墙板实景图

## 4. 预制内外墙板、外墙挂板现场堆放

预制内外墙板根据其受力特点和构件特点，宜采用专用钢质靠放架对称插放或靠放，

靠放架应有足够的刚度，并支垫稳固。预制外墙板宜对称靠放，外墙挂板往往外表面有饰面层，外饰面应朝外放置，用模塑聚苯板或其他轻质材料包覆，预制内外墙板与地面倾斜角不宜小于 80°，外墙挂板叠放节点如图 8.1-3 所示。

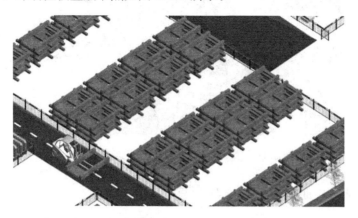

图 8.1-3　外墙挂板场内存放示意

**5. 预制楼板、预制梯、预制空调板、预制阳台等构件的现场堆放**

可采用叠放方式存放，其叠放高度应根据地面承载力特征值、构件强度、垫木强度以及垛堆的稳定而确定，构件层与层之间应垫平、垫实，各层支垫应上下对齐，最下面一层支垫应通长设置。一般情况下，叠放层数不宜大于 5 层，上下层之间用毡布和橡胶垫隔开，吊环向上，标志向外，存放时应保证叠合楼板、叠合阳台板的桁架钢筋或混凝土肋朝向上方、预留线盒、周边的外露连接钢筋无损伤。预制楼板叠放示意如图 8.1-4 所示，预制楼梯也可立放如图 8.1-5 所示。

图 8.1-4　预制楼板叠放图

图 8.1-5　预制楼梯立放图

**6. 预制梁、预制柱等细长异形构件现场堆放**

此类构件宜水平堆放，预埋吊装孔的表面朝上，且采用不少于 2 条垫木支撑，当长度超过 6m 时宜设置 3 条以上垫木，构件底层支垫高度不低于 100mm，最好堆放 3 层以下，且应采取有效的防护措施。梁、柱细长异形构件现场堆放示意如图 8.1-6 所示。

**7. 特殊预制构件现场堆放**

特殊预制构件现场堆放应根据构件形状、重量，提前制作专用靠放架，科学合理的堆放，防止构件损坏。

图 8.1-6　梁、柱细长异形构件现场堆放示意

## 8.1.2　施工现场其他材料、半成品布置

根据具体工程结构形式、建筑物高度和预制装配率确定其他材料、半成品布置原则。

施工现场材料、半成品的堆放要结合各个不同的施工阶段，在同一地点要堆放不同阶段使用的材料，以充分利用施工场地。施工现场材料、半成品的堆放应根据施工现场与进度的变化及时进行调整，并且保持道路畅通，不能因材料的堆放而影响施工的通道。

一般建筑工程往往采用三阶段布置普通材料、半成品及加工场地。

（1）基础结构施工阶段，当前住宅及公共建筑地下部分普遍设置一层到多层地下室，地下室通常是传统现浇结构，地下室面积往往比地上主楼四周大出许多，此时预制构件尚未进场，一般将钢筋、模板、主次楞、脚手架布置在地下室基坑周边 2m 外，但是注意不要将此类材料布置在紧邻基坑边，防止增加附加荷载使得基坑四周土体产生过大下沉或水平位移；在现场还要布置钢筋加工场地和主次楞及模板加工场地，此类场地应布置在塔式起重机工作范围内。

（2）主体结构施工阶段，预制构件开始陆续进场，应均匀布置在主体结构四周靠近最终安装就位的位置垂直下方附近，如地下室顶板准备放置预制构件，则应对地下室顶板应验算能否承担预制构件产生的附加荷载，当地下室顶板验算不能满足预制构件堆放产生的附加荷载，则应对地下室顶板进行结构加固加强，如对地下室顶板采用架设满堂钢管脚手架或设置钢顶柱措施作为加固措施；主体结构施工中，其他材料如钢筋、模板、主次楞、脚手架等材料也应均匀布置在主体结构四周靠近的位置，便于运输。

模板、主次楞一般由施工现场加工车间根据支设面积状况加工制作并吊装到预定位置。

钢筋一般由施工现场加工车间根据设计施工图纸结合受力特点、钢筋长度、分布状况、加工制作并吊装到预定位置，钢筋半成品加工在现场加工成型，钢筋配料、下料必须严格按照操作规程及质量标准执行，成型后的钢筋要挂好标签，分类堆放，存于钢筋棚内（离地 300mm 高），并做好防锈工作。箍筋等部分钢筋也可以购买定制的产品。钢筋也可委托场外的加工车间根据设计施工图纸结合钢筋长度、受力特点、分布状况、楼层进度加工制作并吊装到施工现场预定位置。

主体结构后期施工阶段，应尽量将砌体、砂浆、轻质墙板、水电暖通材料现场布置在塔式起重机工作范围内。

（3）装饰阶段，主要将地面装饰材料、墙面装饰材料、顶棚装饰材料、保温板材、门窗及水电暖通、弱电材料布置在距离施工电梯较近的工作范围内，便于竖向运输。

（4）其他材料布置，保温板材应布置在在建房屋的下风向远离火源，并且要保持一定的安全距离；怕日晒雨淋、怕潮湿的材料应放入库房；灌浆料、坐浆料及钢筋直螺纹套筒，应放入库房。

## 8.1.3 周转工具布置

### 1. 周转工具布置原则

独立钢支撑柱、钢斜支撑、钢管扣件脚手架系统、承插盘扣式脚手架系统、木竹胶合板系统、钢模板系统、塑料模板系统、铝模板系统布置，应根据每层实际用量分批进场，堆放在塔式起重机工作范围内。

### 2. 后浇混凝土时周转工具布置

（1）装配整体式混凝土结构在预制剪力墙之间仍有部分后浇混凝土需要支设模板现浇混凝土，因此模板也应配置一定足够的数量；如竖向结构采用传统现浇剪力墙、矩形柱，则模板配置数量将会更多。模板多采用竹（木）胶合板或塑料模板：板材规格一般为 2440mm×1220mm，厚度有 12mm、15mm、18mm 等多种。

（2）当前，标准化的钢模板和铝模板也屡见不鲜，钢模板和铝模板是定型产品，但是要在施工现场通过专用连接件根据设计图纸拼装成型。

（3）模板系统配置一般按三层配置，铝模板系统可以按二层配置周转使用。

（4）主次楞布置

主次楞多采用 100mm×50mm 或 80mm×50mm 方木、上述周转材料多现场加工，加工场地应在塔式起重机工作范围内；部分工程支撑系统也会定制用 $\phi$48.3mm×3.6mm 钢管及 □48mm×48mm×1.5mm 钢方管及穿墙螺杆。

### 3. 支撑系统布置

支撑用普通钢管脚手架或承插盘扣式脚手架，应根据每层实际用量分批进场，堆放在塔式起重机工作范围内；当采用独立钢支撑柱时，也应提前则应根据每层实际用量分批进场，堆放在塔式起重机工作范围内；支撑系统配置一般按三层配置，周转使用；钢斜支撑一般配置一层即可。

## 8.1.4 吊装机械现场布置

一般建筑工程往往采用三阶段布置吊装机械，即基础结构施工阶段、主体结构施工阶段和装饰阶段施工阶段，此三阶段吊装机械布置各有不同，下面分别叙述。

### 1. 基础结构施工阶段

当前住宅及公共建筑地下部分普遍设置一层到多层地下室，地下室必须是传统现浇结构，地下室面积往往比地上主楼四周大出许多，因此，吊装机械一般选用 1 到多台塔式起重机，其中一台起吊重量较大，起重臂较长，主要用于预制构件吊装，在地下室施工中，塔式起重机还作为钢筋、模板、主次楞、脚手架等材料水平及竖向运输使用，另有一台汽车起重机；配合对部分距离塔式起重机作业范围外的部位进行水平和竖向运输，选用多台汽车式混凝土输送泵进行混凝土浇筑。

### 2. 主体结构施工阶段

当前住宅及公共建筑高度均较高，一般距离主楼较近选用放置 1 到多台塔式起重机，其中一台起吊重量较大，起重臂较长，主要用于预制构件吊装，主体结构施工中，其他塔式起重机作为钢筋、模板、主次楞、脚手架等材料垂直和水平运输，另有一台汽车起重机；配合对部分距离塔式起重机作业范围外的部位进行水平和竖向运输，选用多台拖式混凝土输送泵进行混凝土浇筑。

主体结构后期施工阶段，增设一台施工电梯用于砌体、砂浆、水电暖、通风、弱电材料垂直运输。

### 3. 装饰阶段

拆除塔式起重机，主要用施工电梯进行装饰材料及水电暖、通风、弱电材料运输及操作人员通行。

# 8.2  起重作业要求及吊装与安装工艺流程

## 8.2.1  吊点选择概述

装配整体式混凝土结构主要由预制构件加上后浇部分混凝土组成，大量的预制构件在吊装时如何确定每块构件重心位置是吊装顺利安全管理的要点，由于水平预制构件如钢筋桁架叠合板板中开洞或局部缺角，使得截面形心同重心无法重合，楼梯由于必须按照实际就位状况起吊就位安装，使得 4 根钢丝绳长度不同。外复合保温夹芯板由于板内填充轻质保温材料，而且外叶板和内叶板厚度也往往差异较大，外墙挂板由于立面存在各种实体混凝土凸凹起伏造型而且连接部位特殊性，重心均不易确定，因此应对预制构件吊装吊点提前确定。

## 8.2.2  吊点选择的基本要求

（1）吊点的多少应根据被吊构件的强度、刚度和稳定性确定。

（2）吊点的选择应保证被吊构件不变形、不损坏。起吊后不转动、不倾斜、不翻倒。

（3）吊点的选择应根据被吊构件的结构、形状、体积、投影面积、重量、重心等，结合吊装要求、现场作业条件确定。

（4）吊点的选择应保证吊索受力均匀，合力的作用点应同被吊构件重心在同一铅垂线上。

（5）吊点一般由施工单位及监理单位提前进入预制构件厂家，同生产预制构件厂家协商确定提前设定好，必要时应选择一块构件进行试起吊。

## 8.2.3  起重作业的基本要求

预制构件进入施工现场后，卸车装车，平移起吊、就位中，下磨、拔、顶和落的人工辅助操作也是必不可少的，应告知操作人员熟练掌握，注意要保证预制构件边角完整，撬、磨、拔、顶操作时应增加软质垫物。

### 1. 撬

在吊装作业中，为了把物体抬高或降低，采用撬的方法。撬就是用杠把物体撬起。这种方法一般用于抬高或降低物体的操作中。如工地上堆放预制桁架板或钢筋混凝土墙板时，为了调整构件某一部分的高低，可用该方法。

撬属于杠杆的第一类型（支点在中间）。撬杠下边的垫点就是支点。在操作过程中，为了达到省力的目的，垫点应尽量靠近物体，以减少（短）重臂，增大（长）力臂。作支点用的垫物要坚硬，底面积宜大而宽，顶面要窄。

### 2. 磨

磨是用杠杆使物体转动的一种操作，也属于杠杆的第一类型。磨的时候，先要把物体撬起同时推动撬杠的尾部使物体转动（要想使重物向右转动，应向左推动撬杠的尾部）。当撬杠磨到一定角度不能再磨时，可将重物放下，再转回撬杠磨第二次、第三次……。

在吊装工作中，对重量较轻、体积较小的构件，需要移位时，可一人一头地磨，如移动大型楼面板时也可以一个人磨，也可以几个人对称地站在构件的两端同时磨，完成构件微调。

### 3. 拔

拔是把物体向前移动的一种方法，它属于第二类杠杆，重点在中间，支点在物体的底下。将撬杠斜插在物体底下，然后用力向上抬，物体就向前移动。

### 4. 顶和落

顶是指用千斤顶把重物顶起来的操作，落是指千斤顶把重物从较高的位置落到较低位置的操作。

第一步，将千斤顶安放在重物下边的适当位置。第二步，操作千斤顶，将重物顶起。第三步，在重物下垫进枕木并落下千斤顶。第四步，垫高千斤顶，准备再顶升。如此循环往复，即可将重物一步一步地升高至需要的位置。落的操作步骤与顶的操作步骤相反。在使用油压千斤顶落下重物时，为防止下落速度过快发生危险，要在拆去枕木后，及时放入不同厚度的木板，使重物离木板的距离保持在 50mm 以内，一边落下重物，一边拆去和更换木板。木板拆完后，将重物放在枕木上，然后取出千斤顶，拆去千斤顶下的部分枕木，再把千斤顶放回。重复以上操作，一直到将重物落至要求的高度。

## 8.2.4　预制构件吊装及安装工序施工流程

当前，由于各地装配整体式混凝土结构习惯施工做法不同。预制构件厂家生产能力和场区布点状况不一致，国家、行业及地方标准不同，使得装配整体式混凝土的结构形式、预制装配率、竖向钢筋连接方法有较大不同，因此预制构件吊装施工流程也有较大差别，下面根据当前使用较多的几种装配整体式混凝土结构介绍基本施工流程。

## 8.2.5　装配整体式框架结构的施工组织流程

（1）装配整体式框架结构由水平受力构件和竖向受力构件组成，预制柱、预制梁、预制板、预制楼梯、内隔墙板、外墙挂板为主要预制构件，采用工厂化生产，运至施工现场后，其连接节点通过后浇混凝土结合，水平向钢筋通过机械连接和其他方式连接，竖向钢筋通过钢筋灌浆套筒连接、金属波纹管内钢筋连接或其他方式连接，经过装配及后浇叠合形成整体框架结构。装配整体式框架结构示意如图 8.2-1 所示。

图 8.2-1  装配整体式框架结构示意

（2）框架竖向及水平构件均为预制构件时标准层吊装及安装组织流程如下：

预制构件弹线控制→作业层结构楼板弹线→支撑连接件设置→预制柱吊装就位→钢斜支撑固定→预制梁吊装就位→钢斜支撑固定→预制板板下竖向支撑固定→吊装就位→预制梁板叠合层后浇混凝土→预制楼梯吊装就位→预制外墙挂板吊装就位→重复上循环内容，内隔墙板随内部装饰进行安装固定。

（3）每层安装顺序又细分为以下三种：

1）预制构件先外后内法

当建筑物为中国传统矩形南北方向放置时，而且每楼层建筑面积较小的框架结构，可以作为一个施工单元，具体施工工序一般为：吊装前先将预制柱、梁板编号，第一从建筑物西南角交点开始沿西向东方向起吊预制柱梁，逐根柱梁安装，直到建筑物南墙的最东端，第二再回到建筑物西南角沿南向北方向逐根柱梁安装至建筑物西墙的最北端，第三再从建筑物西北角开始自西向东逐根柱梁安装沿建筑物北墙到最东端，第四从建筑物东南角柱开始沿建筑物东墙逐根柱梁安装自南向北到最北端。待建筑物四周外侧柱、梁吊装完毕，开始建筑物内部柱、梁吊装，按照沿西向东方向依次吊装内侧柱、梁，并随后按照沿西向东方向吊装预制楼板，穿插吊装预制楼梯，最后是外挂墙板也按照柱梁顺序逐块安装就位。内隔墙板随内部装饰进行安装固定。框架预制构件吊装流程如图 8.2-2 所示。

2）预制构件逐间就位法

当建筑物为中国传统矩形南北方向放置时，而且每楼层建筑面积较小的框架结构，具体施工工序一般为：吊装前先将预制柱、梁板编号，第一从建筑物西南角交点开始，先吊南侧第一开间两根柱及梁，而后逐渐向北推进吊装就位柱及梁，直到建筑物北侧，并随后吊装预制楼板；而后进行第二开间的吊装柱及梁，并随后吊装第二开间预制楼板，以此类推；直到吊装柱、梁及预制楼板完成，期间穿插吊装预制楼梯，最后是外挂墙板逐块安装就位。内隔墙板随内部装饰进行安装固定。

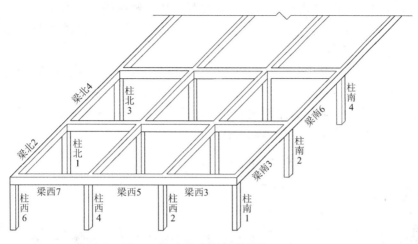

图 8.2-2　框架预制构件吊装流程图

举例示意：1. 建筑物西南端开始：柱南 1→柱南 2→梁南 3→柱南 4→梁南 5→到东南端；

2. 建筑物西南端开始：柱南 1→柱西 2→梁西 3→柱西 4→梁西 5→到西北端；

3. 建筑物西北端开始：柱西 6→柱西 1→梁北 2→柱北 3→梁北 4→到东北端。

3）预制构件先内后外法

此类施工工序优点是预制构件水平位置误差较小，可随时调整，先内后外法同先外后内法相反，每层先吊装内部柱梁，后吊装四周边柱梁，预制板也先吊装内部板，后吊装四周边板，穿插吊装预制楼梯，最后是外挂墙板逐块安装就位，内隔墙板随内部装饰进行安装固定。

4）如果建筑物比较狭长，可以分为 2 到多个施工单元，施工单元可采用先外后内法、逐间就位法、先内后外法。平行施工通常在拟建工程十分紧迫时采用，在工作面、资源供应允许的前提下，可布置多台吊装机械、组织 2 到多个相同的施工队，在同一时间、不同的施工段上同时组织施工，此类施工方法为平行施工，而且吊装机械也不易碰头，即合理安排施工工序又能保证吊装机械安全使用。

（4）当标准层竖向结构为现浇混凝土时施工流程：

当标准层竖向结构为现浇混凝土时，施工难度较低，该种做法在全国应用较为普遍，易于被市场接受。首先采用传统施工方法浇筑混凝土柱，而后安装预制梁、预制楼板及预制楼梯，随后浇筑预制梁及楼板上部的叠合层，最后是外挂墙板安装就位，内隔墙板随内部装饰进行安装固定。具体施工流程如下：

柱位置弹线控制→绑扎柱钢筋→支设柱模板→现浇柱混凝土→拆柱模板→预制梁吊装就位→梁侧钢斜撑固定→预制楼板下支撑设置→预制楼板就位→预制梁板叠合层混凝土→预制楼梯吊装就位→预制外墙挂板吊装就位→上一楼层重复上循环内容→内隔墙板随内部装饰进行安装固定。

## 8.2.6　装配整体式剪力墙结构的施工流程

（1）装配整体式剪力墙结构由水平受力构件和竖向受力构件组成，预制剪力墙、预制梁、预制楼板、预制楼梯、预制空调板、预制阳台、内隔墙板为主要预制构件，构件采用工厂化生产，运至施工现场后，其连接节点通过后浇混凝土结合，水平向钢筋通过机械连接和其他方式连接，竖向钢筋通过钢筋套筒灌浆连接、浆锚搭接、金属波纹管内钢筋搭接、钢筋挤压连接或其他方式连接，经过装配及后浇叠合形成整体剪力墙结构，如图8.2-3所示，具体施工流程如下：

预制构件弹线控制→作业层结构楼板弹线→预制剪力墙吊装就位→钢斜支撑固定→预制填充墙吊装→钢斜支撑固定→板下竖向支撑设置→预制板吊装就位→竖向节点钢筋绑扎→竖向节点模板支设→预制墙、梁板之间及叠合层后浇混凝土→预制楼梯吊装就位→上一楼层重复上循环内容，内隔墙板随内部装饰进行安装固定。

图 8.2-3　装配整体式剪力墙结构吊装图

（2）每层每个施工单元安装顺序又细分为以下三种：

1）预制构件先外后内法

当建筑物为中国传统矩形南北方向放置时，每楼层建筑面积较小的剪力墙结构可以作为一个施工单元，具体施工工序一般为：吊装前先将预制剪力墙板编号，第一从建筑物西南角交点开始沿西向东方向起吊剪力墙，逐榀剪力墙安装，直到建筑物南墙的最东端；第二再回到建筑物西南角沿南向北方向逐榀剪力墙安装至建筑物西墙的最北端；第三再从建筑物西北角开始自西向东逐榀剪力墙安装，沿建筑物北墙到最东端；第四从建筑物东南角开始沿建筑物东墙逐榀安装自南向北到最北端。待建筑物四周外侧剪力墙吊装完毕，开始建筑物内部剪力墙或填充墙吊装，按照沿西向东方向依次吊装内部剪力墙或填充墙，并随后吊装预制楼板，最后完成预制剪力墙、楼板之间及叠合层后浇混凝土，穿插吊装预制楼梯，内隔墙板随内部装饰进行安装固定。

2）预制构件逐间就位法

当建筑物为中国传统矩形南北方向放置时，而且每楼层建筑面积较小的剪力墙结构具体施工工序一般为：吊装前先将预制剪力墙板编号，第一从建筑物西南角交点开始，先吊南侧第一开间剪力墙，而后逐渐向北推进吊装就位剪力墙或填充墙，直到建筑物北侧，并随后吊装预制楼板；而后进行第二开间的吊装剪力墙或填充墙工序，并随后吊装预制楼板，依次类推，最后预制剪力墙、楼板之间后浇混凝土及叠合层后浇混凝土，穿插吊装预制楼梯，内隔墙板随内部装饰进行安装固定。

3）预制构件先内后外法

先内后外法同先外后内法相反，每层先吊装内部预制剪力墙或填充墙，后吊装四周边预制剪力墙，预制板也先吊装内部板，后吊装四周边板，最后预制剪力墙、楼板之间后浇混凝土及叠合层后浇混凝土，穿插吊装预制楼梯，内隔墙板随内部装饰进行安装固定。

（3）如果建筑物狭长，可以分为2到多个施工单元，平行施工通常在拟建工程十分紧迫时采用，在工作面、资源供应允许的前提下，可布置多台吊装机械、组织多个相同的施工队，在同一时间、不同的施工段上同时组织施工，此类施工方法为平行施工，而且吊装机械也不易碰头，既能合理安排施工工序又能保证吊装机械安全使用。

（4）如采用现浇剪力墙只是水平构件为预制构件时其施工流程如下：

剪力墙位置弹线控制→绑扎剪力墙钢筋→支设剪力墙模板→现浇剪力墙混凝土→剪力墙模板拆除→设置竖向支撑系统→吊装预制楼板→预制阳台或空调板吊装就位→现浇叠合层混凝土。

（5）当前部分工程外围护结构中剪力墙采用预制构件，而内部剪力墙及混凝土填充墙采用现浇结构体系，水平构件仍为预制构件时，其施工流程如下：

预制构件弹线控制→作业层结构楼板弹线→预制剪力墙吊装就位→钢斜支撑固定→内部剪力墙位置弹线控制→绑扎内部剪力墙钢筋→内部剪力墙模板支设→现浇内部剪力墙混凝土→剪力墙模板拆除→竖向支撑系统设置→预制楼板吊装→预制阳台或空调板吊装就位→现浇叠合层混凝土。

## 8.2.7　预制构件安装与连接管理要求

安装与连接是装配式结构工程施工的主要内容，安装施工指预制构件在现场的吊运及安放就位的过程，连接施工指将各构件连接一体的过程。装配式结构涉及工序多，施工组织对工程质量、进度和安全均具有重要意义，要求应根据工期以及工程量、机械设备等现场条件，组织立体交叉、均衡有效的安装施工流水作业。

### 1. 安装准备工作

安装施工前，应检查预制构件、安装用材料与配件及已施工完成部分结构质量，检查合格后方可进行构件吊装施工。核对已施工完成结构的混凝土强度、外观质量、尺寸偏差等符合设计要求和规范的有关规定；核对预制构件混凝土强度及预制构件和配件的型号、规格、数量等符合设计要求；在已施工完成结构及预制构件上进行测量放线，并应设置安装定位标志；确认吊装设备及吊具处于安全操作状态；核实现场环境、天气、道路状况满足吊装施工要求。

### 2. 支座条件

安放预制构件前，需要检查其搁置长度是否满足设计要求。考虑到预制构件与其支承构件不平整，如直接接触或出现集中受力的现象，设置坐浆或垫片调整可以在一定范围内调整构件的高程，有利于均匀受力。对叠合板、叠合梁等的支座，可不考虑搁置长度的问题，并不设置坐浆或垫片，其竖向位置可通过临时支撑加以调整。

### 3. 临时固定

临时固定措施的主要功能是装配式结构安装过程承受施工荷载，保证构件定位。预制构件安装就位后应及时采取临时固定措施，并可通过临时支撑对构件的水平位置和垂直度进行微调。预制构件与吊具的分离应在校准定位及临时固定措施安装完成后进行。临时固定措施的拆除应在装配式结构能达到后续施工要求的承载力、刚度及稳定性要求后进行，并应分阶段进行。对拆除方法、时间及顺序，可事先通过验算分析，制定针对性拆除措施。

### 4. 连接

连接是装配式结构施工的关键工序，其施工质量直接影响整个装配式结构能否按设计要求可靠受力。预制构件的连接方式可分为湿式连接和干式连接，其中湿式连接指连接节点或接缝需要支模及浇筑混凝土或灌（坐）浆料，而干式连接则指采用焊接、锚栓连接预制构件。

（1）后浇混凝土连接，施工规范规定对承受内力的连接处应采用混凝土浇筑，并依据受力原理和工程经验，提出混凝土强度等级值不低于连接处构件混凝土强度设计等级值的较大值即可。如梁柱节点中柱的强度较高，可按柱的强度确定浇筑用材料的强度。当设计通过设计计算提出专门要求时，浇筑用材料的强度也按设计要求可采用其他强度。结构材料的强度达到设计要求后，方可承受全部设计荷载。除混凝土外，对非承受内力的连接处还可采用水泥基浆含有复合成分的灌浆料或坐浆料等浇筑，其强度等级值不应低于C30，不同材料的强度等级值应按相关标准规定进行。

（2）钢筋连接，预制构件间的钢筋连接方式主要有焊接、机械连接、搭接及套筒灌浆连接等，其中，前三种为常用的连接方式。钢筋套筒灌浆是用高强、快硬的无收缩灌浆料填充在钢筋与专用套筒连接件之间，灌浆料凝固硬化后形成钢筋连接施工方式，主要用于框架柱和剪力墙的纵向钢筋连接，现行行业标准《钢筋套筒灌浆连接应用技术规程》JGJ 355及《钢筋套筒连接应用灌浆料》JG/T 408、《钢筋连接用灌浆套筒》JG/T 398可作为工程应用的依据。

（3）干式连接，干式连接主要为焊接或螺栓的连接，其施工方式与钢结构相似，施工应符合设计要求或国家现行有关钢结构施工标准的规定，并应对外露铁件采取防腐和防火措施。采用焊接连接时，应采取避免已施工完成结构、预制构件开裂和橡胶支垫、镀锌铁件等配件的损坏。

## 8.3 预制柱吊装与安装管理要点

无论是框架结构还是剪力墙结构或是框架结构—剪力墙结构，不同的使用功能和不同的地区采用的预制构件均不相同，下面按照具体预制构件吊装与安装组织介绍较为合理。

### 8.3.1 预制柱施工组织管理

预制柱施工组织管理，涉及构件本身重量长度、就位的位置，确定组织操作人员进行准备，选用合适的起吊机械，如楼层较低可用汽车起重机进行吊装安装，方便灵活，工作效率高；如楼层较高或构件重量较大，可用履带式起重机或塔式起重机进行吊装安装，起重吨位大，安全可靠。

### 8.3.2 预制柱吊装顺序应符合下列规定

（1）宜按照先角柱、边柱、中柱顺序进行安装，与现浇结构连接的柱先行吊装。

（2）就位前应预先设置柱底抄平垫块，控制柱安装标高。

（3）预制柱的就位以轴线和外轮廓线为控制线，对于边柱和角柱，应以外轮廓线控制为准。

（4）采用灌浆套筒或金属波纹管连接的预制柱调整就位后，柱脚连接部位宜采用柔性材料和木方组合封堵，也可用专用高强水泥坐浆料封堵四周。

### 8.3.3　预制框架柱吊装施工流程

楼层弹定位控制线→安装吊具索具→预制框架柱扶直→预制框架柱吊装就位→钢斜支撑固定→竖向钢筋连接及接头坐浆和灌浆，预制框架柱吊装就位示意如图 8.3-1 所示。

图 8.3-1　预制框架柱吊装就位示意

### 8.3.4　预制柱吊装前准备

（1）操作人员准备：项目部由技术员和施工员专人现场指挥组织和质量管理，具备操作证的塔式起重机司机及司索信号工指挥柱吊装就位，测量工在柱两个方向架设经纬仪观测，柱就位附近由操作班组若干工人具体操作，两人负责就位，一人负责放置垫板和铺设坐浆料，两人负责安装钢斜支撑、一人负责灌浆。

（2）材料准备：预制柱、钢斜支撑及连接螺栓、坐浆料、灌浆料。

（3）机械准备：塔式起重机（或汽车式起重机、履带式起重机）、捯链、吊具索具、撬棍、灌浆机、电子秤、搅拌器、水桶等；并在塔式起重机（或汽车式起重机、履带式起重机）空载状态下试运转，检查吊具索具是否有严重损伤，检查钢丝绳角度、吊具、索具是否根据方案要求连接固定，并采取安全防护措施检查索具同预制柱内螺纹的预埋件是否拧牢固。

（4）放线准备：在框架柱上弹出纵横两个方向定位轴线，同时在楼层拟就位柱附近上弹出定位轴线。

（5）校验检查预制柱中预埋钢套筒或金属波纹管位置的偏移情况，并作好记录。操作工检查预制柱套管内是否有杂物；同时作好记录，并与现场预留钢筋的检查记录进行核对，无问题方可进行吊装。

（6）预制柱应按照施工方案吊装顺序预先编号，吊装时严格按编号顺序起吊。

### 8.3.5 预制柱就位

（1）吊装前在柱四角放置金属垫块，以利于预制柱的垂直度校正，按照设计标高。有两台经纬仪在纵横两个方向控制预制柱垂直度。

（2）预制柱吊点位置、吊具索具使用，预制柱单个吊点位于柱顶中央，由生产预制构件厂家预留，现场通过钢索具吊住预制柱吊点，逐步将其移向拟定位置。预制柱构件吊装应采用慢起、快升、缓放的操作方式；起吊应依次逐级增加速度，吊装机械不应越挡操作。

（3）预制柱吊装时，构件上应设置缆风绳控制构件转动，人工辅助柱移动调整保证构件就位平稳；预制柱在吊装过程中，应保持稳定，不得偏斜、摇摆和扭转，严禁吊装构件长时间悬停在空中。

（4）预制柱初步就位时，应将预制柱钢套筒或金属波纹管与下层预制柱的预留钢筋初步试对，当钢套筒或金属波纹管能顺利套上下层预制柱的预留钢筋后，及时在两个方向设置钢斜支撑进行固定。

### 8.3.6 预制柱安装采用临时支撑时，应符合下列规定：

（1）预制柱的临时支撑应保证构件施工过程中的稳定性，且不应少于2道。

（2）对预制柱上部斜支撑，其支撑点距离板底的距离不宜小于构件高度的2/3，且不应小于构件高度的1/2；斜支撑底部与地面或楼面用螺栓进行锚固；支撑于水平楼面的夹角在40°～50°之间。

（3）构件安装就位后，可通过临时支撑对构件的位置和垂直度进行微调。若预制柱有微小距离的偏移，需借助塔式起重机或汽车起重机及人工撬棍，使用临时支撑对构件的位置和垂直度进行细微调整。

### 8.3.7 预制柱接头连接

（1）预制柱接头连接优先选用钢套筒灌浆或金属波纹管连接技术，有经验时建筑物层数不高时也可采用浆锚连接等其他连接技术，柱纵向钢筋均匀分布可能影响的水平预制梁就位时，应积极同设计单位沟通，在保证钢筋截面不减少的情况下，将钢筋集中到柱四角布设。

（2）柱脚四周及底部采用铺底封边，形成密闭灌浆腔。操作人员持灌浆机从下孔进行灌浆，当上孔灌浆孔漏出浆液时，应立即用胶塞进行封堵牢固保证在最大灌浆压力（约1MPa）下密封有效。一个灌浆单元只能从一个灌浆口注入，直至所有灌浆孔都流出浆液并已封堵后，等待排浆孔出浆。

（3）如柱截面较大，可用坐浆材料进行适量分仓，即对于柱底部根据面积用分割材料分成多个区域，由操作人员按区域持灌浆机从下孔分别进行灌浆，当上孔灌浆孔漏出浆液时，应立即用胶塞进行封堵，保证在最大灌浆压力（约1MPa）下密封有效，直至所有灌浆孔都流出浆液并已封堵后，等待排浆孔出浆。

### 8.3.8 预制构件与吊具的分离

应在校准定位及临时支撑安装完成后进行。结构单元未形成稳定体系前，不应拆除临时支撑系统。

# 8.4 预制梁吊装与安装管理要点

### 8.4.1 预制梁吊装操作

工人准备、材料准备、机械工具准备同预制柱准备。

### 8.4.2 预制梁吊装施工流程

楼层弹定位控制线→安装吊具索具→梁底钢支撑设置→预制梁吊装就位→钢斜支撑固定预制梁吊装就位如图 8.4-1 所示。

图 8.4-1 预制梁吊装就位实景图

### 8.4.3 预制梁或叠合梁安装准备

（1）与现浇结构连接的梁宜先行吊装，其他宜按照外侧梁先行吊装的原则进行安排。

（2）安装顺序应遵循先主梁后次梁、先低标高梁后高标高梁的原则。

（3）安装前，应复核柱钢筋与梁钢筋位置、尺寸，对梁钢筋与柱钢筋位置有冲突的，应按经设计单位确认的技术方案调整。

（4）安装前，应测量并修正柱顶和临时支撑标高，确保与梁底标高一致，柱上弹出梁边控制线；根据控制线对梁端、梁轴线进行精密调整，使梁伸入支座的长度与搁置长度应符合设计要求；误差控制在 2mm 以内；梁安装就位后应对水平度、安装位置、标高进行检查。

### 8.4.4 预制梁吊点位置、吊具索具使用

预制梁一般用两点吊，当梁为多跨连续梁时吊点应采用四点、六点或八点吊，预制梁两个吊点分别位于梁顶两侧距离两端 0.2$l$ 梁长位置，多吊点时应按梁正截面正负弯矩相等或近似的原则设置吊点，最好由施工单位及监理单位提前进入生产预制构件厂家，同生产预制构件厂家协商确定预留吊点位置。

### 8.4.5 预制梁就位

（1）由操作工在梁底支撑支设钢独立支撑，其上放置可调顶托，如梁宽较大时，在可调顶托垂直梁长方向铺设方木或方钢，通过调整可调顶托的顶丝来调节预制梁的就位位置。

（2）预制梁起吊时，吊装工具采用吊索和工具式工字梁吊住预制梁两个吊点，逐步移向拟定位置，操作工通过预制梁顶揽风绳辅助梁就位，吊索应有足够的长度以保证吊索和工具式工字梁之间的角度大于等于 60°，防止梁折断。当预制梁初步就位后，两侧借助柱头上的梁定位线将梁精确校正，在调整梁水平度的同时将下部可调钢支撑上紧，这时方可松去吊钩。

（3）预制主梁吊装结束后，根据柱上已放出的梁边和梁端控制线仔细检查，当有预制次梁时，应检查主梁上的次梁缺口位置是否正确，如不正确，需作相应处理后方可吊装次梁，梁在吊装过程中要按柱对称吊装。预制梁等水平构件安装后应对安装位置、安装标高进行校核与调整。

### 8.4.6 预制梁接头连接

（1）预制梁水平钢筋连接为机械连接、钢套筒灌浆连接、金属波纹管连接、冷挤压连接或焊接连接。钢套筒灌浆连接参见柱灌浆连接，金属波纹管连接、冷挤压连接见本书第 9 章；机械连接注意保护好接头螺纹，通过钢套筒两端拧入钢筋形成连续贯通，焊接连接一般采用双面焊。

（2）预制梁顶后浇部分钢筋宜采用开口形式，便于现场上部钢筋绑扎操作。

（3）混凝土浇筑前应检查预制梁两端键槽尺寸及粗糙面程度，并提前 24h 浇水湿润。

（4）当预制梁两端部分后浇混凝土强度达到设计要求后方可拆除临时支撑。

## 8.5 预制剪力墙板吊装与安装管理要点

### 8.5.1 预制剪力墙吊装操作

工人准备、材料准备、机具准备同预制柱准备。

### 8.5.2 预制剪力墙吊装流程

楼层弹定位控制线→安装吊具索具→预制剪力墙吊装就位→钢斜支撑固定→坐浆灌浆。

### 8.5.3 预制剪力墙吊点位置、吊具索具使用

预制剪力墙应根据墙几何尺寸和重量确定吊点，一般用两点吊、四点吊，预制剪力墙吊点由施工单位及监理单位提前进入预制构件生产厂家，同预制构件生产厂家协商确定预留吊点位置。

### 8.5.4　预制剪力墙就位

（1）首先在吊装就位之前将预制剪力墙弹好定位轴线，地面也弹好定位轴线和墙外轮廓线；钢斜支撑应保证构件施工过程中的稳定性，且单侧不应少于2道；其上支撑点距离板底的距离不宜小于构件高度的2/3，且不应小于构件高度的1/2；钢斜支撑底部与地面或楼面用螺栓进行锚固；支撑于水平楼面的夹角在40°～50°之间；保证剪力墙墙板的就位顺利准确。

（2）如是由现浇混凝土楼层转换为预制装配式结构楼层，则应提前在现浇混凝土楼层顶部采用焊接或其他措施固定预埋竖向插筋，如图8.5-1所示。

吊装前，应预先在墙板底部设置抄平垫块，夹心保温外墙板应在外侧设置弹性密封封堵材料，墙底部连接部位宜采用柔性材料和方木组合封堵，也可用专用高强水泥砂浆封堵；剪力墙下部周边封堵实景图如图8.5-2所示。多层剪力墙则应均匀铺设坐浆料。

图8.5-1　固定预埋竖向插筋图　　　　图8.5-2　剪力墙下部封边实景

（3）预制剪力墙板吊装接近拟定位置时，由专人将预制剪力墙板两侧后浇混凝土预留的纵向钢筋调整侧弯后，缓缓下落预制剪力墙板，预制剪力墙板下落至钢套筒或金属波纹管内钢筋上部20mm左右时停止下落，可以使用钢丝绳下端的捯链能够对预制剪力墙板适度微调，钢筋也可用专业长扳手调整，重新对孔，无问题后方可下落。预制剪力墙板下放好合适厚度的钢垫块，垫块保证墙板底标高的正确。

（4）构件安装就位后，应设置可调钢斜撑作临时固定，测量预制墙板的水平位置、倾斜度、高度等，通过墙底垫片、钢斜支撑进行调整；若预制墙有微小距离的偏移，需借助塔式起重机或汽车起重机及人工撬棍细微调整。

（5）预制剪力墙板吊装过程示意如图8.5-3所示，剪力墙墙板的就位如图8.5-4所示。

（6）调节钢斜支撑完毕后，再次校核墙体的水平位置和标高，相邻墙体的平整度是否满足要求。

（7）专用外挂防护架通过预留孔穿入长螺栓安装在承重预制剪力墙板上，吊装时采用带捯链的工具式工字梁并加设缆风绳，按照吊装顺序进行起吊，起吊时应慢起，匀升，缓降。

图 8.5-3　预制剪力墙吊装图

图 8.5-4　剪力墙墙板的就位

# 8.6　预制楼板和楼梯吊装与安装管理要点

### 8.6.1　预制钢筋桁架板施工安装管理要点

预制钢筋桁架板是当前普遍使用的预制水平构件，根据跨度又可分为非预应力楼板和预应力楼板。当房间面积不大时，一间房可以按照安装一块预制楼板考虑，一块预制楼板双向受力合理，无连接缝隙，整洁平整；当房间较大，一间房可以放置若干块预制楼板，预制楼板板缝根据具体工程可以采用对缝，缝上后增设水平连接钢筋，形成整体，此类板属于单向板；也可以将预制楼板之间拉开 200mm 以上距离，形成后浇带，并对板缝依据设计要求做法进行处理，通过浇筑后浇带内混凝土形成双向叠合楼板。

预制钢筋桁架板吊装人工准备、材料准备、机具准备同预制柱吊装准备。

### 8.6.2　预制钢筋桁架板吊装工艺流程

定位放线→搭设板底独立钢支撑或支撑脚手架系统→预制钢筋桁架板吊装就位→后浇带混凝土浇筑。

### 8.6.3　预制钢筋桁架板吊点位置、吊具索具使用

预制钢筋桁架板的吊点位置应合理设置，宜采用钢框架式工具梁吊具，根据受力均衡的原则，吊点为四点吊或八点吊，起吊就位应垂直平稳，起吊时每根钢吊索与板水平面所成夹角不宜小于 $60°$，不应小于 $45°$。

### 8.6.4　预制安装采用钢独立支撑时，应符合下列规定

（1）首层支撑架体的地基必须平整坚实，宜采取硬化措施。支撑应具有足够的承载能力、刚度和稳定性，应能可靠地承受混凝土构件的自重和施工过程中所产生的荷载及风荷载。

（2）预制钢筋桁架板下部支架宜选用定型独立钢支撑系统。独立钢支撑系统的竖向间距及距离墙、柱、梁边的净距应根据设计及施工荷载确定，叠合板预制底板边缘应增设竖向支撑，板下支撑间距不大于 3.0m，竖向连续支撑层数不应少于 2 层，且上下层支撑应

在同一铅垂线上。

（3）在预制楼板两端部位设置可调节独立钢支撑，支撑顶部设置方木，控制板底设计标高，独立钢支撑为上插管下套管在一定范围内调整组成的钢支柱，插管规格宜为 $\phi48.3\times3.6mm$，套管规格宜为 $\phi60\times2.4mm$；插管与套管的重叠长度不小于 280mm。钢支撑应具有足够的承载能力、刚度和稳定性，应能可靠地承受混凝土构件的自重和施工过程中所产生的荷载及风荷载，下方应铺 50mm 厚木板。

（4）若使用普通钢管扣件式脚手架系统作为钢筋桁架板支撑系统，架管规格、扣件尺寸应选用 $\phi48.3\times3.6mm$ 焊接钢管，用于立杆、横杆、剪刀撑和斜杆的长度为 4.0～6.0m。脚手架系统搭设方法应符合《钢管扣件式脚手架安全技术规范》JGJ 130—2011 要求。

（5）若使用承插型盘扣式钢管支架系统作为钢筋桁架板支撑，承插型盘扣式钢管支架的构配件，钢管支架系统搭设方法应符合《建筑施工承插型盘扣式钢管支架安全技术规程》JGJ 231—2010 要求。立杆盘扣节点间距宜按 0.5m 模数设置；横杆长度宜按 0.3m 模数设置。

## 8.6.5 钢筋桁架板安装过程

（1）预制钢筋桁架板安装前应在待就位的梁或剪力墙上测量并弹出相应预制板四周控制线，检查支座顶面标高及支撑面的平整度，并检查结合面粗糙度是否符合设计要求。

（2）钢筋桁架板之间的缝隙应满足设计要求；钢筋桁架板吊装完后应有专人对板底接缝高差进行校核；当叠合板板底接缝高差不满足设计要求时，应将构件重新起吊，通过可调托座进行调节；相邻预制板类构件，应对相邻预制构件平整度、高低差、拼缝尺寸进行校核与调整。预制钢筋桁架板吊装如图 8.6-1 所示，钢筋桁架板跨中加设支撑实景如图 8.6-2 所示。

图 8.6-1　预制桁架叠合板吊装图　　　　图 8.6-2　预制板跨中加设支撑实景图

（3）吊装应顺序连续进行，钢筋桁架板吊至拟就位上方 30～60mm 后，调整钢筋桁架板端位置使锚固筋与梁或剪力墙箍筋错开便于就位，板边线基本与控制线吻合。将预制钢筋桁架楼板坐落在方木顶面，及时检查板底与预制叠合梁或剪力墙的接缝是否到位，预制楼板钢筋伸入墙长度是否符合要求，预制板吊装就位如图 8.6-3 所示。

图 8.6-3　预制板吊装就位示意

（4）安装钢筋桁架板时，其搁置长度应满足设计要求。钢筋桁架板与梁或剪力墙间宜设置不大于 20mm 坐浆或垫片。实心平板侧边的拼缝构造形式可采用直平边、双齿边、斜平边、部分斜平边等。实心平板端部伸出的纵向受力钢筋，当伸出的纵向受力钢筋影响钢筋桁架板铺板施工时，一端的纵向受力钢筋不伸出，并在此端的实心平板上方设置端部连接附加钢筋，端部连接钢筋应沿板端交错布置，端部连接钢筋支座锚固长度不应小于 10d、深入板内长度不应小于 150mm。

（5）当一跨板吊装结束后，要根据板四周边线弹出的标高控制线对板标高及位置进行精确调整，误差控制在 2mm。

（6）最后在钢筋桁架板上敷设线管及固定线盒，浇筑后浇叠合层混凝土，形成整体楼板。

（7）支撑系统应在后浇混凝土强度达到设计要求后方可拆除。

### 8.6.6　预制楼梯施工管理要点

（1）预制楼梯安装工艺流程

预制楼梯吊装人工准备、材料准备、机具准备同预制柱吊装准备。

预制楼梯及休息平台弹线→预制楼梯吊装→预制楼梯安装就位→预制楼梯表面保护。

（2）吊点位置、吊具索具使用

预制楼梯一般采用四点吊；由于吊装预制楼梯过程中，楼梯在空中运行位置同最终就位一致，因此必须提前调整索具长度，一般使两根钢索具长些，两根钢索具短些，使预制楼梯段在空中上升或下降时同就位后保持一致位置，预制楼梯下落接近最终位置时，使用钢索具下端的捯链配合精确就位。

（3）预制楼梯由于也会作为施工时操作人员上下通道，故安装好的楼梯应采用胶合板等材料对楼梯面进行成品保护。预制楼梯就位如图 8.6-4 所示。

图 8.6-4　预制楼梯就位示意

## 8.7　预制外墙挂板吊装与安装管理要点

### 1. 预制外墙挂板安装特点

预制外墙挂板同其他墙板连接构造不同，它是通过挂板顶部连接螺栓和挂板下部连接螺栓同主体结构边梁连接，预制外墙挂板和结构是铰接方式；也有部分地区挂板上部预留水平钢筋弯入叠合楼板上部，通过后浇叠合层混凝土形成预制外墙挂板同结构楼板刚性连接，本节介绍的是第一种连接方式。预制外挂墙板就位示意如图 8.7-1 所示。

### 2. 预制外墙挂板安装施工工艺流程

预制外墙挂板弹线→结构楼板弹线→结构楼板安装固定件→预制挂板吊装就位→螺栓初步固定→预制外墙挂板微调→螺栓最终固定焊接→预制外墙挂板缝隙处理。

### 3. 预制外墙挂板吊点位置是同预制剪力墙一样

### 4. 材料准备

包括预制挂板及连接螺栓、焊剂。

### 5. 机具准备

包括塔式起重机、（或汽车式起重机、履带式起重机、移动式小吊机）、捯链、吊索具、撬棍、电焊机等。

### 6. 预制外墙挂板施工安装

（1）预制外墙挂板的定位线和预埋件的定位线根据工程楼层的施工方格控制网进行引测，某工程楼面安装控制线示意如图 8.7-2 所示。

（2）在楼面上每块板的四个预埋件处，均弹出纵横两个方向的控制线，并校核埋件偏移量，判定是否超出允许误差范围。某工程楼面预埋件控制线示意如图 8.7-3 所示。

图 8.7-1　预制外挂墙板就位实景

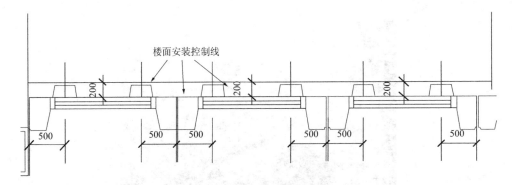

图 8.7-2 某工程楼面安装控制线示意

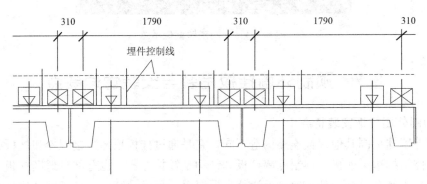

图 8.7-3 某工程楼面预埋件控制线示意

### 7. 外墙挂板起吊、就位

（1）连接件焊接就位

为了能够调节外墙挂板的高低，连接件上的孔竖向为长圆孔。

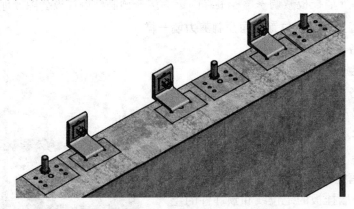

图 8.7-4 挂板预埋件连接细部效果图

（2）起吊前，仔细核对外墙挂板型号是否正确，预埋件连接细部是否正确，如图 8.7-4所示，外墙挂板根部应放置厚橡胶垫或硬泡沫材料保护外墙挂板，起吊后慢慢提升至距地面 500mm 处，略作停顿。

（3）起吊时速度应保持均匀，靠近就位高度时放慢提升速度，然后慢慢往回收起重机械（如汽车起重机、履带式起重机或塔式起重机，也可以是移动式小吊机），使外墙挂板慢慢靠近作业面，安装工人采用两根溜绳与板背吊环绑牢，然后拉住溜绳使之慢慢就位。

就位时，慢慢调整外墙挂板的位置，让外墙挂板上的连接螺栓穿入连接件的孔内，用螺母固定，暂时不拧紧。

（4）在安装层的上面一层，设置 2 个捯链，待吊装就位后，用捯链与吊机换钩，然后通过捯链调节外墙挂板的高低。外墙挂板螺栓连接示意如图 8.7-5 所示。

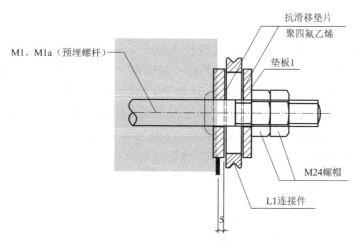

图 8.7-5　外墙挂板螺栓连接示意

（5）微调

1）用垂准仪、靠尺同时检查外墙挂板垂直度和相邻板间接缝宽度，使符合标准；立面垂直度通过四个连接点调节，拧紧或放松螺栓实现对垂直度的调节。

2）构件标高通过精密水准仪来进行复核。每块板块吊装完成后须复核，每个楼层吊装完成后须统一复核。

3）吊装调节完毕后，由项目质检员进行验收，确认安装精度符合要求后，进行最终固定，将底部调节螺栓焊接于埋件上。外墙挂板螺栓连接效果如图 8.7-6、图 8.7-7 所示。

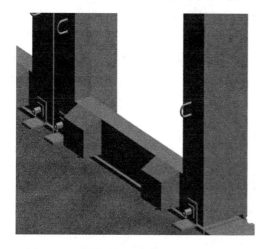 

图 8.7-6　外墙挂板下部螺栓连接效果图　　图 8.7-7　外墙挂板上部螺栓连接效果图

# 8.8　石膏空心条板隔墙安装工艺流程

## 8.8.1　石膏空心条板简介

　　框架结构或剪力墙结构内部常用各种轻质非承重条板，是装配整体式混凝土结构必不可少的组成部分，在《装配式混凝土建筑技术标准》GB/T 51231—2016 中有专门论述，当前轻质非承重条板种类繁多，施工工艺有一定区别，但是总体组织管理工艺流程相似，轻质非承重条板体系组织管理一般在主体结构完工后随同室内装饰装修分部进行，竖向运输采用施工电梯运料，楼层内水平运输采用人工或专用小推车，由专业分包施工单位安装，根据《建筑工程质量统一验收评定标准》GB 50300—2013 规定，按照装饰装修分部验收，下面以石膏空心条板轻质隔墙为例介绍。

## 8.8.2　石膏空心条板优点

　　与传统的实心黏土砖或空心黏土砖相比，用石膏空心条板作建筑内隔墙，除有与石膏砌块相同的优点外，石膏空心条板具有重量轻、强度高、隔热、隔声、防水等性能，从而使建筑物自重减轻，可有效降低建筑造价；因此施工效率也更高，条板长度随建筑物的层高确定，可锯、可刨、可钻、施工简便。与纸面石膏板相比，石膏用量少、不用纸和胶粘剂、不用龙骨，工艺设备简单，所以比纸面石膏板造价低。石膏空心条板主要用于房屋建筑的内隔墙，其墙面可做喷浆、涂料、贴瓷砖、贴壁纸等各种饰面。石膏空心条板的技术规范执行行业标准《石膏空心条板》JC/T 829—2010。

## 8.8.3　石膏空心条板安装节点

　　石膏空心条板作建筑内隔墙施工组织比较简单，当主体完工后，一般是以每一楼层为单元，分别安排若干个操作班组进行安装条板，或遇到门窗洞口条板应提前裁割备用，竖向条板也可接长，待楼层条板安装就位 10d 后进行板缝处理工序，防止出现裂缝，具体安装工序如下：

　　结构墙面、顶面、地面清理和找平→放线、分档→配板、修补→安 U 形卡→铺设电线管安装线盒、安装管卡、埋件→配制胶粘剂→安装隔墙板→安装门框→板缝处理→板面装修。

## 8.8.4　石膏空心条板隔墙安装工艺

### 1. 正式安装前

先试安装样板墙一道，经应有关各方验收合格后再正式安装。

清理隔墙板与顶面、地面、墙面的结合部，凡凸出墙面的砂浆、混凝土块等必须剔除并扫净，结合部应找平。

### 2. 放线、分档

在地面、墙面及顶板根据设计位置，弹好隔墙边线及门窗洞边线，并按板分档。

### 3. 配板、修补

板的长度应按楼面结构层净高尺寸减 20～30mm。计算并测量门窗洞口上部及窗口下部的隔板尺寸，按此尺寸配有预埋件的门窗框板。当板的宽度与隔墙的长度不相适应时，应将部分隔墙板预先拼接加宽（或锯窄）成合适的宽度，放置有阴角处。有缺陷的板应修补。

### 4. 连接件固定

有抗震要求时，应按设计要求连接件固定卡固定条板的顶端，每块板两个。

### 5. 配置胶粘剂

将专用胶与建筑石膏粉配制成胶泥，石膏粉：专用胶＝1：（0.6～0.7）（重量比）。胶粘剂的配置量以一次不超过 20min 使用时间为宜。配置的胶粘剂超过 30min 已凝固的，不得再加水加胶重新调制使用，以避免板缝因粘结不牢而出现裂缝。

### 6. 安装隔墙条板

隔墙条板安装顺序应从结构柱或剪力墙的结合处或门洞边开始，依次顺序安装。板侧清刷浮灰，在墙面、顶板先刷胶液一道，石膏空心条板的顶面及侧面（相拼合面）同时刷胶液一道，再满刮胶泥，按弹线位置安装就位，用木楔顶在板底，再用手平推隔板，使之板缝冒浆，一个人用特制的撬板在板底部向上顶，另一人打木楔，使隔墙板挤紧顶实，然后用腻子刀将挤出的胶粘剂刮平。按以上操作方法依次安装隔墙板。

在安装隔墙条板时，一定要注意使条板对准预先在顶板和地板上弹好的定位线，并在安装过程中随时用 2m 靠尺及塞尺测量墙面的平整度，用 2m 托线板检查安装好的条板垂直度。

### 7. 接缝处理

粘结完毕的条板隔墙，应在 24h 以后用 C20 干硬性细石混凝土将板下口堵严，当混凝土强度达到 10MPa 以上，撤去板下木楔，并用 M20 强度的干硬性砂浆灌实。

### 8. 铺设电线管、安装线盒

按电气安装图找准位置画出定位线，铺设电线管、固定线盒。所有电线管必须顺石膏板孔道铺设，严禁横铺和斜铺。固定线盒，先在板面钻孔扩大（防止猛击），再用扁铲扩孔，孔要大小适度，要方正。孔内清理干净，先刷胶液一道，再用胶泥固定线盒。

### 9. 安装水暖、煤气管道卡

安装水暖、煤气管道安装图找标准高和横向位置，画出管卡定位线，在隔墙条板上钻孔扩大（禁止剔凿），将孔内清理干净，先刷胶液一道，再用胶泥固定管卡。

### 10. 安装吊挂埋件

（1）隔墙板上可安装用具、设备和装饰物，每一块条板可设两个吊点，每个吊点吊重不大于 80kg。

（2）先在隔墙板上钻孔扩（防止猛击），孔内应清理干净，先刷胶液一道，再用胶泥固定埋件，待干后再吊挂设备。

### 11. 安门窗框

一般采用先留门窗洞口后安门窗框的方法。钢门窗框必须与门窗口板中的预埋件焊接。木门窗框用 L 形连接件连接，一边用木螺钉与木框连接，另一端与门窗口板中预埋件焊接。门窗框与门窗板之间缝隙不宜超过 3mm，超过 3mm 时，应加木垫片过渡。将缝隙浮灰清理干净，先刷胶液一道，再用胶泥嵌缝。嵌缝要严密，以防止门窗开关时碰撞门框造成裂缝。

12. 条板缝处理

隔墙条板安装后 10d，检查所有缝隙是否粘结良好，有无裂缝，如出现裂缝，应查明原因后进行修补。已粘结良好的所有板缝，先清理浮灰，用专用石膏灌缝材料将相邻两板的半圆形连接缝灌严。

13. 板面装修

（1）一般居室墙面，直接用石膏腻子刮平，打磨后再刮第二道腻子（要根据饰面要求选择不同强度的腻子），再打磨平整，最后做饰面层。

（2）隔墙剔脚线，一般板应先在根部刷一道胶液，再做水泥或贴块料剔脚；如做塑料、木剔脚，可不刷胶液，先钻孔打入木楔，再用钉钉在隔墙板上。

（3）墙面贴瓷砖前须将板面打磨平整，为加强粘结力，先刷胶水一道，再用胶调水泥（或类似的瓷砖胶）粘贴瓷砖。

（4）如遇板面局部有裂缝，在做喷浆前应先处理，才能进行下一道工序。

# 8.9 砂加气混凝土墙板安装管理

## 8.9.1 砂加气混凝土墙板简介

装配整体式混凝土结构内部往往采用轻质条板做分隔墙，当前轻质条板种类很多，从材质性能如质轻、隔声、防火的角度和施工操作性考虑，选择轻质砂加气混凝土墙板内隔墙板也是理想选择，如图 8.9-1 所示。

图 8.9-1　砂加气混凝土墙板安装

## 8.9.2 砂加气墙板安装工艺

（1）清理待安装墙板的地面和顶板，结合部位应找平。在地面和顶板弹好隔墙边线及门洞边线，并按板宽分档。

（2）配板、修补

砂加气板的长度应按楼面结构层净高减 20～30mm。根据拟安装位置长度和宽度裁割轻质板，有缺陷的板应修补完好。同时配制处理缝隙的粘结剂待用。

（3）按设计要求用 U 形镀锌钢板卡布设在砂加气条板的顶端。在两块条板顶端拼缝之间用射钉将 U 形镀锌钢板固定在顶部梁上或楼板上，随安板随固定 U 形钢板卡。底部采用角钢法固定。

（4）安装砂加气板

板安装顺序应从墙的结合处或门洞边开始，依次顺序安装。板的顶面及侧面（相拼合面）满刮胶粘剂。按弹线位置安装就位，用木楔顶在板底，再用手平推隔板，使之板缝冒浆，一个人用特制的撬棍在板底部向上顶，另一人打木楔，使隔墙板挤紧顶实，然后用楔子刀将挤出的粘结剂刮平。按以上操作办法依次安装隔墙板。安装过程中用 2m 靠尺及塞尺及时测量墙面的垂直度及平整度。安装完的墙体，应在 24h 以后用 C20 干硬性细石混凝土灌实。

（5）铺贴电气线管，安装线盒

按电气安装图纸弹出定位线，铺设电气线管及安装接线盒。

（6）砂加气板缝处理

加气板安装完后 10d，检查所有缝隙是否粘结良好，有无裂缝，应查明原因进行修补。

已粘结良好的所有板缝，先清理浮灰，再刮粘结剂贴 50mm 宽耐碱网一层，然后，墙面全部刮胶粘剂贴耐碱网一层，最后是砂加气板面装饰面施工。

# 9 预制构件的节点连接与后浇混凝土施工组织

当前，装配整体式混凝土受力结构中钢筋主要连接方式存在多种形式，有全灌浆钢筋套筒接头和半灌浆接头、部分地区也用浆锚搭接接头、冷挤压接头，还有地区使用金属波纹管留孔搭接接头或螺旋筋加强接头，因此，由于不同连接方式所用的连接件和配套材料不同，连接工艺相差较大，施工组织也应适应。

施工现场模板支撑架系统选择及搭设管理同传统做法存在较大差异，对于层高在 4m 以下楼层，钢独立支撑系统具有支拆便捷，重复使用率高的特点，目前工程中得到普遍推广；但是如楼层内存在部分现浇剪力墙或现浇楼板时，应当综合考虑预制构件安装所需支撑和后浇混凝土必要的支撑系统，为同预制构件表面质量相适应，平整且光洁度高的新型模板如塑料模板、铝合金模板推广应用时机尚未成熟，采用盘扣式钢管脚手架或钢管扣件式脚手架是当前较理想的选择。

由于装配整体式混凝土装配整体式同传统做法存在较大差异，混凝土中水、电、暖、通预留洞、管布设管理要点也会相应改变；后浇混凝土浇筑管理要点会相应改变。

## 9.1 钢筋钢套筒或金属波纹管灌浆连接施工组织

### 9.1.1 各种钢筋连接方式简介

《装配整体式混凝土技术规程》JGJ 1—2014 中提出装配整体式混凝土结构竖向构件纵向钢筋根据不同部位分别采用全灌浆钢筋套筒接头和半灌浆接头、浆锚搭接接头，水平钢筋连接可采用机械连接或焊接。《装配整体式混凝土技术规范》GB/T 51231—2016 对于钢筋接头充分考虑了国内外不同做法，对钢筋连接方式和要求进一步丰富，如以采用全灌浆钢筋套筒接头和半灌浆接头、金属波纹管留孔接头或螺旋筋加强接头，浆锚搭接接头，冷挤压连接；水平钢筋连接可采用机械连接、焊接、冷挤压连接。下面主要介绍技术复杂、安全可靠的竖向构件的全灌浆钢筋套筒接头施工组织措施，金属波纹管留孔接头和冷挤压连接也作简要介绍。

### 9.1.2 钢筋套筒灌浆连接施工组织

（1）钢筋套筒灌浆是施工的关键，应根据具体工程编制专项灌浆施工方案，当前，国家对于钢筋套筒灌浆后套筒内密实度及钢筋套筒接头实体质量尚无检验和判定标准，故应有地方或施工企业对操作工人进行技术交底和专业培训尤为重要，培训合格后方可上岗。

（2）在灌浆施工前，应对不同的钢筋生产企业的进场钢筋进行钢套筒接头工艺检验，钢套筒接头工艺检验宜在生产预制构件企业内实施，满足工艺检验的要求，检验结果应符合《钢筋机械连接技术规程》JGJ 107中Ⅰ级接头对抗拉强度的要求。进入施工现场的灌浆料应进行复检,应符合《钢筋套筒用灌浆料》JG398要求,合格后方可使用;灌浆料应妥善保管,防止受潮;还要抽取套筒,采用与之匹配的灌浆料制作套筒钢筋连接接头型式检验,检验结果应符合《钢筋套筒灌浆连接技术规程》JGJ 355中的要求。

(3)当预制构件安装到某一楼层时,钢筋套筒灌浆应根据楼层施工工序安排、楼层面积、预制构件数量、预留孔道数量分为若干区域进行,当预制柱、预制剪力墙或预制梁安装就位后,及时配置若干操作班组跟随,及时进行灌浆工序,保证结构作业层安全施工,提高钢支撑等周转工具的使用效率。以下是钢筋套筒灌浆推荐做法,供参考。

(4)钢筋套筒灌浆

1)人员准备

①一般情况下,一个操作班组可按6人配置,具体人员分配为计量1人、搅拌1人、注浆操作1人、坐浆1人、辅助工2人。

②钢筋套筒灌浆连接接头的预留钢筋宜采用专用模具进行定位,并应符合下列规定:应采用可靠的固定措施控制连接钢筋的中心位置及外露长度满足设计要求;接钢筋中心位置存在严重偏差影响预制构件安装时,应会同设计单位制定专项处理方案,严禁随意切割、强行调整定位钢筋。

③采用钢筋套筒灌浆连接的预制构件就位前,应检查下列内容:套筒的规格、位置、数量,预留孔的位置、数量和深度;连接钢筋的规格、数量、位置和长度。当套筒、预留孔内有杂物时,应清理干净;当连接钢筋倾斜时,应进行校直;连接钢筋偏离套筒或孔洞中心线不宜超过3mm。

2)机具准备

主要施工工具参见表9.1-1。

**钢筋套筒灌浆施工工具表** 表 9.1-1

| 名　称 | 用　途 |
| --- | --- |
| 水枪 | 湿润接触面 |
| 灌浆机 | 用于孔道灌浆 |
| 电源线 | 给注浆机和电钻供电 |
| 电子秤 | 称水和注浆 |
| 塑料水桶 | 称水、称注浆料、装垃圾用 |
| 大铁桶 | 装水 |
| 小铁桶 | 搅拌注浆料 |
| 搅拌器 | 搅拌注浆料 |
| 量杯 | 盛水、试验流动度 |
| 平板 | 试验流动度 |
| 小铁锹 | 铲灌浆料、铲垃圾 |
| 木塞 | 堵注浆孔 |
| 铁锤 | 把木塞打进注浆孔 |

续表

| 名　称 | 用　途 |
|---|---|
| 坐浆料 | 柱或剪力墙底部找平用 |
| 灌浆料 | 灌浆原料 |
| 坍落度筒 | 流动度试验用 |

3）材料准备

包括灌浆料、坐浆料、水。

灌浆时采用压力灌浆，压力在 1.0～2.5MPa 之间（当压力达到 2.5MPa 时灌浆机关闭待压力回归 1.0MPa 以下时再开机进行灌浆）。灌浆料由灌浆孔注入，由排气孔溢出视为该孔灌浆完成。

4）灌浆施工流程

墙、柱根部周边坐浆料铺底分仓→拌制灌浆料→湿润灌浆孔→压力灌浆→不饱满处补灌→检查清理。

①灌浆操作：灌浆前需要做好以下准备工作：已称重的灌浆干料、拌合用水、浆料搅拌容器、称重设备、流动度测定仪、灌浆料搅拌工具、坐浆料搅拌机、木塞、灌浆机、灌浆用胶枪等。

②搅拌：先向桶内加入拌和用水量 80％的水，然后逐渐向桶内加入灌浆料，开动搅拌机搅拌 3～4min，至浆料黏稠无颗粒。加入剩余 20％的水搅拌 1min，搅拌完成后应静置 1～2min，待气泡排除后进行浆料流动度测试并作记录。要求灌浆料流动度初始大于等于 300mm，半小时流动度大于等于 260mm 为合格。

③钢筋套筒灌浆连接接头应及时灌浆，灌浆操作全过程应有专职检验人员负责现场监督并及时形成施工检查记录；灌浆施工时，环境温度应符合灌浆料产品使用说明书要求；环境温度低于 5℃时不宜施工，低于 0℃时不得施工；当环境温度高于 30℃时，应采取降低灌浆料拌合物温度的措施；应按产品使用说明书的要求计量灌浆料和水的用量，并搅拌均匀；灌浆料拌合物应在制备后 30min 内用完。

④构件连接部位处理和安装：在构件下方水平连接面预先放置钢垫片找平调整，确保连接灌浆腔最小间隙；构件安装时所有连接钢筋插入套筒的深度达到设计要求，构件位置坐标正确后再固定。

⑤灌浆部位预处理和密封质量：预制剪力墙、柱要有密封功能的坐浆料或其他密封材料对构件拼缝连接面四周进行封堵，必要时用方木、型钢等压在密封材料外做支撑；填塞密封材料时不得堵塞套筒下方进浆口；尺寸大的墙体连接面采用坐浆料作为分仓隔断。

⑥机械灌浆：采用专用的灌浆机进行灌浆，该灌浆机使用一定的压力，由剪力墙或柱下部灌浆孔进行注入，对竖向钢筋连接，灌浆作业应采用压浆法从灌浆套筒下灌浆孔注入，当灌浆套筒灌浆孔、出浆孔的连接管或连接头处的灌浆料拌合物均高于灌浆筒外表面最高点时，应停止灌浆，并及时封堵灌浆孔、出浆孔，也可分仓进行灌浆。

对水平钢筋套筒灌浆连接，灌浆作业同纵向柱墙，采用压浆法从灌浆套筒中某一灌浆孔注入，当其他灌浆孔应出浆孔流出后应及时封堵。套筒灌浆及封堵如图 9.1-1 所示。

图 9.1-1　套筒灌浆及封堵图

### 9.1.3　钢筋浆锚节点施工管理要点

（1）浆锚搭接连接是基于粘结锚固原理进行的，它在竖向结构部品下段范围内预留出竖向孔洞，孔洞内壁表面留有螺纹状粗糙面，周围配有横向约束螺旋箍筋。装配式构件将下部钢筋插入孔洞内，通过灌浆孔注入灌浆料，直至排气孔溢出停止灌浆；当灌浆料凝结后将此部分连接成一体。浆锚搭接示意如图 9.1-2 所示。

（2）浆锚搭接连接时，要对预留孔成孔工艺、孔道形状和长度、构造要求、灌浆料和被连接钢筋等进行力学性能以及适用性的试验验证。其中，直径大于 20mm 的钢筋不宜采用浆锚搭接连接，直接承受动力荷载构件的纵向钢筋不应采用浆锚搭接连接。浆锚搭接成本低、操作简单，但因结构受力的局限性，浆锚搭接只适用于房屋高度不大于 12m 或者层数不超过 3 层的装配整体式框架结构的预制柱纵向钢筋。

（3）当前，部分地区采用金属波纹管钢筋搭接连接，金属波纹管内钢筋搭接灌浆应根据楼层面积、预制构件数量、预留孔道数量分为若干区域进行，当预制柱、预制剪力墙或预制梁安装就位后，及时配置若干操作班组跟随及时进行灌浆，保证结构作业层安全施工，提高钢支撑等周转工具的使用效率。

### 9.1.4　钢筋套筒冷挤压工艺

（1）预制构件之间应预留后浇段，后浇段高度或长度应根据挤压套筒接头安装工艺等确定；

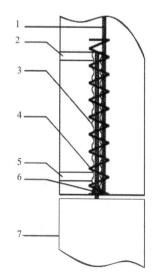

图 9.1-2　浆锚搭接示意

1—预埋钢筋；2—排气孔；3—波纹状孔洞；
4—螺旋加强筋；5—灌浆孔；
6—弹性橡胶密封圈；7—被连接钢筋

151

当装配整体式结构中上、下层方向钢筋采用挤压套筒连接时，有以下做法预制构件水平方向钢筋采用挤压套筒连接时也可参照该做法：

1）预制柱顶、底面应做成粗糙面，凹凸深度不宜小于 6mm；预制柱底面宜为斜面，斜面坡度宜为 1∶6；预制柱底宜设置支腿，便于冷挤压工序操作；柱底后浇段宜采用细石混凝土，并宜掺加微膨胀剂，可采用压力灌浆方式进行浇筑。适用范围通常应用于直径18～32mm 的带肋钢筋。上下层预制剪力墙竖向钢筋采用挤压套筒连接时，预制墙底可在截面厚度的中部设置支腿，支腿不宜在窗洞口位置；预制墙板底面可在截面中部设置梯形槽，槽深宜为 50mm、上下边长可分别为 80mm 和 100mm。当竖向分布钢筋采用"梅花形"部分连接时，被连接的同侧钢筋间距不应大于 600mm。

2）挤压套筒接头应满足 I 级接头的要求。

3）挤压套筒的尺寸，可根据被连接钢筋的牌号和直径，以及套筒所用钢材的力学性能和挤压工艺等确定。套筒规格型号有 G18、G20、G22、G25、G28、G32、G36、G40。钢套筒的材质为低碳素镇静钢，套筒应有出厂合格证并按规定现场抽检做力学性能复试，合格后方可使；参加操作人员已经过培训、考核、持证上岗。钢筋连接开始施工前及施工过程中应对每批进场钢筋进行挤压连接工艺检验，工艺检验应符合下列要求，每种规格钢筋的接头试件不应少于三根，工程中应有有效的型式检验报告。

4）主要工机具包括超高压电动油泵、超高压油管、悬挂平衡器、手动葫芦、吊挂小车、YJ 型挤压连接钳、划标志用工具以及检查压痕卡板等。钢筋挤压连接钳有 YJ-32 型挤压钳，用于 φ20～32mm 的带肋钢筋的连接、YJ-23 型挤压钳，用于 φ18～25mm 的带肋钢筋的连接。

5）工艺流程：挤压设备经检修、试压，符合施工要求。钢筋端头经过清理，刻划标记，用以确认钢筋伸入套筒的长度。

（2）冷挤压工序操作要点

1）同时将钢筋与钢套筒进行试套，如钢筋端头呈现马蹄形或鼓胀套不上时，用手动砂轮修磨矫正。

2）挤压连接一端的接头提前在地面上做好，接头另一端到现场挤压。地面挤压时，先将液压系统调试好，挤压连接前应首先清除钢套筒和钢筋被挤压部位的铁锈和泥土地面挤压半接头，为了提高钢筋连接速度，减少现场作业强度，可将后接钢筋模内抹润滑油。

3）提前挤压半接头完成后，即可将此钢筋运至现场，开始先将套管安放在压模内，再将钢筋穿入套管，根据钢筋上的刻划控制钢筋的伸入长度，也可使用钢筋限位器控制，准备就绪后开始挤压，达到预定挤压力后回油松开压模，取出半套管接头。挤压从套管中心向端头分道进行，操作所用挤压力、压模宽度、压痕直径或挤压后套筒长度的波动范围以及挤压道数均应符合经型式检验确定的技术参数要求，挤压完毕后移出挤压机。预制构件水平方向钢筋采用挤压套筒连接时也可参照该做法。

## 9.1.5　预制剪力墙倒插法套筒连接工艺技术分析

装配整体式剪力墙结构常常上层预制构件中采用预留钢套筒或金属波纹管，下层剪力墙外露钢筋，在进行剪力墙吊装就位时，上部剪力墙钢筋套筒或金属波纹管套入下层剪力墙外露钢筋连接时预制精度较高，安装操作需熟练。

**1. 预制剪力墙倒插法连接工艺缺点**

（1）由于要预留灌浆孔，在构件生产过程中，在墙体朝上的表面需要留很多的塑料插管，加大了生产操作难度，预制构件表面找平也很困难。

（2）为了留这些灌浆孔，必须在套筒上开出内丝牙孔，不但削弱了套筒强度需要选用更大的壁厚，而且增加了套筒的加工难度，导致套筒成本增加。

（3）构件生产难度的加大导致构件成本上升。

（4）如果把外墙保温与墙体复合生产（三明治），就只能采用"反打工艺"方法生产，不能采用"正打工艺"的生产方式，限制了外墙装饰面处理形式的灵活运用，比如外贴蘑菇石、文化石、彩色弹涂等装饰效果等。

（5）构件生产、现场安装操作方面还存在一些不足，主要是钢套筒预留精准度难控制，施工现场预留钢筋定位困难，采用钢筋朝上插入套筒灌浆连接，预制构件下落时多个钢套筒同时套入多个预留钢筋有困难，安装过程中，为了保证预留的穿插钢筋位置准确，在浇筑楼面板混凝土时必须特别留意钢筋位置的准确性，要采用限位模板来保证钢筋位置，万一钢筋跑偏，后果严重。

（6）套筒灌浆时，浆料的流动性很大，操作有一定的难度，很难保证一定可以灌满，且饱满度检查手段缺失，只能取决于人员的责任心和技术熟练程度，质量会有一定的离散性，一旦灌浆操作的数量很大时，难保不出现质量问题。

从以上问题可以看出，插筋朝上的套筒连接工艺在技术、质量、经济上还是有值得改进的地方，"倒插法套筒灌浆钢筋连接"技术方案在部分工程应用，市场也有一定前景，具体做法是钢套筒预埋在下层预制构件的上部，插筋预留在上层预制构件的下部，构件吊装时将插筋对准下层构件露明的套筒插入，降低了构件生产和施工安装的难度，下面通过图示予以详细说明。

倒插法预制剪力墙基本构件图（基本特征：套筒在上，插筋在下）如图9.1-3所示。

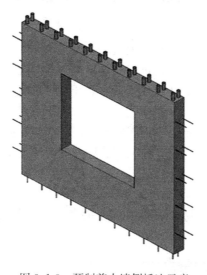

图9.1-3  预制剪力墙倒插法示意

**2. 预制剪力墙倒插法套筒连接工艺优点**

（1）这样的预制剪力墙因为不需要留灌浆孔和排气孔，因此可以采用不留侧孔的套筒，降低了套筒成本。

（2）由于构件表面不需要留孔，可以任一面朝下生产（正反打工艺均可），表面平整容易收光，降低了构件生产难度、节约成本，特别是采用正打工艺使构件的外立面装饰有了更多的选择性。

（3）钢套筒与构件中钢筋的连接可以选择螺纹连接或者熔焊连接，降低生产难度、节约成本。

（4）钢管套筒在构件上表面的留出长度由楼板的现浇叠合层厚度决定，高出现浇后的楼面 10～20mm 为好。

**3. 吊装方法步骤**

（1）浇筑楼面混凝土后，钢套筒会高出楼地面 10～20mm（在套筒上做标高标志，也有利于楼面混凝土厚度的控制），放线，测标高、放置好调整墙体标高的垫块，并安装好墙体的定位靠板。

（2）拍照留档证明浆料注满的情况，此时墙下与楼面之间有一条垫块高度的缝隙，但墙体已经是临时稳定的静定结构，先不要急于向墙体下缝注入灌浆料。倒插法安装如图9.1-4 所示。

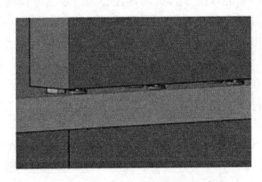

图 9.1-4　倒插法安装图

（3）施工边缘构件的钢筋和模板，安装楼面叠合板临时支撑，吊装上层楼面叠合板，浇筑边缘构件和叠合楼面的混凝土，每层只需浇筑一次混凝土。

（4）最后，再在剪力墙下缝处对夹模板，取开临时封堵套筒的塑料盖，向套筒内注入足量的浆料，本层施工完成。

（5）墙体吊装到位后顺着定位靠板缓慢放下，下部钢筋插入套筒，少量浆料溢出，此时墙体重量由标高垫块承受，用斜支撑加固墙体并及时调整墙体垂直度，固定牢靠后吊车脱钩。

# 9.2　施工现场模板支撑架系统选择及搭设管理

## 9.2.1　塑料模板施工应用特点

（1）同一厚度的塑料模板，在一定单元内和一定的荷载作用下，塑料模板的变形较小，刚度较大，混凝土浇筑拆模后表面平整度优于竹胶合板模板。在较大荷载作用下，如剪力墙模板，模板承载力较大，需要减小次楞的间距或增加塑料模板厚度，即能满足混凝土侧压力较大时模板的施工技术要求。

（2）楼板塑料模板支设

楼板塑料模板同竹、木胶合板相似，一般情况下厚度可选择 12mm，塑料模板次楞间距依据楼板板厚确定，一般施工条件下，按板厚小于 150mm 时，次楞间距（中心距）为 250～300mm；楼板厚在 150～250mm 之间，次楞间距（中心距）为 200mm。与正常采用竹胶合板模板相比，次楞的间距增加了 50mm，混凝土表面的平整度偏差更小，真正达到清水混凝土的效果。

（3）剪力墙塑料模板支设

以墙高 2900mm，墙厚 300mm 为例，采用 12mm 模板，竖向次肋间距（中心距）为 250mm；采用 15mm 模板，竖向次楞间距（中心距）加大为 300mm。与正常采用竹胶合板模板相比，次楞的间距、混凝土表面的平整度偏差基本一致，但混凝土表面光洁，达到清水混凝土效果，观感质量更好。

（4）塑料模板支撑系统一般采用普通钢管扣件脚手架系统或盘扣式钢管脚手架系统。

## 9.2.2 铝合金模板支撑体系构造应用

### 1. 铝合金模板使用范围

（1）装配整体式混凝土结构当前主要有三类体系，第一类工程"内外均为预制构件的"剪力墙结构，工程预制率很高，竖向构件及水平构件均由生产车间制作及运输到施工现场，施工现场主要对于剪力墙之间水平接缝混凝土作后浇处理，水平构件之间也有部分后浇带随楼板上部叠合层一起浇筑混凝土，由于预制构件制作均使用定型专用钢模板，加工精度高，表面平整光滑，几何尺寸几乎没有误差，就使得同一栋建筑物内传统小钢模板、木模板或竹胶板系统支设浇筑的混凝土凸显观感质量差，如表面平整度差，粗糙不光滑，几何尺寸偏差及误差较大。第二类工程"仅围护结构为预制构件的"剪力墙结构，预制率也较高，水平构件均由生产车间制作及运输到施工现场，围护结构的剪力墙采用预制构件，内部剪力墙等竖向构件仍为现浇结构，施工现场主要对于内部剪力墙浇筑混凝土，水平构件之间也有部分后浇带随楼板上部叠合层一起浇筑混凝土。第三类工程如框架结构或剪力墙结构，预制率一般，只是水平构件如楼梯、叠合板用预制构件；部分工程卫生间、厨房间因管道较多也采用现浇楼板，竖向结构均为采用现场支设的模板支撑系统现浇混凝土，为使预制构件同现场浇筑的混凝土观感质量能尽力一致，尺寸偏差能协调，第二类工程和第三类工程使用铝合金模板及支撑系统尤为必要。

（2）铝模板深化设计应根据工程结构系统施工图纸为基础，由专业模板厂家进行，同时列出具体工程所需的各种模板和配件的清单，在工厂经严格质量管理体系和工艺控制完成模板生产，并对每块模板和配件进行编码。在运往施工工地前，将根据施工现场情况在工厂进行 100% 的整体试装，将任何可能出现的误差和疏忽，解决在施工现场之外。有效地保证了现场的施工质量和施工效率。

### 2. 铝合金模板支撑系统的特点

对于一般层高为 2.9m 的住宅楼标准层结构，根据结构设计特点及铝合金模板施工工艺，采用早拆可调节钢支撑作为梁、板内支撑满堂架，上部插管型号为 $\Phi48.3\times3.6\text{mm}$，下部套管型号为 $\Phi60\times2.4\text{mm}$，在杆件中部可进行杆件一定范围的高度调整，以便保证模板支撑高度调整。满堂架立杆纵横间距为 1.2m，横向一般不需设置横拉杆。在梁底设置两排立杆。

（1）该系统是真正意义上能够实现早拆的支撑系统，当混凝土达到拆模强度时，除单支顶和早拆头外，其余均可拆除，既保证上层结构连续施工又能加速模板周转使用，可以大量节省模板一次投入量，减少模板配置量的 1/3～1/2；应用范围广，支撑杆不受固定平面尺寸的约束，因此对于不规则建筑平面应用自如，支撑杆间距可根据梁板荷载及时调整，不受连接杆件约束。同样支模面积条件下，本系统比碗扣脚手架、钢管扣件式脚手架耗钢量少得多，用量占碗扣脚手架、钢管扣件式脚手架的 30%，因此塔式起重机的垂直运输量少。材料搬运畅通，现场施工文明。

（2）铝合金模板、钢支撑拆除后，集中到卸料平台上或传料口处，由塔式起重机垂直运输，也可由人工从楼梯间传料口转运，受机械制约少，有一定灵活性。楼面板、梁模板实际早拆效果如图 9.2-1 所示。

图 9.2-1　楼面板、梁模板实际早拆效果图

**3. 铝合金模板的选用见表 9.2-1**

各部分模板设计选型表　　　　　　　　　　　　表 9.2-1

| 序号 | 分部分项工程 | 选择模板品种 | 备　注 |
|---|---|---|---|
| 1 | 剪力墙 | 全铝合金模板 | 手工操作/机械吊装 |
| 2 | 楼面模板 | 全铝合金模板 | 手工操作/机械吊装 |
| 3 | 梁模板 | 全铝合金模板 | 手工操作/机械吊装 |
| 4 | 水平梁底支撑系统 | 独立钢支撑 | 手工操作/机械吊装 |
| 5 | 电梯 | 全铝合金模板 | 手工操作 |
| 6 | （飘台、飘线、过梁） | 全铝合金模板 | 手工操作 |

### 4. 铝合金模板配置数量见表 9.2-2

部分模板配置数量表      表 9.2-2

| 序号 | 模板名称 | 单位 | 数量 | 备注 |
|---|---|---|---|---|
| 1 | 剪力墙模板 | 层 | 1 | |
| 2 | 梁模板 | 层 | 1 | |
| 3 | 楼面模板 | 层 | 1 | |
| 4 | 楼面晚拆 | 层 | 3 | 其中2层养护 |
| 5 | 梁晚拆 | 层 | 3 | |
| 6 | 剪力墙 K 板 | 层 | 2 | |
| 7 | 独立钢支撑 | 层 | 3 | 其中2层养护 |

### 5. 铝模板设计

（1）模板标准尺寸 $400 \times 1100$mm，局部按实际结构尺寸配置。铝板材 $3.5 \sim 4$mm 厚。板底设置单支撑 100mm 宽支撑头，支撑间距 1200mm 布置，以保证立杆整体受力。

（2）剪力墙模板

剪力墙模板采用组合全铝合金模板，模板定型化、模数化，模板左右、上下、纵横之间均可组合拼装，模板的通用性好、互换性好，可供各种建筑平面形状的大模板工程使用。组合铝合金模板周转使用次数达 150 次，模板每次的摊销费用小，经济效益明显。剪力墙铝模板支设图如图 9.2-2 所示。

图 9.2-2 剪力墙铝模板支设

剪力墙墙身主拼模板宽为 400mm，用 400mm 宽开孔拉穿墙螺杆模板，补充模板宽有：350mm、300mm、250mm、200mm、150mm、100mm、50mm，配模时优先使用 400mm 宽标准模板，嵌补模板选用按从大到小的原则。剪力墙铝合金模板配模如图 9.2-3 所示；400mm 开孔模板与 400mm 模板交替安装，开孔模板上安装穿墙螺栓，并且水平安装背楞，穿墙螺栓之间的距离不大于 800mm。背楞对接如图 9.2-4 所示。

（3）墙体厚度控制：在两模板之间对拉螺栓上安装定位穿墙管，定位穿墙管由定位胶塞和 PVC 管组成，墙体厚度控制准确。墙体厚度控制方法如图 9.2-5 所示。

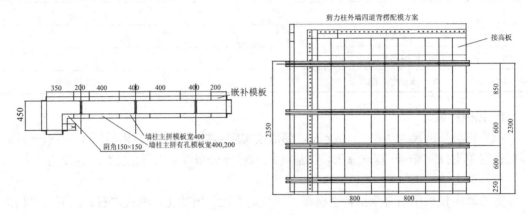

图 9.2-3　剪力墙铝合金模板配模图

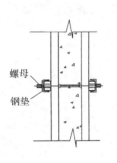
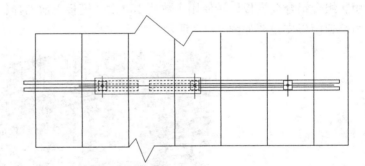

图 9.2-4　背楞对接示意

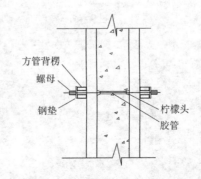

图 9.2-5　墙体厚度控制方法示意

外墙体垂直度控制：为了准确、方便调整墙体垂直度，在墙体模板一侧安装 2 根以上钢斜支撑，钢斜支撑间距不大于 2m，墙柱根部加装压角木条。防止调整墙体移动，而且可防止墙根部漏浆。墙体垂直度控制示意如图 9.2-6 所示，楼面板浇筑时必须预留斜支撑安装孔。

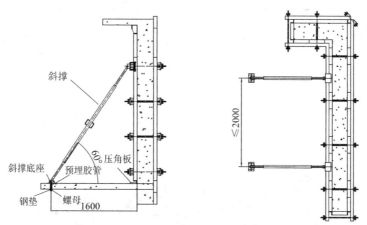

图 9.2-6　墙体垂直度控制示意

（4）梁模板

梁底、梁侧模板采用全铝合金模板，梁侧模板与梁底模板以连接角模连接，主次梁侧模以铝阴角连接，梁侧模板与楼面模板以铝阴角连接。梁模板支设示意如图 9.2-7 所示。

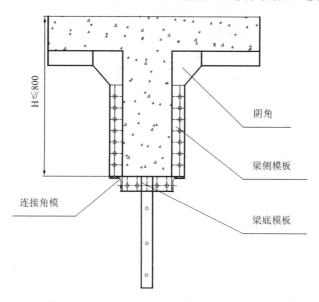

图 9.2-7　梁模板支设示意

在梁底模板设置梁底早拆模板，在梁底早拆模板下安装独立钢支撑，支撑间距最大不超过 1.2m，梁底模板早拆系统如图 9.2-8 所示。

（5）楼面模板

采用全铝合金模板，模板重量轻，拼接操作灵活方便，表面质量好，配用早拆支撑系统可提高模板的周转效率，使用独立钢支撑，支撑间距为 1200mm×1200mm。楼面铝合金模板如图 9.2-9 所示。楼面模板配模如图 9.2-10 所示，钢独立支撑快拆系统如图 9.2-11 所示。

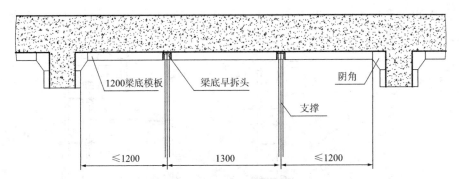

图 9.2-8　梁底模板早拆系统图

图 9.2-9　楼面铝合金模板图

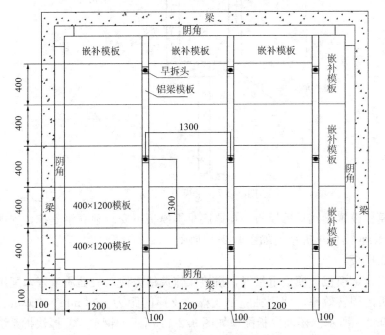

图 9.2-10　楼面模板配模图

图 9.2-11　钢独立支撑，快拆系统图

（6）钢斜撑：斜撑可有效防止墙柱在浇筑过程中移位，采用膨胀螺栓固定在楼板上，稳固，方便。中部的螺杆装置可有效调节墙柱的垂直度。

（7）外墙拉结：用捯链进行拉结，实现顶拉结合，能有效控制墙柱垂直度和平整度，工人操作简单方便。捯链拉结示意如图 9.2-12 所示。

图 9.2-12　捯链拉结示意

（8）强弱电系统的预留线盒、线管固定及定位：线盒采用膨胀帽固定，水管洞口采用螺杆固定，便于拆除。线盒和线管第一次定位准确，上部定位就可实现一致。

### 9.2.3 钢管扣件式脚手架竹胶板支撑系统

#### 1. 施工特点、重点与难点

（1）钢管扣件式脚手架竹胶板支撑系统支设高度高，质量安全控制难度大，重点在于模板支撑体系方案设计及过程管理控制。

（2）在施工过程中要求项目管理人员要严格进行现场监督、检查工作。

（3）仔细阅读并审核施工图纸，熟悉结构形状、尺寸，并按此选择合理模板支撑体系，设计合理、有效的模板搭设方案，设计支撑体系布置详图。

（4）根据工程进度情况及支撑体系布置图，编制各种材料的备料计划、计划进场时间安排，确保模板支撑体系及时搭设及周转使用。严格控制材料进场验收，确保用于支设脚手架支撑的架管、扣件、模板材等是国家合格产品。

（5）对脚手架及模板支设操作人员，安全管理人员做好详尽的书面技术交底和安全交底，确保脚手架及模板安装质量及安拆施工安全。

（6）梁、板模板设计，梁、板模板支撑体系设计及模板之间的构造措施见表 9.2-3。

**梁、板模板支撑体系设计表**　　　　　　　　　　　表 9.2-3

| 构件规格 | 模板及支撑体系 | | |
|---|---|---|---|
| A×B（mm） | 模板 | | 12～18mm 厚胶合板 |
| | 龙骨 | 梁底 | 次龙骨 50×70mm 或 60×80mm 方木若干根，间距均布；主龙骨 $\Phi$48.3×3.6mm 单钢管@800mm |
| | | 梁侧 | 次龙骨 50×70mm 或 60×80mm 方木若干根，间距均布；主龙骨 $\Phi$48.3×3.6mm 双钢管，间距同立杆一致或成倍数；M14 对拉螺栓布置多道 |
| | 梁底支撑体系 | | 支撑采用扣件式钢管满堂支撑架，梁底立杆跨度方向@800～@1000mm，梁底增加若干道承重立杆，横杆步距 1200～1800mm，最顶步距增设一道水平拉杆，扫地杆距底板面 200mm，立杆上端采用 U 型托撑进行高度调节 |
| | 楼板底支撑体系 | | 支撑采用扣件式钢管满堂支撑架，立杆纵横方向均为@800～@1000mm，横杆步距 1200～1800mm，最顶步距增设一道水平拉杆，扫地杆距底板面 200mm，立杆上端采用 U 型托撑进行高度调节 |

（7）满堂模板支架立柱，在外侧周圈应设由下至上的竖向连续式剪刀撑；中间在纵横向应每隔一定距离设由下至上的竖向连续式的剪刀撑，并在剪刀撑部位的顶部、扫地杆处设置水平剪刀撑，中间加设水平剪刀撑。剪刀撑杆件的底端应与地面顶紧，竖向剪刀撑与地面夹角 45°～60°。剪刀撑杆的接头必须采用搭接连接，搭接长度不小于 1m，等间距设置 3 个旋转扣件固定，端部扣件盖板边缘至搭接纵向水平杆端部的距离应大于 100mm。剪刀撑斜杆用旋转扣件固定在与之相交的横向水平杆的伸出端或立杆上，旋转扣件中心线距主节点的距离应小于 150mm。

### 2. 满堂钢管支撑架搭设管理要点

（1）满堂钢管支撑架的搭设流程

搭设顺序：铺设木垫板→底座定位→立杆定位→摆放扫地杆→竖立杆并与扫地杆扣紧→安装第一步纵横杆并与各立杆扣紧→安装第二步纵横杆→安装第三步纵横大横杆→安装顶步纵横大横杆→大横杆与周边结构体系拉结→加设周围纵、横向及水平剪刀撑。

（2）满堂支撑架搭设要求

1）立杆

①立杆底部铺设 50mm 厚的木垫板，宽度应不小于 200mm，木垫板要铺平铺稳，所有立杆支撑应该位于底垫板的中心，并与底部垫木和顶部梁底模板紧密接触，不得承受偏心荷载。立杆间距严格按照本方案设计的间距布置。

立杆顶部必须设 U 型托，U 型托底部必须加设纵横水平杆，U 型托伸出顶部纵横水平杆的自由悬挑高度必须小于规范规定。

②立杆垂直度偏差必须小于架高的 1/600～1/300。

③立杆接长严禁采用搭接，必须采用对节扣件连接，相邻两立杆的对接接头不得在同步内，且对接接头沿竖向错开的距离必须大于 500mm，各接头中心距主节点应小于步距的 1/3。

④严禁将上段钢管立杆与下段错开固定在水平拉杆上。

⑤拉结点水平间距同柱距，竖向间距为两步距，当搭设到拉结点的构点时，在搭设完该处的立杆、纵向水平杆、横向水平杆后，立即设置拉结。

2）水平杆

①采用直角扣件与立杆扣紧，纵横向水平杆长度须大于 6m。

②脚手架必须设置纵向、横向扫地杆。纵向扫地杆采用直角扣件固定在距顶板底部 500mm 范围内；横向扫地杆采用直角扣件固定在紧靠纵向扫地杆上方的立杆上。

③纵横向水平杆采用对接扣件连接，搭接接头交错布置，不应设在同步同跨内，不同步或不同跨两个相邻接头在水平方向错开的距离应大于 500mm，并避免设在水平杆的跨中；各接头中心至最近主节点的距离须小于纵距的 1/3。

④同一排纵横水平杆的水平偏差不得大于 1/300，四面架子的纵向水平高差须小于 50mm。纵横向水平杆四周交圈用直角扣件与内外角部立杆固定。

⑤支模架必须设置纵向、横向扫地杆。纵向扫地杆采用直角扣件固定在距地面不应大于 200mm 处的立杆上；横向扫地杆采用直角扣件固定在紧靠纵向扫地杆上方的立杆上。

钢管扣件式脚手架竹胶板支撑系统具体搭设和拆除做法是传统做法，在此不再赘述。

## 9.2.4 独立钢支撑施工要求

在装配式结构工程水平构件施工和安装中，独立钢支撑系统是最为普遍的支撑系统，拆搭简单灵活、间距可调、施工方便，可以节约大量传统的周转工具和材料。

（1）采用装配式结构独立钢支撑系统的支撑高度不宜大于 4m，当层高大于 4m 时，考虑到独立钢支撑系统稳定性差，可采用钢管扣件式脚手架系统或其他整体式脚手架系统做支撑。

（2）当预制构件下净高超过 3m 时，独立钢支撑应增设置水平杆或三脚架等有效防倾覆措施。具体符合下列规定：

1）水平杆可采用钢管和扣件搭设。

2）水平杆应采用不小于 $\phi32mm$ 的普通焊接钢管。

3）水平杆应按步纵横向通长满布设置，水平杆不应少于两道；底层水平杆距地高度不应大于 550mm。

（3）采用三脚架作为防倾覆措施时，应符合下列规定：

1）三脚架宜采用不小于 $\phi32mm$ 的普通焊接钢管制作。

2）三脚架高度不宜小于 600mm，底面三角边长不应小于 800mm。

3）三脚架应与独立钢支撑进行可靠连接。

（4）钢支撑布设

1）独立钢支撑插管与套管的重叠长度不应小于 280mm。

2）独立钢支撑采用 U 型顶托时，楞梁应居中布置，间隙不应大于 2mm；采用板式顶托时，顶托与楞梁之间应采取可靠的固定措施。

3）独立钢支撑的布置除应满足混凝土叠合受弯构件的受力设计要求，还应符合下列规定：

①独立钢支撑距结构外缘不宜大于 500mm。

②独立钢支撑的楞梁宜垂直于叠合板桁架钢筋、叠合梁方向布置。

③装配式结构多层连续支撑时，上、下层支撑的立柱宜对准。

（5）钢支撑施工管理措施

1）预制构件进入施工现场时，建设（监理）单位应组织施工单位、生产厂家（租赁公司）共同对构配件外观质量、允许偏差和相关资料进行检查验收。

2）独立钢支撑租赁公司应按照国家现行标准《租赁模板脚手架维修保养技术规范》GB 50829 的相关规定对独立钢支撑进行管理。

3）独立钢支撑施工前应编制专项施工方案，并应经审核批准后实施。施工方案宜包括：编制依据、工程概况、布置方案、施工部署、搭设与拆除、施工安全质量保证措施、施工监测、应急预案、计算书及相关图纸等。

4）独立钢支撑搭设前，项目技术负责人应按专项施工方案的要求对现场管理人员和作业人员进行技术和安全作业交底。

（6）钢支撑搭设与拆除

1）独立钢支撑的搭设场地应坚实、平整，当支撑层位于回填土上时，底部应作找平夯实处理，保证地基承载力满足受力要求。回填土上应加设木垫板，垫板应有足够的强度和支撑面积；采用木垫板时，垫板厚度应一致且不得小于 50mm、宽度不小于 200mm。

2）独立钢支撑搭设应按专项施工方案进行，并应符合下列规定：

①独立钢支撑应按设计图纸进行定位放线。

②将插管插入套管内，安装支撑头。

③水平杆、三脚架等稳固措施应随独立钢支撑同步搭设，不得滞后安装。

④根据支撑高度，选择合适的销孔，将插销插入销孔内并固定。

⑤根据设计图纸安装、固定楞梁。

⑥矫正纵横间距、立杆的垂直度及水平杆的水平度。

⑦调节可调螺母使支撑头上的楞梁顶至混凝土叠合受弯构件板底标高。

3）独立钢支撑拆除时应符合下列规定：

①独立钢支撑的拆除应按专项施工方案确定的方法和顺序进行。

②混凝土浇筑完成后，经项目技术负责人同意可先行拆除水平杆、三脚架等构造措施。

③独立钢支撑拆除前混凝土强度应达到设计要求；当设计无要求时，混凝土强度应符合现行国家标准《混凝土结构工程施工质量验收规范》GB 50204 的相关规定；装配式结构应保持不少于两层连续支撑。

4）拆除的独立钢支撑构配件应及时分类整理、在指定位置存放。

（7）独立钢支撑检查与验收

独立钢支撑搭设完毕应组织施工技术人员进行验收，独立钢支撑搭设的技术要求、允许偏差与检验方法应符合表 9.2-4 的规定。

独立钢支撑搭设的技术要求、允许偏差与检验方法　　　　　表 9.2-4

| 序号 | 项　目 | | 技术要求 | 允许偏差<br>（mm） | 检查方法 |
|---|---|---|---|---|---|
| 1 | 地基基础 | 地基承载力 | 满足受力要求 | — | 检查计算书、地质勘察报告 |
| | | 表面 | 坚实平整 | — | 观察 |
| 2 | 独立钢支柱 | 垂直度 | — | 2‰ | 经纬仪或吊线 |
| | | 间距 | — | +20<br>−20 | 钢卷尺 |
| 3 | 三脚架柱 | 高度 | ≥600 | | 钢卷尺 |
| | | 底面边长 | ≥500 | | 钢卷尺 |
| 4 | 水平杆 | 步距 | — | +10<br>−10 | 钢卷尺 |
| | | 底部高度 | ≤550 | | 钢卷尺 |

（8）独立钢支撑验收应提供以下技术资料：

1）生产厂家、租赁公司营业执照。

2）独立钢支撑专项施工方案。

3）构配件质量合格证书、力学性能检验报告。

4）独立钢支撑检查验收记录。

# 9.3　装配整体式混凝土结构水、电、暖、通、消防等预留洞管布设

## 9.3.1　水、电、暖、通、消防等预留洞管布设分析

装配整体式混凝土结构当前主要有三种情况，第一种是构件预制率较高，竖向构件及

水平构件均由预制构件加工企业制作并运输到施工现场，施工现场主要对于剪力墙之间水平接缝混凝土作后浇处理，水平构件之间也有部分后浇带随楼板上部叠合层一起浇筑混凝土。第二种，如果水平构件和围护结构均采用预制构件的剪力墙结构，而内部为装配整体式混凝土现浇结构，线管、盒、箱、留洞组织管理基本同第一类，主要在预制构件加工企业制作完成。第三种，如果只是水平构件如楼梯、叠合板用预制构件，竖向结构均为采用现浇混凝土，电梯井现浇结构中也会预留大量的孔洞线管、盒、箱、留洞处理基本同传统现浇混凝土做法，本章不再赘述。

当前有些工程采用水平管道在下降楼板上，可采用同层排水措施时，楼板、楼面应做双层防水设防。对于可能出现的管道渗水，应有密闭措施，且宜在贴邻下降楼板上表面处设泄水管，同时采取增设独立的泄水立管的措施。

### 9.3.2  水、电、暖、空调、消防等系统介绍

（1）电气及弱电专业主要材料：钢管、塑料管、线盒、桥架、母线、配电箱（柜）、电缆、电线、灯具。

（2）水暖及消防管道专业主要材料：金属给水管、金属排水管、金属消防管、塑料给水管、塑料排水管。

（3）空调专业主要材料：金属管道、金属风管、玻璃钢风管、非金属风管。

（4）材料要求，保证预埋管、盒、箱、预埋件等材料符合设计要求和规范规定，必须有合格证。

### 9.3.3  系统施工管理要求

由于水暖、电、空调、消防等涉及预制构件生产企业和施工总包企业，因此施工总包企业从线管、线盒、箱、配件及留洞处理中提前同预制构件加工企业及时联系沟通，对于电路系统，最好施工总包企业同预制构件加工企业购买同一生产厂家的电线管和线盒、箱等，双方确认线管、线盒、箱、配件及留洞的留置范围、交接位置，并记录入档，以利于电路系统管理质量和可追溯性，也有利于竣工验收统一性和技术资料的完整性，避免产生质量或使用问题后的责任不清现象。

### 9.3.4  安装专业各工种之间的配合

（1）通风空调工程与水暖管道、强电、弱电线路、消防配合。根据各专业设计图纸，各工种本着小管道让大管道，风道优先安装的原则，确定和调整工程管道和电气线路的走向及相应支架、灯具的位置，以便给其他工种创造更有利的条件。

（2）油漆配合。预制构件中各种金属管道、金属支架、金属风管，均先除锈刷底漆，待交工前按统一色泽规定刷面漆，个别情况需全部刷完的由现场情况确定。

（3）自动消防调试的配合。自动消防调试以管道和弱电配合进行，消防栓由管道确定调试方案并为主操作，消防报警调试由弱电提出方案并为主操作。

### 9.3.5  安装专业与土建专业配合

（1）预埋、预留配合。操作人员按预埋预留深化设计图纸进行预留预埋，预留中不随

意损伤建筑钢筋，与土建结构有冲突碰撞处，由各个专业技术人员与土建专业协商调整。

（2）卫生间施工配合。在土建主体施工时配合留洞，安装时土建确定地面标高基准。内装饰器具安装前要求先做好地面防水，土建专业施工不得损坏安装管口。

（3）暗设箱盒及墙面上开关插座的配合。暗设箱盒在确定抹灰厚度基准后进行，开关、插座面板在装饰面层时配合施工。

（4）灯具、开关、插座面板安装配合。灯具、开关插座面板做到位置正确、施工时不损坏墙面，如孔洞较大先作处理，在装饰完后再装箱盖面板。

（5）预制构件成品上不能随意打洞，因特殊原因必须后期打洞时，与土建施工总包单位协商确定位置和孔洞的大小，安装施工中注意对预制构件表面的保护，以防污染。土建施工人员不得随意扳动已安装好的管道线路、开关、阀门等，不得随意取走预制构件预埋管的管堵。

## 9.3.6　安装与二次装修的配合

（1）在装修墙面上安装开关、插座时，与室内装修工作配合进行。

（2）为了尽快给二次装修提供条件，安装前先做好顶棚检查准备工作，再突击力量安装，为二次装修创造条件。

（3）风口与顶棚龙骨安装调整配合。安装在顶棚上的风口随龙骨的安装进行调整，以便对风口的固定。

（4）灯具、灯头盒安装与顶棚的配合。灯具、灯头盒、烟感、温感接线及监测广播、扬声器等先在龙骨上固定（或确定孔位、孔的大小），再配管接线，烟感、探头顶棚完工后安装，其布局与装修协调。

## 9.3.7　预制构件生产预留预埋技术措施

（1）预制构件生产企业提前做好预留套管、盒、箱、预埋管件的加工制作。要保证制作质量，及时运至生产企业，保证工程正常进行。保证装配式混凝土建筑工程主体顺利施工的重要工序，也是为以后各种管线安装顺利进行的基础工序。预留、预埋工程的质量是预制构件生产的组成部分，也是整个安装系统工程质量管理和应用的组成部分，更是整个工程质量和功能的重要保证条件。

（2）预制构件中强电、弱电线管、盒、箱的敷设与连接。在预制构件生产前施工企业和监理单位应派人进入生产企业核对预制构件钢模具中线管、线盒、箱、配件及留洞是否符合专业设计深化图纸要求，对预制构件中线管、线盒、箱位置是否准确进行确认。

（3）生产单位应在浇筑混凝土前，事先绘制各设备专业深化图纸，标好预留预埋管、盒、箱、预留洞的详细坐标、标高及尺寸，并经生产企业专业技术负责人签字。作好电气管及接线箱（盒）的预埋，重点对于安装好的预制构件中线管、盒箱进出口及盒箱应加强检查。没有顶棚的地方预埋各种器具的接线盒、配电箱、消防箱等其他较大的预留洞，均采用相应尺寸的木盒进行预留洞，线管和箱盒开口处用木屑和 EPS 板填塞并用封口胶封堵密实，防止水泥浆及灰渣进入造成管路堵塞。

（4）各种箱、盒的埋深，受结构钢筋限制，为保证预制构件质量，严禁随意割断钢筋，进盒钢管一般煨制蹬踏弯，保证盒面与预制构件表面水平，对由于钢筋间距小，无法煨弯的，使盘面与预制构件表面保持最小距离。根据构件尺寸加套相应尺寸的盒体，保证最终的墙面抹完灰后盘面与墙面距离不大于 5mm。

（5）预制构件内的线管甩头位置应准确，甩头长度能满足施工要求，便于后安装线管与其连接，线管的接头应做隐蔽验收记录。竖向电气管线宜统一设置在预制剪力墙或预制柱内，避免后剔槽，剪力墙板或预制柱内竖向电气管线布置应保持安全间距。水平电气管线应在预制叠合板上合理布置，减少管线交叉和过度集中，避免预制叠合板后浇层混凝土局部厚度和平整度超标的问题。

（6）预制构件水暖、空调、消防管预留孔洞的敷设。在预制构件生产前施工企业应进入生产企业核对预制构件钢模具中水暖、空调、消防等专业的预留孔洞是否符合设计深化图纸要求，预制构件中孔洞位置是否准确进行检查确认。

生产企业加工预制构件前，穿越楼板及墙板管道的预留孔洞不得漏埋，每层和每个预制构件需经生产企业、施工总包企业和监理单位驻场代表验收合格后，再浇筑混凝土。

### 9.3.8　构件线管、盒箱进场检查

预制构件进场后施工企业和监理单位应检查电气线管和线盒箱的情况，检查数量应符合《装配式混凝土结构技术规程》JGJ 1—2014 和《建筑电气工程施工质量验收规范》GB 50303—2015 的要求，检查项目有管材、箱盒及附件的规格型号、位置、坐标、线管的外露构件长度、线盒的出墙高度、线管导通和观感质量等，预留箱盒、洞口、坐标、尺寸和位置。

建筑物防雷工程施工按《建筑物防雷工程施工与质量验收规范》GB 50601 和《建筑电气工程施工质量验收规范》GB 50303—2015 执行。

### 9.3.9　构件预留洞、管进场检查

预制构件进场后施工企业和监理单位应检查预制构件内部的水暖空调、消防的预埋洞、管情况，检查数量应符合《装配混凝土结构技术规程》JGJ 1—2014 和《建筑给水排水及采暖工程施工质量验收规范》GB 50242—2002 的要求，检查项目有管材管件的规格型号、位置、坐标和观感质量等，留槽位置、宽度、深度和长度等，预留孔洞的坐标、数量和尺寸，预埋套管、预埋件其规格、型号、尺寸和位置。

所有检查项目要符合设计要求，进场时应提交相关记录，做好进场验收记录，双方签字，并经过监理工程师（建设单位代表）验收。

### 9.3.10　部分竖向后浇混凝土和叠合板电线管预留孔洞施工

#### 1. 强电及弱电的施工现场预埋管、盒、箱管理

在施工现场部分竖向后浇混凝土和后浇叠合板浇筑之前，后浇部分的强电及弱电系统的预埋管、盒、箱也非常重要，重点是控制预埋管、盒、箱的坐标、标高、埋设深度、牢固性、平整度。对此，后浇混凝土前应全面检查，做好记录，防止预埋管、盒、箱的位移、堵塞、孔洞的变形，防止预埋管、盒、箱坐标、标高不准确。为保证下部安装顺直，成排的预埋件、套管、孔洞应拉线验证，并按楼层、部位做详细的隐蔽工程记录，施工总包企业会同监理单位检查到位。

**2. 后浇混凝土中强电暗装主要施工程序**

工程电气安装工程量大，质量要求高，很大部分配合土建预留、预埋，为确保工程质量和进度，施工前认真熟悉深化设计图纸，精心组织，合理安排，其施工一般程序如下：

预留预埋——基础支架制作与安装——配电箱柜安装——桥架安装——母线安装——电缆敷设及管内穿线——灯具开关插座安装——动力设备安装——变配电装置调试——灯具、电机试调试压——单机调试——联动调试——竣工验收。

**3. 主要施工方法及管理措施**

（1）施工前认真熟悉图纸，并密切配合好土建施工进度，做到预留预埋一次到位，且位置正确，严禁漏留漏埋。

（2）钢线管暗配

1）内外均应刷防腐漆，埋入混凝土内的线管外壁除外；埋入土层内的钢线管，刷两层沥青，可以也使用镀锌管。

2）安装时尽量减少弯曲和交叉，钢线管不选用有穿孔裂缝、显著的凹凸不平及严重腐蚀现象的，管内壁光滑无毛刺，管口刮光，管内壁刷防锈漆。

3）暗配管弯曲时半径不小于管外径的 6 倍，埋设在地下或混凝土楼板内不小于管外径的 10 倍，且弯曲处不出现裂缝或显著的凹痕等现象。

4）暗配管连接宜采用管外焊接，安装时，连接管的对口处在套管的中心位置，套管的长度为连接管外径的 1.5～3 倍，焊接口牢固、严密。埋于混凝土的钢线管离表面的净距不小于 15mm。

（3）预留孔洞：预留洞在土建绑扎钢筋前确定好位置，根据箱体设备几何尺寸、标高留出洞的大小及位置。

（4）接线盒、开关、插座盒暗设于后浇混凝土墙、柱内、混凝土墙体及混凝土柱内的安装与土建施工同步进行，钢管进入接线盒时，暗配线管可采用点焊固定，其间用 $\phi6$ 圆钢作接地跨接线，焊接倍数不小于圆钢截面直径的六倍。管口露出盒箱内壁 3～5mm，与设备连接的钢管引出地面后，管口用管堵保护，以防异物进入堵塞。

（5）PVC 塑料管敷设

敷设塑料管路须与土建主体工程密切配合，土建主体工程施工中应给出建筑标高线。塑料管暗配时，弯曲半径不应小于管外径的 6 倍，埋设于现浇混凝土内时，不应小于管外径的 10 倍。

## 9.3.11　预制构件和后浇结构强电系统连接问题

对于预制构件已在生产企业内部布设好的线管、线盒、箱、配件及留洞作出说明并标识清晰，重点检查预制构件内部布设好的线管同后浇结构相接错位问题，保证两者顺利对接，线管对接误差应在电气规范或装配式混凝土技术规程允许范围内；施工现场对于剪力墙之间竖向接缝混凝土做后浇处埋设的电线管应同预制构件预埋的电线管联通顺畅，接头误差在允许范围内，对于施工现场水平构件上部后浇带随楼板上部叠合层一起浇筑混凝土时，埋设的电线管盒箱应同相邻预制构件内部布设好的线管、线盒、箱联通顺畅，接头误差在允许范围内，形成电力线路完整系统，防止影响穿线和系统调试。

### 9.3.12 防雷、等电位联结点的预埋

1. 装配整体式混凝土结构的预制构件在工厂加工制作时，应留设避雷引下线的预留预埋，一般用竖向构件钢筋作为防雷引下线，选择竖向构件内侧的两根纵向钢筋作为引下线和设置预埋件。

2. 防雷、等电位联结点后期连接预制构件进场时现场管理人员进行检查验收，建筑物上下两层预制构件对接时，就要将两段预制构件钢筋用等截面钢筋焊接起来，达到电气贯通的目的。

首层四周预制构件的两个端部均需要焊接与上层预制构件同截面的扁钢作为引下线埋件。相邻室外地面上 500mm 处设置接地电阻测试盒，测试盒内测试端子与引下线焊接。金属管道入户处应做等电位联结，卫生间内的金属构件也应进行等电位联结，应在预制构件中预留好等电位联结点。整体卫浴内的金属构件应在部品内完成等电位联结，并标明和外部联结的接口位置。

3. 为防止侧击雷，应按照设计图纸的要求，将建筑物内的各种竖向金属管道与钢筋连接，部分外墙上的栏杆、金属门窗等较大金属物要与防雷装置相连。结构内的钢筋连成闭合回路作为防侧击雷接闪带。均压环及防侧击雷接闪带均须与引下线做可靠连接，预制构件处需要按照具体设计图纸要求预埋连接点，保证雷击时建筑物安全。防雷接地系统按图纸确定的点及位置，认真焊接，保证焊接质量，逐级检查，保证电阻值符合设计和规范。

### 9.3.13 后浇混凝土部分水暖空调、消防预埋管、盒、箱管道有关质量管理要求

1. 现场施工质量检查要求，应有现场安装管道与预埋管道连接的隐蔽验收记录，内容应包括管材、管件的材质、规格、型号、接口形式、坐标位置、防腐等情况，管线穿过楼板的部位的防水、防火、隔声等措施。

2. 在部分后浇混凝土施工过程中，水暖、空调、消防安装应与土建配合进行穿墙、穿楼板的孔洞预留，保证预留孔洞的质量，确保安装施工顺利进行。

3. 水暖专业所有穿越混凝土楼板和墙体的管道，均预埋刚性套管或柔性套管，穿越楼板的管道应设置防水套管，其高度应高出装饰地面 20mm 以上，套管与管道间用密封材料嵌实。

4. 后浇混凝土预埋、预留孔洞管理措施

预埋上下层预留孔洞时，中心线应垂直，预留的木框拆模后留在墙体内，钢管待混凝土稍凝固时需细心拔出钢管，把握好拔管时间，保证预留孔洞的光滑和成型。拆模后，组织操作人员和施工员复核预留孔洞的尺寸，并做好记录，对不合格的孔洞，需提出处理的方法和意见，待批准后实施。

5. 一般孔洞预留

结构施工过程中，确定专人跟踪配合，待土建施工到预留孔洞位置时，立即按水暖留孔图给定的穿管坐标和标高，在模板上作出标记。在土建绑扎钢筋时，将事先做好的模具中心对准标记进行模具的固定安装，并考虑方便拆除临时模具。当遇有较大的孔洞、模具与多根钢筋相碰时，与土建专业协商，采取相应的措施后再安装固定。

6. 卫生间孔洞预留

卫生间内各种水管孔洞预留是工程重点，对于卫生间洁具的排水预留洞，必须根据本工程确定使用的卫生洁具的安装尺寸、墙体的厚度及坐标轴线，确定预留洞的位置后预埋。孔洞的尺寸可适当放大一些，为防止洁具型号确定后，洁具安装要求与孔洞的预留存在偏差，尽量减少楼板开洞的面积，后浇混凝土时派专人看护，防止位移、堵塞等现象发生，并在土建拆模后立即进行复查及时纠正不足。

7. 预制构件和现浇结构水、暖、空调、消防系统留洞位置协调问题

对于预制率较高建筑，预制构件加工企业及时联系沟通施工总包企业，对于预制构件已在生产企业内部布设好的留洞作出说明并标识清晰，重点检查预制构件内部布设好的留洞同现浇结构留洞相接错位问题，保证两者最后顺利穿管对接，穿管对接误差应在规范允许范围内；形成水、暖、空调消防完整系统。

# 9.4  后浇混凝土组织管理要点

## 9.4.1  后浇混凝土组织管理概述

1. 当装配整体式混凝土结构单位工程预制率不够高时，每楼层仅梁、楼板和楼梯水平构件为预制构件，柱、剪力墙等竖向构件为现浇混凝土，加上另外叠合层后浇混凝土。对于此类装配整体式混凝土结构，现浇混凝土工作量仍会很大，因此预制构件安装时，现浇结构相关工序除按传统方式施工外，还应重视两者穿插配合，否则，整体结构会产生诸多工序矛盾，整体混凝土外观质量无法统一判定。

2. 竖向构件现浇混凝土工序，现场施工组织管理应充分考虑到竖向构件现浇混凝土中的绑扎钢筋、支设模板及支架、水电暖空调配管、浇筑混凝土等必需的工序，按照施工过程组织相应的作业班组，如绑扎钢筋班组、支设模板及支架班组、水电暖配管班组、浇筑混凝土班组等。

3. 安装水平构件时，还应充分考虑到部分构件连接部分及叠合层的后浇混凝土中的等必须的工序，合理组织预制构件班组、绑扎钢筋班组、支设模板及支架班组、水电暖空调配管班组、浇筑混凝土班组穿插施工，合理安排工序。

## 9.4.2  现场后浇筑混凝土板部分

### 1. 钢筋连接要求

（1）钢筋工程是后浇混凝土结构工程质量中的重要一环，要熟悉深化设计图纸、随机抽查检查，控制钢筋的材质、加工、焊接、套丝、绑扎的质量关和成品保护关，确保钢筋工程的质量。

（2）做好钢筋施工的技术交底和钢筋翻样工作，特别是同预制构件相邻的部位更应详细交底，便于钢筋绑扎和预制构件外伸钢筋连接便捷。

（3）钢筋材质

进场钢筋应有出厂质量合格证明书、厂方检验报告单和进场复试报告。

钢筋进场时，应按现行国家标准及规范的规定抽取试样作力学性能的检验，其质量必

须符合有关标准的规定方可使用。工程一般采用 HPB300、HRB400 及 HRB500 高强钢筋。

（4）对有抗震要求的结构，纵向受力钢筋检验所得的强度实测值应符合下列要求：

钢筋抗拉强度实测值/钢筋屈服强度实测值≥1.25，钢筋强度标准值/钢筋屈服强度实测值≤1.3。

（5）梁板钢筋连接

钢筋接头位置要求：结构受力钢筋的接头位置应避开最大受力部位。板内通长钢筋，其板底钢筋应设在支座处搭接，板上部钢筋应在跨中 1/3 处范围内搭接。

1）钢筋采用直螺纹连接时。遵照《钢筋机械连接通用技术规程》JGJ 107—2011 执行。受力钢筋采用机械连接接头时，设置在同一构件内的机械连接接头应相互错开。在任一接头中心至长度为钢筋直径的 35 倍且不小于 500mm 的区段内，同一根钢筋不得有两个接头。

2）直螺纹套筒连接接头是一种能承受拉、压两种作用力的机械连接接头。其施工工艺简捷、不占用工期、安全可靠。其工艺是先用直螺纹钢筋接头专用滚轧机把钢筋的连接端加工成直螺纹，然后用扳手将直螺纹连接套与钢筋拧紧在一起。直螺纹连接示意图如图 9.4-1 所示。

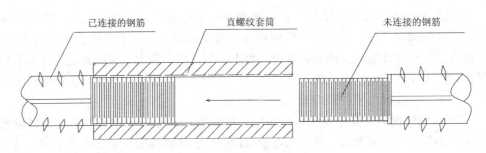

图 9.4-1　直螺纹连接示意

3）钢筋绑扎

①钢筋现场绑扎之前要核对钢筋种类、直径、形状、尺寸及数量。所有钢筋绑扎骨架外形尺寸偏差应符合有关的规定。

②受力钢筋的绑扎接头位置要错开，搭接长度内绑扎钢筋面积占受力筋总截面面积的百分率；受拉区≤25%，受压区≤50%。

**2. 预制剪力墙墙板两侧钢筋连接做法**

当预制剪力墙为预制构件时，有些工程预制剪力墙墙板两侧的边缘构件水平钢筋是封闭筋，由于相邻剪力墙板间的距离较为狭窄，预制剪力墙吊装就位应仔细观察，逐步下落构件，直至就位；或预制剪力墙制作时可将边缘构件纵筋范围箍筋做成开口箍状，然后相邻剪力墙构件之间竖向节点构件钢筋绑扎，预制构件吊装就位后，然后将每个箍筋平面内的甩出筋进行整理平顺、插放边缘构件纵筋并将其与插筋绑扎固定，再将箍筋与主筋绑扎固定调整就位。

### 9.4.3　竖向节点及上部楼板混凝土浇筑

1. 混凝土工程质量是主体结构内在质量中最关键一环，保证混凝土的强度是重中之重。地下室结构往往为现浇混凝土结构，混凝土的按传统方式浇筑，但要注意地下室结构混凝土竖向构件上表面平整度和精准的几何尺寸，便于下部现浇结构同上部预制构件顺利安装，使地下室混凝土的浇筑为安装预制构件创造高标准质量要求，从原材料的质量、运输、浇筑、养护和拆模，道道工序应予严格控制后浇混凝土结构质量。

2. 对于装配整体式混凝土结构单位工程预制率不够高时，每楼层仅梁、楼板和楼梯水平构件为预制构件或叠合构件，柱、剪力墙等竖向构件为现浇混凝土。现场施工组织管理应充分考虑到竖向构件现场浇筑混凝土是主要的工序，按照施工过程成立浇筑混凝土班组等；此类竖向构件现浇混凝土中一般采用汽车泵或拖式泵运输倾倒混凝土。

3. 对于单位工程预制率高时，每楼层柱、剪力墙、梁、楼板和楼梯水平构件为预制构件或叠合构件，施工组织管理应充分考虑到现场安装预制构件是主要的工序，混凝土浇筑工作量较少，混凝土一般采用汽车泵或传统吊斗运输倾倒混凝土，施工组织同当前常规做法有较大区别。

4. 当同层部分竖向构件和水平构件混凝土强度等级一致时，可连续浇筑混凝土，即先浇竖向构件后浇水平构件；当同层部分竖向构件和水平构件混凝土强度等级不一致时，可先将同层的浇竖向构件浇筑完成，另行组织水平构件浇筑工序，由于竖向构件和水平构件不能同时连续浇筑，拖式混凝土输送泵使用工效低，移动困难，可以采用汽车输送泵或专用吊斗分别浇筑混凝土，操作人员也应相应组织跟班作业。

5. 后浇叠合楼层板混凝土组织管理。浇筑混凝土前，应检查相邻的预制构件安装位置和几何尺寸，模板支设应综合考虑预制构件安装偏差和标准的要求，在露出的柱或剪力墙插筋上做好混凝土顶标高标志，利用外圈预埋钢筋固定边模专用支架，调整边模顶标高至板顶设计标高，浇筑混凝土，利用边模顶面和竖向预制构件插筋上的标高控制标志控制混凝土厚度和混凝土平整度。

（1）材料：现场试验员对预拌混凝土逐盘检查坍落度，并做好检查记录，确保工程所使用的混凝土质量符合设计要求和规范规定。

（2）混凝土的浇筑：混凝土浇筑前应检查模板的标高、位置、截面尺寸必须符合设计要求，模板的缝隙嵌严，模板的支撑、垫板（块）等均应牢固、稳定，钢筋的规格、数量、箍筋间距、构件同一截面钢筋接头数量、搭接长度以及钢筋保护层厚度等均符合质量验收规范规定和设计要求；埋设的铁件、水、电、暖、通等管道及预留孔洞等位置及数量等均正确而无遗漏。

（3）混凝土浇筑顺序、浇筑方法、施工缝留置、试块留置、材料计量、质量要求等，应向施工操作人员进行书面交底。混凝土的供应应做到及时、连续、保证质量。

（4）浇筑流向、浇筑宽度应根据混凝土输送泵的固定位置，合理选择浇筑顺序、浇筑宽度，以确保混凝土质量。

（5）柱、剪力墙混凝土的浇筑。浇筑前洒水湿润老混凝土面层。柱或剪力墙底垫 $50\sim80\text{mm}$ 厚与混凝土中成分相同的水泥砂浆。要加强对柱或剪力墙根部和同预制构件相邻处混凝土的振捣，防止烂根和接茬错位现象。混凝土振捣示意如图9.4-2所示。

（6）铺设叠合楼板上层混凝土时应适当比设计厚度稍厚，用平板式振动器或插入式振动器振捣密实。

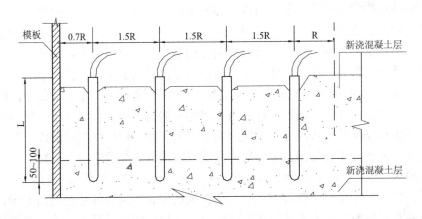

图 9.4-2　混凝土振捣示意

（7）面层标高（板厚）控制：混凝土振完后用大杠刮平，拉水平线控制面层标高并进行修整，使混凝土面标高同设计标高或高出 2mm，以免影响下道工序的施工。混凝土浇筑时保护好各种预埋件、预埋管、预埋盒箱等。后浇混凝土详图如图 9.4-3、图 9.4-4 所示。

（8）混凝土施工缝的设置。施工缝的位置严格按照设计要求设置，墙的垂直施工缝留在预制构件相接处，叠合板施工缝留置在后浇混凝土板带处。

（9）混凝土养护。当混凝土表面找平后应及时盖上塑料布或棉毡，终凝后喷水养护，浇水次数应能保持表面湿润状态；对混凝土墙面需派专人喷水养护或喷刷混凝土养护液。常温下一般混凝土养护 7d，防水混凝土养护 14d。当日平均气温低于 5℃，不得浇水。冬期按冬期施工要求进行保温养护。

（10）混凝土成品保护。由于已浇筑叠合楼板上部可能临时放置预制构件，因此，当后浇叠合楼板混凝土强度符合设计现行国家质量验收规范要求，确定拆除叠合板下模板和支撑系统时间，防止叠合梁板出现裂缝等质量问题。

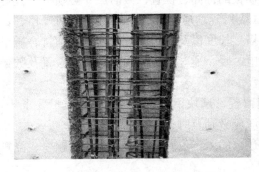

图 9.4-3　后浇混凝土支模前实景图

图 9.4-4　后浇混凝土实景图

# 10 装配整体式混凝土结构安装质量控制及验收组织

装配整体式混凝土结构安装质量控制及验收组织首先取决于施工是否建立健全必要的质量责任制度，应推行预制构件生产控制和施工安装现场控制的全过程全产业链的质量控制，应有健全的生产控制和现场控制的质量管理体系，使得预制构件生产企业和施工总包单位企业对于工程质量管理顺利无缝对接，确保整体工程质量良好，工程竣工验收顺利通过。

## 10.1 装配整体式混凝土结构质量控制及验收划分

### 10.1.1 建筑工程施工单位质量管理制度

装配整体式混凝土结构质量控制及验收不仅包括原材料控制、预制构件生产控制、施工工艺流程控制、施工操作控制、每道工序质量检查、相关工序间的交接检验以及专业工种之间等中间交接环节的质量管理和控制要求，还应包括满足施工图设计和功能要求的抽样检验制度等。施工单位还应通过内部的审核与管理者的评审，找出质量管理体系中存在的问题和薄弱环节，并制定改进的措施和跟踪检查落实等措施，使质量管理体系不断健全和完善，是使施工单位不断提高建筑工程施工质量的基本保证；同时施工单位应重视综合质量控制水平，从施工技术、管理制度、工程质量控制等方面制定综合质量控制水平指标，以提高企业整体管理、技术水平和经济效益。

### 10.1.2 建筑工程的主要材料质量控制

（1）用于建筑工程的主要材料、半成品、成品、建筑构配件、器具和设备的进场检验和对涉及安全、节能、环境保护和主要使用功能的重要材料进行复检，体现了以人为本、节能、环保的理念和原则。

（2）为保障工程整体质量，应控制每道工序的质量。考虑到企业标准的控制指标应严格于行业和国家标准指标，鼓励有能力的施工单位编制企业标准，并按照企业标准的要求控制每道工序的施工质量。施工单位完成每道工序后，除了自检、专职质量检查员检查外，还应进行工序交接检查，上道工序应满足下道工序的施工条件和要求；同样相关专业工序之间也应进行，使各工序之间和各相关专业工程之间形成有机的整体。

### 10.1.3 装配整体式混凝土结构质量验收划分

当前，根据经济发展和建筑业产业转型调整需要，建筑工程中预制构件生产工业化、建筑设计标准化和模数化、现场施工装配化、工程管理信息化已成为一种新潮流，建筑业产业相应政策不断出台，技术标准及各种标准图集不断颁布。多本新颁布的现行国家工程验收标准对装配整体式混凝土结构重新作出规定，如有现行国家标准《建筑工程质量验收统一标准》GB 50300—2013、《混凝土结构施工质量验收规范》GB 50204—2015均对建筑工程质量验收划分重新作出规定，明确建筑工程共分为10个分部工程，具体名称为地基与基础分部、主体结构分部、屋面分部、建筑装饰装修分部、建筑节能分部、建筑电气分部、给水排水及供暖分部、空调与通风分部、电梯分部、建筑智能化分部；其中，主体结构作为一个分部工程，钢筋混凝土结构是主体结构中包含的一个子分部工程，其由模板、钢筋、混凝土、预应力、现浇结构、预制装配结构共六个分项工程组成，预制装配结构明确只是其中的分项工程。《装配式混凝土结构技术标准》GB/T 51231—2016、《混凝土结构施工规范》GB 50666—2013，和《装配式混凝土结构技术规程》JGJ 1—2014、《钢筋套筒灌浆连接应用技术规程》JGJ 355—2015重点对装配整体式混凝土结构主控项目和一般项目作出要求规定。部分省、市也颁布了装配式混凝土结构质量验收相关规程，内容均有一定差别，强调项目不尽相同。同装配式建筑有关的主要分部（子分部）分项划分见表10.1-1。

装配式建筑有关的主要分部（子分部）分项划分表　　　　　表 10.1-1

| 序号 | 分部 | 子分部 | 相关分项 |
|---|---|---|---|
| 1 | 主体结构 | 混凝土结构 | 模板、钢筋、混凝土、预应力、现浇结构、装配式结构 |
| 2 | 建筑装饰装修 | 轻质隔墙 | 板材隔墙 |
|  |  | 饰面板 | 陶瓷板安装、金属板安装、石板安装 |
|  |  | 饰面砖 | 外墙饰面砖镶贴、内墙饰面砖镶贴 |
| 3 | 建筑给水排水及供暖 | 卫生洁具系统 | 卫生器具安装，卫生器具给水管道配件安装，卫生器具排水管道安装 |
|  |  | 室内给水系统 | 给水管道及配件安装 |
|  |  | 室内排水系统 | 排水管道及配件安装，雨水管道及配件安装 |
| 4 | 建筑电气 | 电气照明 | 导管敷线，管内敷线和槽盒内敷线，普通灯具安装，插座、开关、风扇安装 |
|  |  | 防雷及接地 | 接地装置安装，防雷引下线及闪接器安装 |
| 5 | 通风与空调 | 送风系统 | 风管与配件制作、风管系统安装 |
|  |  | 排风系统 | 风管与配件制作、风管系统安装 |
| 6 | 建筑节能 | 围护结构节能 | 墙体节能、门窗节能 |

## 10.1.4　工程质量验收组织层次

装配整体式混凝土结构工程应按现行国家标准《建筑工程质量验收统一标准》GB 50300—2013、《装配式混凝土结构技术标准》GB/T 51231—2016、《混凝土施工质量验收规范》GB 50204—2015、装配式混凝土结构技术规程 JGJ 1—2014 规定，进行施工质量组织验收。施工工序是建筑工程施工的基本组成部分，对每道施工工序的质量一般由施工单位自行管理控制。一个检验批是施工验收的基本单元，可由一道或多道工序组成。根据目前的质量验收要求，遵循从微观逐步到宏观的思路，强化质量验收组织和验收项目，即根据工程进度按进场批次、工作班、结构缝、楼层、施工段或系统先验收各类检验批，各个检验批合格后，再组织验收各个分项工程，各个分项工程合格后，再组织验收子分部，涉及外装饰、室内非承重墙、建筑节能、水、电、暖通、弱电等专业验收组织应随上述专业所在的分部（或子分部）进行。

## 10.1.5　工程质量验收组织

### 1. 检验批工程质量验收组织

检验批验收应由监理工程师主持，施工单位相关专业的质量检查员与施工员参加。

### 2. 分项工程质量验收组织

分项工程质量验收，应由监理工程师主持，施工单位项目负责人和相关质量检查员与施工员参加；必要时可邀请设计单位、预制构件生产单位相关专业的人员参加。

### 3. 地基基础分部工程质量验收

（1）地基与基础工程验收验收组织及验收人员

由建设单位负责组织实施建设地基与基础验收工作，建设工程质量监督部门对建设地基与基础验收实施监督，该工程的施工、监理、设计、勘察等单位参加；重点对于现浇结构为顺利对接预制构件而预留的竖向钢筋、各种预留洞进行检查验收，保证标准层预制构件吊装安装的顺利。

（2）地基与基础验收的程序

地基与基础验收按施工企业自评、设计认可、监理核定、业主验收、政府监督的程序进行。

1）施工单位地基与基础构工程完工后，向建设单位提交建设工程质量施工单位报告，申请地基与基础验收；

2）监理单位核查施工单位提交的建设工程质量施工单位地基与基础报告，对工程质量情况作出评价，填写地基与基础验收监理评估报告；

3）建设单位审查施工单位提交的建设工程质量施工单位地基与基础报告，对符合验收要求的工程，组织设计、施工、监理等单位的相关人员组成验收组进行验收。

## 10.1.6　主体结构（现浇混凝土结构）子分部验收组织

### 1. 主体结构验收组织及验收人员

由建设单位负责组织实施建设工程主体验收工作，该工程的施工、监理、设计、勘察等单位参加，预制构件生产单位应参加；重点对于预制构件就位后质量状况、安装好的预制构件及同现浇结构相关部位的连接检查验收，对预制构件留管留洞及同现浇结构各种留洞留管能否顺利衔接进行检查验收，保证主体结构无安全隐患，使用功能良好。

### 2. 主体工程验收的程序

（1）建设工程主体验收按施工企业自评、设计认可、监理核定、业主验收、政府监督的程序进行。

（2）施工单位主体结构工程完工后，向建设单位提交建设工程质量施工单位（主体）报告，申请主体工程验收；

（3）监理单位核查施工单位提交的建设工程质量施工单位（主体）报告，对工程质量情况作出评价，填写建设工程主体验收监理评估报告；

（4）建设单位审查施工单位提交的建设工程质量施工单位（主体）报告，对符合验收要求的工程，组织设计、施工、监理等单位的相关人员组成验收组进行验收。

## 10.1.7　工程竣工验收组织

### 1. 工程竣工预验收

总监理工程师组织各专业监理工程师、施工单位项目负责人、技术负责人和质量负责人设计单位、勘察单位有关人员等对单位工程进行竣工预验收，预制构件生产单位应参加竣工预验收。单位工程竣工预验收合格的，项目监理机构将竣工预验收的情况书面报告建设单位，由建设单位组织竣工验收。

### 2. 工程竣工验收程序

（1）由建设单位组织工程竣工验收并主持验收会议。

（2）验收组形成工程竣工验收意见，填写《建设工程竣工验收报告》。

## 10.1.8　工程竣工验收必备条件

1. 完成工程设计和合同约定的各项内容。

2. 工程使用的主要建筑材料、建筑构配件和设备的进场试验报告合格齐全。

3. 具有完整的技术档案和施工管理资料。

4. 具有勘察单位和设计单位质量检查报告。

5. 具有规划部门出具的规划验收合格证。

6. 具有施工单位签署的工程质量保修书。

7. 建设单位已按合同约定支付工程款。

8. 建筑节能专项验收证明。

9. 特检部门出具的电梯验收证明。

10. 公安消防出具的消防验收意见书。

11. 环保部门出具的环保验收合格证。

12. 燃气工程验收证明。

13. 其他资料。

## 10.1.9　质量验收的各个层次的合格规定

### 1. 检验批质量验收合格应符合下列规定

（1）主控项目的质量经抽样检验均应合格。

（2）一般项目的质量经抽样检验合格。当采用计数抽样时，合格点率应符合有关专业验收规范的规定，且不得存在严重缺陷。

（3）具有完整的施工操作依据、质量验收记录。

**2. 分项工程质量验收合格应符合下列规定**

（1）所含检验批的质量均应验收合格。

（2）所含检验批的质量验收记录应完整。

**3. 分部（子分部）工程质量验收合格应符合下列规定**

（1）所含分项工程的质量均应验收合格。

（2）质量控制资料应完整。

（3）有关安全、节能、环境保护和主要使用功能的抽样检验结果应符合相应规定。

（4）观感质量应符合要求。

**4. 单位工程质量验收合格应符合下列规定**

（1）所含分部工程的质量均应验收合格。

（2）质量控制资料应完整。

（3）所含分部工程中有关安全、节能、环境保护和主要使用功能的检验资料应完整。

（4）观感质量应符合要求。

# 10.2　预制构件进场及安装验收要求

## 10.2.1　预制构件进场质量要求

装配式结构作为混凝土结构子分部工程的一个分项进行验收。装配式结构分项工程的验收包括预制构件进场、预制构件安装以及装配式结构特有的钢筋连接和构件连接等内容。对于装配式结构现场施工中涉及的模板支设、钢筋绑扎、混凝土浇筑等内容，应分别纳入模板、钢筋、混凝土等分项工程进行验收。预制构件包括在工厂生产和施工现场制作的构件：现场制作的预制构件应按《混凝土结构工程施工质量验收规范》GB 50204 的规定进行各分项工程验收；工厂生产的预制构件应按规定进行进场验收。装配整体式混凝土结构工程施工质量验收预制构件进场，应由监理工程师组织施工单位项目负责人和项目技术负责人，重点检查结构性能、预制构件的粗糙面的质量及键槽的数量等是否符合设计要求，并按下述进场检验要求进行验收。在预制构件安装过程中，要对安装质量进行检查。

## 10.2.2　隐蔽工程验收要求

施工现场在连接节点及叠合构件浇筑混凝土之前，应进行隐蔽工程验收，其内容应如下：

1. 混凝土粗糙结合面、键槽的尺寸、数量、位置；

2. 后浇混凝土处钢筋的规格、数量、位置、间距、锚固长度等；

3. 钢筋连接方式、接头位置、接头数量、接头面积百分比、搭接长度、锚固方式及长度；

4. 预埋件、预留管线、盒、孔、洞的数量、规格、位置。

## 10.2.3　预制构件主控项目

1. 生产企业的梁板类预制构件进场时应有结构性能检验。

2. 其他预制构件，除设计有专门要求外，可不进行结构性能检验，但是应采取施工单位或监理单位代表驻厂监造方式或预制构件进场时对其受力钢筋数量、规格间距、保护层厚度及混凝土强度进行实体检验。

检验数量：同一类预制构件不超过 1000 个为一批，每批随机抽取 1 个构件进行结构性能检验。

检验方法：检查结构性能检验报告或实体检验报告。

3. 预制构件的外观质量不应有严重缺陷，且不宜有影响结构性能和安装、使用功能的尺寸偏差。

检查数量：全数检查。

检验方法：观察，尺量。

4. 预制构件上预留插筋预埋件、预留管线规格、数量及预留孔洞的数量、位置应符合设计要求。

检查数量：全数检查。

检验方法：观察，尺量。

## 10.2.4 预制构件一般项目

1. 预制构件应有标识，预制构件进场检查应在明显部位标明生产单位、构件型号、生产日期和质量验收标志。

检查数量：全数检查。

检验方法：观察。

2. 预制构件的外观质量不应有有一般缺陷。对已经出现的一般缺陷，应按技术处理方案进行处理，并重新检查验收。

检查数量：同类型构件，不超过 100 件为一批，抽查 5％且不少于 3 件。

检验方法：尺量检查。

3. 预制构件尺寸偏差及检验方法应符合规范《混凝土施工质量验收规范》GB 50204—2015 规定。

4. 预制构件粗糙面质量及键槽的尺寸、数量、位置应符合要求。

检查数量：全数检查。

检验方法：观察。

## 10.2.5 预制构件连接与安装主控项目

1. 预制构件安装临时固定及支撑措施应有效可靠，符合施工方案的要求。

检查数量：全数检查。

检查方法：观察。

2. 钢筋采用套筒灌浆应符合《钢筋套筒灌浆连接技术规程》JGJ355，其质量必须符合有关规程的规定。

检查数量：同种直径每完成 1000 个接头时制作一组试件，每组试件 3 个接头。

检查方法：检查质量证明文件和接头力学性能试验报告。

3. 施工现场钢筋套筒接头灌浆料强度满足设计要求

检查数量：每楼层不少于三组，每楼层每工作班灌浆接头留置一组试件，每组 3 个试块，试块规格为 40mm×40mm×160mm。

检查方法：检查试件强度试验报告及评定记录。

4. 钢筋采用金属波纹管灌浆应符合相关标准的规定。

检查数量：同种直径每完成 1000 个接头时制作一组试件，每组试件 3 个接头。

检查方法：检查质量证明文件和接头力学性能试验报告。

5. 施工现场金属波纹管接头灌浆料强度满足设计要求

检查数量：每楼层不少于三组，每楼层每工作班灌浆接头留置一组试件，每组 3 个试块，试块规格为 40mm×40mm×160mm。

检查方法：检查试件强度试验报告及评定记录。

6. 钢筋采用挤压接头连接时，应符合《钢筋机械连接技术规程》JGJ107 的要求。

检查数量：挤压接头检验以 500 个接头为一个验收批。

检查方法：观察检查。

7. 剪力墙底部坐浆料强度满足设计要求

检查数量：每楼层每工作班留置一组试件，每组 3 个试块，试块规格为 70.7mm×70.7mm×70.7mm。

检查方法：检查试件强度试验报告及评定记录。

8. 装配式结构采用焊接、螺栓等连接方式时，其材料性能及施工质量验收应符合现行国家标准《钢结构工程施工质量及验收规范》GB 50205 和《钢筋焊接验收规程》JGJ18 的相关要求。

9. 预制构件之间、预制构件与现浇混凝土部分之间的连接应符合设计要求。连接混凝土强度应符合的要求。

检查数量：全数检查。

检查方法：检查混凝土强度试验报告。

10. 装配式混凝土施工后，其外观质量不应有严重缺陷，且不宜有影响结构性能和安装、使用功能的尺寸偏差。

检查数量：全数检查。

检验方法：观察，尺量。

## 10.2.6　预制构件连接与安装一般项目

1. 装配式混凝土施工后，其外观质量不应有一般缺陷。

检查数量：全数检查。

检验方法：观察，尺量。

2. 装配式混凝土施工后位置、尺寸偏差及检验方法应符合规定。

检查数量：装配整体式混凝土结构安装完毕后，按楼层、结构缝或施工段划分检验批。在同一检验批内，对梁、柱，应抽查构件数量的 10%，且不少于 3 件；对于墙和板，应按有代表性的自然间抽查 10%，且不少于 3 间；对大空间结构，墙可按相邻轴线间高度 5m 左右划分检查面，板可按纵、横轴线划分检查面，抽查 10%，且均不少于 3 面。预制构件安装尺寸的允许偏差及检验方法见表 10.2-1。

检验方法：观察、尺量检查。

预制构件安装尺寸的允许偏差及检验方法表

表 10.2-1

| 项　　目 | | | 允许偏差（mm） | 检验方法 |
|---|---|---|---|---|
| 构件中心线对轴线位置 | 基础 | | 15 | 尺量检查 |
| | 竖向构件（柱、墙板、桁架） | | 10 | |
| | 水平构件（梁、板） | | 5 | |
| 构件标高 | 梁、板底面或顶面 | | ±5 | 水准仪或尺量检查 |
| | 柱、墙板顶面 | | ±3 | |
| 构件垂直度 | 柱、墙板 | <5m | 5 | 经纬仪量测 |
| | | ≥5m 且<10m | 10 | |
| | | ≥10m | 20 | |
| 构件倾斜度 | 梁、桁架 | | 5 | 垂线、钢尺检查 |
| 相邻构件平整度 | 板端面 | | 5 | 钢尺、塞尺量测 |
| | 梁、板下表面 | 抹灰 | 5 | |
| | | 不抹灰 | 3 | |
| | 柱、墙板侧表面 | 外露 | 5 | |
| | | 不外露 | 10 | |
| 构件搁置长度 | 梁、板 | | ±10 | 尺量检查 |
| 支座、支垫中心位置 | 板、梁、柱、墙板、桁架 | | 10 | 尺量检查 |
| 接缝宽度 | | | ±5 | 尺量检查 |

3. 外墙板接缝的防水性能应符合设计要求。

检查数量：按批检验。每 1000m² 外墙面积应划分为一个检验批，不足 1000m² 时也应划分为一个检验批；每个检验批每 100m² 应至少抽查一处，每处不得少于 10m²。

检验方法：检查现场淋水试验报告。

# 10.3　非承重隔墙及装饰工程验收要求

公共建筑类装配整体式混凝土结构常常用到的如复合轻质墙板、石膏空心板等非承重内墙板，非承重内墙板验收管理应根据《建筑装饰装修质量验收规范》GB 50210 要求控制，具体质量验收要求如下：

## 10.3.1　复合轻质墙板、石膏空心板的质量验收主控项目

1. 隔墙板材的品种、规格、性能、颜色应符合设计要求。有隔声、隔热、阻燃、防

潮等特殊要求的工程，板材应有相应性能等级的检测报告。

检验方法：观察；检查产品合格证书、进场验收记录和性能检测报告。

检验数量：每个检验批应至少抽查10%，并不得少于3间；不足3间时应全数检查。

2. 安装隔墙板材所需预埋件、连接件的位置、数量及连接方法应符合设计要求。

检验方法：观察；尺量检查；检查隐藏工程验收记录。

检验数量：每个检验批应至少抽查10%，并不得少于3间；不足3间时应全数检查。

3. 隔墙板材所用接缝材料的品种及接缝方法应符合设计要求。

检验方法：观察；检查产品合格证书和施工记录。

### 10.3.2 复合轻质墙板、石膏空心板质量验收一般项目

1. 板材隔墙安装应垂直、平整、位置正确，板材不应有裂缝或缺损。

检验数量：每个检验批应至少抽查10%，并不得少于3间；不足3间时应全数检查。

2. 板材隔墙表面应平整光滑、色泽一致、洁净，接缝应均匀、顺直。

检验方法：观察；手摸检查。

检验数量：每个检验批应至少抽查10%，并不得少于3间；不足3间时应全数检查。

3. 隔墙上的孔洞、槽、盒应位置正确、套割方正、边缘整齐。

每个检验批应至少抽查10%，并不得少于3间；不足3间时应全数检查。

检验方法：观察。

检验数量：每个检验批应至少抽查10%，并不得少于3间；不足3间时应全数检查。

4. 板材隔墙安装的允许偏差和检验方法应符合表10.3-1的规定。

**板材隔墙安装的允许偏差和检验方法** 表 10.3-1

| 项次 | 项目 | 复合轻质墙质允许偏差（mm） | 石膏空心板允许偏差（mm） | 检验方法 |
|---|---|---|---|---|
| 1 | 立面垂直度 | 2 | 3 | 用2m垂直检测尺检查 |
| 2 | 表面平整度 | 2 | 3 | 用2m先靠尺和塞尺检查 |
| 3 | 阴阳角方正 | 3 | 3 | 用直角检测尺检查 |
| 4 | 接缝直线度 | 4 | 2 | 用钢直尺和塞尺检查 |

### 10.3.3 饰面板安装工程主控项目

部分预制外墙板或预制内墙板采用饰面板或饰面砖作为外饰面，在生产企业通过正打或反打工艺作为预制构件一部分，因此饰面板或饰面砖的质量应按照《建筑装饰装修质量验收规范》GB 50210 要求控制。

1. 检验数量：室内每个检验批应至少抽查10%，并不得少于3间；不足3间时应全数检查。

2. 饰面板的品种、规格、颜色和性能应符合设计要求，木龙骨、木饰面板塑料饰面板的燃烧性能等级应符合设计要求。

检验方法：观察；检查产品合格证书、进场验收记录和性能检测报告。

3. 饰面板孔、槽的数量、位置和尺寸应符合设计要求。

检验方法：检查进场验收记录和施工记录。

4. 饰面板安装工程的预埋件（或后置埋件）、连接件的数量、规格、位置、连接方法和防腐处理必须符合设计要求。后置埋件的现场拉拔强度必须符合设计要求。饰面板安装必须牢固。

检验方法：手扳检查；检查进场验收记录、现场拉拔检测报告、隐蔽工程验收记录和施工记录。

### 10.3.4 饰面板安装工程一般项目

1. 检验数量：室内每个检验批应至少抽查 10％，并不得少于 3 间；不足 3 间时应全数检查。

2. 饰面板表面应平整、洁净、色泽一致，无裂痕和缺损。石材表面应无泛碱等污染。

检验方法：观察。

3. 饰面板嵌缝应密实、平直，宽度和深度应符合设计要求，嵌填材料色泽应一致。

检验方法：观察；尺量检查。

4. 采用湿作业法施工的饰面板工程，石材应时行防碱背涂处理。饰面板与基体之间的灌注材料应饱满、密实。

检验方法：用小锤轻击检查；检查施工记录。

5. 饰面板上的孔洞应套割吻合，边缘应整齐。

6. 检验方法：观察。

7. 饰面板的安装的允许偏差和检验方法应符合表 10.3-2 的规定。

饰面板安装的允许偏差和检验方法表　　　　　　　　　表 10.3-2

| 项次 | 项目 | 光面石材允许偏差（mm） | 瓷板允许偏差（mm） | 检验方法 |
|---|---|---|---|---|
| 1 | 立面垂直度 | 2 | 2 | 用 2m 垂直检测尺检查 |
| 2 | 表面平整度 | 2 | 1.5 | 用 2m 先靠尺和塞尺检查 |
| 3 | 阴阳角方正 | 2 | 2 | 用直角检测尺检查 |
| 4 | 接缝直线度 | 2 | 2 | 用钢直尺和塞尺检查 |
| 5 | 墙裙、勒脚上口直线度 | 2 | 2 | 拉 5m 线，不足 5m 拉通线，用钢直尺检查 |
| 6 | 接缝高低差 | 0.5 | 0.5 | 用钢直尺和塞尺检查 |
| 7 | 接缝宽度 | 1 | 1 | 用钢直尺检查 |

### 10.3.5 饰面砖粘贴工程质量要求主控项目

1. 检查数量：室内每个检验批应至少抽查 10％，并不得少于 3 间；不足 3 间时应全数检查。

2. 饰面砖的品种、规格、图案、颜色和性能应符合设计要求。

检验方法：观察；检查产品合格证书、进场验收记录、性能检测报告和复验报告。

3. 饰面砖粘贴工程的找平、防水、粘贴和勾缝材料及施工方法应符合设计要求及国家现行产品标准和工程技术标准的规定。

检验方法：检查产品合格证书、复验报告和隐蔽工程验收记录。

4. 饰面砖粘贴必须牢固。

检验方法：检查样板件粘结强度检测报告和施工记录。

5. 满粘法施工的饰面砖工程应无空鼓、裂缝。

检验方法：观察；用小锤轻击检查。

## 10.3.6　饰面砖粘贴工程质量一般项目

1. 检查数量：室内每个检验批应至少抽查 10%，并不得少于 3 间；不足 3 间时应全数检查。

2. 饰面砖表面应平整、洁净、色泽一致，无裂痕和缺损。

检验方法：观察。

3. 阴阳角处搭接方式、非整砖使用部位应符合设计要求。

检验方法：观察。

4. 墙面突出物周围的饰面砖应整砖套割吻合，边缘应整齐。墙裙、贴脸突出墙面的厚度应一致。

检验方法：观察；尺量检查。

5. 饰面砖接缝应平直、光滑，填嵌应连续、密实，宽度和深度应符合设计要求。

检验方法：观察；尺量检查。

6. 有排水要求的部位应做滴水线（槽）。滴水线（槽）应顺直，流水坡向应正确，坡度应符合设计要求。

检验方法：观察；用水平尺检查。

7. 饰面砖粘贴的允许偏差和检验方法应符合表 10.3-3 的规定。

饰面粘贴的允许偏差和检验方法　　　　　　表 10.3-3

| 项次 | 项目 | 外墙面砖允许偏差（mm） | 内墙面砖允许偏差（mm） | 检验方法 |
|---|---|---|---|---|
| 1 | 立面垂直度 | 3 | 2 | 用 2m 垂直检测尺检查 |
| 2 | 表面平整度 | 4 | 3 | 用 2m 先靠尺和塞尺检查 |
| 3 | 阴阳角方正 | 3 | 3 | 用直角检测尺检查 |
| 4 | 接缝直线度 | 3 | 2 | 拉 5m 线，不足 5m 拉通线，用钢直尺检查 |
| 5 | 接缝高低差 | 1 | 0.5 | 用钢直尺和塞尺检查 |
| 6 | 接缝宽度 | 1 | 1 | 用钢直尺检查 |

## 10.3.7　围护结构中保温层验收

1. 进场验收主要是对预制构件的保温的品种、规格、外观和尺寸和技术资料进行检查验收，检查项目有夹心外墙板的保温层位置、厚度，拉结件的类别、规格、数量、位置等；预制保温墙板与主体结构连接形式、数量、位置等。

2. 预制构件如是保温夹心外墙板，墙板内的保温夹心层的其导热系数、密度、吸水率、燃烧性能应满足当地建筑节能的要求。

3. 预制保温墙板产品及其安装性能应有型式检验报告。保温墙板的结构性能、热工性能及与主体结构的连接方法应符合设计要求。

4. 进场验收实体检查项目

检查数量应符合《装配式混凝土结构技术规程》JGJ1—2014 和《建筑节能工程施工质量验收规范》GB 50411 的要求。

# 10.4　施工技术资料管理内容

## 10.4.1　建筑工程施工技术资料管理

1. 施工技术资料是工程建设的一个重要组成部分，是工程项目建设和竣工验收的必备条件，施工技术资料是工程质量的重要组成部分，为了加强施工技术资料管理，提高工程管理水平，根据国家有关标准、规范要求和地方的有关施工技术资料收集整理归档管理的规定，结合企业的实际情况和具体工程特点管理。

2. 施工技术资料是企业依据有关管理规定，在施工全过程中所形成的应当存档保存的各种图纸、表格、文字、音像材料等技术文件材料的总称，它是评价施工单位的施工组织和技术管理水平的重要依据，是评定工程质量、竣工核验的重要依据，是工程竣工档案的基本内容，也是对工程进行检查、维护、管理、使用、改建、扩建的重要依据。

3. 施工技术资料实现计算机管理，凡按规定应向城建档案馆移交的工程档案，应过渡到光盘载体的电子工程档案。重点工程、大型工程的项目必须采用缩微品及光盘载体，其他工程宜采用缩微品及光盘载体。

4. 管理要求与岗位职责

(1) 施工技术资料管理要求施工技术资料管理实行项目总工程师负责制。施工技术资料的编制必须符合国家有关法律、法规、规范、标准以及地方和企业的有关管理文件要求。

(2) 建立健全技术资料管理岗位责任制，企业应按规定建立工程档案室，负责工程档案的接收及归档后的档案管理工作。企业技术管理部和项目经理部均设专人负责技术资料的管理工作。

(3) 施工技术资料应随施工进度及时汇集、整理，所需表格按地方有关规范规定的相应格式认真填写，做到项目齐全、准确、真实、规范。

(4) 企业经营管理部与建设单位签订施工合同、项目经理部与专业分包单位签订施工合同时，应对分包工程施工技术资料及工程档案的编制责任、编制份数、移交期限以及编制费用做出明确规定。

(5) 施工技术资料原件不得少于 2 套，其中移交建设单位 1 套，企业保存 1 套交档案室保管，保存期自竣工验收之日起不少于 5 年。

5. 施工技术资料管理岗位职责

（1）企业技术管理部职责

设专人负责施工技术资料的管理工作。负责对企业各工程项目的施工技术资料进行指导、监督、检查。负责对将要竣工的工程的技术资料进行审核和预验收，并填写质量控制资料核查记录。负责组织项目部技术人员完成技术资料的编制、组卷和移交工作。

（2）项目经理部职责

根据所承接工程规模的大小设专职或兼职资料管理员。负责编制所承接工程的竣工资料和竣工图。负责技术资料的收集、整理、编制、审核等日常管理工作。总承包施工时，负责汇集整理各分包单位编制的有关施工技术资料，特别是预制构件生产企业的有关技术资料。经理部在编制施工组织设计时，应同时编制单位工程施工技术资料施工制度。按工程特点及施工组织情况编制技术资料的项目、数量、内容等计划，经审批后，严格向有关人员进行交底。项目经理部总工程师每季度对施工项目的技术资料进行检查并填写记录表。对不合格的技术资料应及时督促补充、完善、限期整改。分包方负责填写各种申报资料，总承包方负责报验、收集、整理施工技术资料，并做竣工资料。

## 10.4.2　建筑工程施工技术资料主要内容

1. 施工管理资料
2. 施工技术资料
3. 施工记录
4. 施工物资资料
5. 施工试验记录
6. 施工质量验收资料
7. 施工安全管理资料
8. 竣工图

## 10.4.3　施工技术资料、竣工资料的编制和组卷

### 1. 施工技术资料的编制和组卷

（1）质量要求　施工技术资料必须真实地反映工程施工过程中的实际情况，具有永久和长期保存价值的文件材料必须完整、准确、系统，各程序责任者的签章手续必须齐全。施工技术资料必须使用原件，如有特殊原因不能使用原件的，应在复印件或抄件上加盖公章并注明原件存放处。施工技术资料的签字必须使用档案规定用笔。施工技术资料采用打印的形式并手工签名。

（2）载体形式　施工技术资料可采用载体形式：纸质载体、光盘载体。

（3）施工技术资料组卷组卷原则，施工技术资料应按照专业、系统划分并根据资料多少组成一卷或多卷。竣工档案按单位工程组卷。竣工档案应按基建文件、施工技术资料和竣工图分别进行组卷。

### 2. 竣工资料的验收和移交

工程竣工验收后，项目经理部将工程资料拿到企业技术管理部，在技术管理部完成竣工资料的整理、汇总和移交工作。竣工资料编制完成后，须经企业技术管理部同意，方可向建设单位移交，办理正式移交手续，由双方单位负责人签章。送交建设单位的竣工资料

由项目经理部负责向建设单位移交。移交时间按协议规定。

**3. 送交地方城建档案馆的竣工资料**

应请档案馆对工程档案资料进行预验收合格后由项目经理部陪同建设单位在竣工验收后 3 个月内向档案馆移交，必要时公司技术管理部可共同参加。

## 10.4.4 施工技术资料管理

企业技术部设专人负责施工技术资料的管理工作，对企业各工程项目的施工技术资料进行指导、监督、检查。每年度对在建工程的施工技术资料进行一至二次检查和抽查，对重点关注工程实行不定期抽查，并填写施工技术资料中间检查记录表。对将要竣工的工程，技术管理部对施工技术资料进行审核，并填写质量控制资料核查表。

## 10.4.5 主体结构分部技术资料

1. 预制构件或部品生产企业对于生产过程形成的技术资料应及时收集整理，装配整体式混凝土结构现场施工过程中作好施工记录、施工日志、隐蔽工程验收记录及检验批、分项、分部（子分部）、单位工程验收记录等技术资料收集整理，为达到工程竣工顺利验收奠定基础。

（1）预制构件或部品生产企业质量保证资料有如下内容：

1）原材料合格证：钢筋及钢材、钢套筒、金属波纹管、混凝土、砂浆、保温材料、拉结件等材料的产品合格证；

2）水泥、粗骨料、细骨料、外加剂、混凝土、灌浆料、保温材料、拉结件、钢套筒、金属波纹管等主要材料的复验报告；

3）预制构件出厂前的成品验收记录：包括外观质量；外形尺寸；钢筋、钢套筒、金属波纹管、预埋件、预留孔洞等；

4）预制构件附带的装饰面砖、石材的合格证及复试资料；

5）门窗框合格证及复试资料。

（2）预制构件进场交付使用时，应向总包单位提供上述技术资料。

2. 装配整体式混凝土结构分项工程验收资料

（1）装配整体式混凝土结构分项工程验收资料：

1）深化设计图纸、设计变更文件；

2）装配式结构工程施工所用各种材料及预制构件的各种相关质量证明文件；

3）施工组织设计及装配整体式混凝土专项施工方案及预制构件安装施工验收记录；

4）钢套筒（金属波纹管）灌浆连接的施工检验记录；

5）连接构造节点的隐蔽工程检查验收文件；

6）后浇筑混凝土强度检测报告，灌浆料或坐浆料强度检测报告；

7）钢筋机械连接或焊接检测报告；

8）密封材料及接缝防水检测报告；

9）结构实体检验记录；

10）工程的重大质量问题的处理方案和验收记录；

11）其他质量保证资料。

（2）装配式混凝土结构分项工程有关隐蔽验收记录：

1）结构预埋件、钢筋规格及接头、螺栓连接、灌浆接头隐蔽验收记录等；

2）预制构件与结构连接处钢筋及混凝土的接缝面隐蔽验收记录；

3）预制混凝土构件接缝处防水、防火处理隐蔽验收记录。

3. 结构实体检验资料收集

（1）对涉及结构安全的有代表性的部位宜应具有相应资质的检测单位进行结构实体检验，检验应在监理工程师见证下，由施工单位项目技术负责人组织实施。

（2）结构实体检验的内容包括预制构件结构性能检验和装配式结构连接性能检验两部分；装配式结构连接性能检验包括连接节点部位的后浇混凝土强度、钢筋套筒连接、金属波纹管或浆锚搭接连接的灌浆料强度、钢筋保护层厚度以及工程合同规定的其他检验项目；涉及装饰、保温、防水、防火等的性能要求，应按照设计要求或国家相应标准规定项目检验。

（3）后浇混凝土的强度检验，应以在浇筑地点制备并与结构实体同条件养护的试件强度为依据。后浇混凝土的强度检验，也可根据合同约定采用非破损或局部破损的检测方法，按国家现行有关标准的规定进行。

（4）灌浆料的强度检验，应以在灌注地点制备并标准养护的试件强度为依据。

（5）当同条件养护的混凝土试件的强度检验结果符合现行国家标准《混凝土强度检验评定标准》GB/T 107 的有关规定时，混凝土强度应判为合格。

## 10.4.6　给排水及采暖施工验收资料

在装配整体式结构中给排水及采暖工程的安装形式，明装管道按照《建筑给水排水及采暖工程施工质量验收规范》GB50242 规定进行验收资料的收集和整理；对于在预制构件上留槽、预埋管道，以及预制构件上的预留孔洞、预埋钢套管、预埋件等，应根据《装配式混凝土结构技术规程》JGJ 1 中的要求，根据安装形式的不同，所需要的验收资料也有所不同，给排水及采暖技术资料如下：

1. 材料质量合格证明文件。主要材料、成品、半成品、配件、器具和设备出厂合格证及进场验收单，复试报告等。

2. 施工图资料。深化设计图纸、设计变更和洽商记录。

3. 设备安装施工组织设计和专项施工方案。

4. 安全卫生和使用功能检验和检测记录。

5. 隐蔽工程检查验收记录。隐蔽工程验收应按系统、工序进行检查并形成记录。

6. 预检记录。包括管道及设备位置预检记录，预留孔洞、预埋钢套管、预埋件的预检记录等。

7. 施工试验记录。生产构件厂家负责的预制构件内给排水管道试验、施工单位负责的现场给排水管道安装试验记录和给排水管道系统水压试验记录、给水管道系统通水试验及冲洗、消毒检测记录，排水管道系统灌水、通球及通水试验、卫生器具通水试验记录、室内热水及采暖系统冲洗及测试记录等。

8. 施工记录。包括管道的安装记录、管道支架制作安装记录、设备、配件、器具安装记录、防腐、保温等施工记录。

9. 工程质量验收记录。包括检验批、分项、子分部、分部质量验收记录。

## 10.4.7 建筑电气施工验收资料

预埋于预制构件中的电气配管，进场验收时预制构件生产厂家应提交管材、箱盒及附件的合格证及检验报告等质量合格证明材料，线路布置图及隐蔽验收记录等质量控制资料。

现场施工部分检验批要与预制构件部分检验批分开，以利于资料的整理和资料的系统性。在建筑结构施工阶段，建筑电气分部工程施工验收资料主要有：

1. 材料质量合格证明文件。

主要材料、器具和设备出厂合格证及进场验收记录等。

2. 施工图资料。

深化设计图纸、设计变更和洽商记录。

3. 施工组织设计和专项施工方案。

4. 预检记录。

包括电气配管安装预检记录，开关、插座、灯具的位置、标高预检记录，预留孔洞、预埋件的预检记录等。

5. 隐蔽工程记录。

包括预制构件内配管、现场施工与预制构件内配管接口、现场施工暗配管、防雷接地、引下线等隐蔽工程检查验收记录。

6. 电气照明通电试运行记录。

7. 工序交接合格等施工安装记录

主要包括电气配管施工记录、穿线安装检查记录、照明灯具安装记录、接地装置安装记录、防雷装置安装记录、避雷带、均压环安装记录。

8. 工程质量验收记录。

包括检验批、分项、子分部、分部质量验收记录。

## 10.4.8 装饰装修验收资料

对于部分外墙预制构件表面粘贴石材或面砖的状况，该类构件进场的装饰装修验收资料要求如下：

1. 材料质量合格证明文件。

主要材料、成品、半成品、配件出厂合格证及进场验收单、复试报告等。

2. 施工图资料。

深化设计图纸、设计变更和洽商记录。

3. 施工组织设计和专项施工方案。

4. 安全卫生和使用功能检验和检测记录。

5. 外墙板安装质量检查记录。

6. 施工试验记录，如面砖及石材粘贴试验、后置埋件拉拔试验、接缝淋水试验等。

7. 隐蔽工程验收记录。

## 10.4.9　轻质内隔墙安装验收资料

1. 轻质隔墙安装质量检查记录。
2. 施工试验记录，如面砖及石材粘贴试验、后置埋件拉拔试验等。
3. 隐蔽工程验收记录。

## 10.4.10　外门窗验收资料

1. 外门窗框、外窗扇、五金件及密封材料的质量证明文件和抽样试验报告。
2. 外门窗安装隐蔽验收记录。
3. 外门窗试验记录。
4. 外门窗施工记录。

## 10.4.11　围护结构节能验收资料

围护结构节能验收资料如下

1. 保温材料质量合格证明文件主要材料、成品、半成品、配件、器具和设备出厂合格证及进场验收单，复试报告等。
2. 施工图资料深化设计图纸、设计变更和洽商记录。
3. 施工组织设计和专项施工方案。
4. 预检记录包括预制构件中保温材料厚度、位置预检记录。
5. 现场对热桥部位处理措施。
6. 隐蔽工程检查验收记录。
7. 施工试验记录。

墙体节能工程使用的保温隔热材料，其导热系数、密度、抗压强度或压缩强度、燃烧性能、拉结件的锚固力试验。

8. 保温浆料的同条件养护试件试验，预制保温墙板的型式检验报告中应包含安装性能的检验。
9. 建筑外窗的气密性、保温性能、中空玻璃露点、现场气密性试验。外墙实体检测资料和现场外窗气密性节能检测资料。
10. 施工记录。有关保温的施工记录。
11. 工程质量验收记录。节能的项目应单独填写检查验收表格，做出节能项目检查验收记录，并单独组卷。

# 11 装配整体式混凝土工程成本控制

近年来国内的装配整体式混凝土结构方兴未艾，许多开发、设计、施工企业开始研究开发装配整体式混凝土结构的标准化、模数化、产业化、工业化和信息化技术，并做出了一些有益的尝试，从已建成的示范工程市场反应来看，普遍存在装配整体式结构的建设成本高于传统现浇结构的情况，这对装配整体式结构的发展和应用造成了不利的影响，本章从建筑造价构成的角度，剖析影响装配式结构造价的主要因素，研究降低装配整体式结构造价的技术措施、组织管理措施和经济手段，从经济性角度指明装配整体式结构的发展方向。

## 11.1 装配整体式混凝土结构专项工程责任成本

### 11.1.1 施工项目责任成本概述

施工项目责任成本是由施工企业组织内部有关职能部门，根据中标标书工程项目的施工组织设计、预算定额、企业施工定额、项目成本核算制度、资源市场各种价格预测等信息，根据工程不同的类别和特点及具体工程预制装配率的高低，确定某项目工程成本的上限。施工项目责任成本是项目经理部制定施工目标成本的和进行成本管理的基础依据。施工项目责任成本测算方法一般采用因素分解法，此时由于工程已确定，施工图纸已经设计完毕。

施工项目责任成本确定依据：

（1）施工企业同业主签订的合同及有关协议；

（2）施工图预算或投标报价书；

（3）施工企业同预制构件或部品专项生产分包合同及有关协议；

（4）有关材料和预制构件或部品价格信息或规定；

（5）企业有关工程项目管理的制度和规定。

### 11.1.2 两种不同施工方法的特点以及造价构成

1. 传统现浇结构施工方式建筑的造价构成

（1）传统建造方法的土建造价构成主要由直接费（含材料费、人工费、机械费、措施费）、间接费（主要为管理费）、利润、规费、税金组成，其中的直接费为施工企业主要支出的费用，是构成工程造价的主要部分，也是预算取费的计算基础，直接费的变化对工程造价高低起主要作用，间接费和利润根据企业自身情况可弹性变化，规费和税金是非竞争性取费，费率标准无法自由浮动。

（2）在建设标准一定的情况下，传统建造施工方法的人工、材料、机械消耗量可挖潜力不大，要降低造价，只有间接费和利润可以调整，由于成本、质量、工期三大因素相互制约，降低成本必将影响到质量和工期目标的实现。

2. 装配整体式结构施工方式的造价构成

（1）装配整体式结构的土建造价构成主要由直接费（含预制构件生产费、运输费、安装费、措施费）、间接费、利润、规费、税金组成，与传统方式一样，间接费和利润由施工企业掌握，规费和税金是固定费率，预制构件生产构件费用、运输费、安装费的高低对工程造价的变化起决定性作用。

（2）其中预制构件生产费包含材料费、生产费（人工和水电消耗）、模具费、工厂摊销费、预制构件企业利润、税金组成，运输费主要是预制构件从工厂运输至工地的运费和施工场地内的二次搬运费，安装费主要是构件垂直运输费、安装人工费、专用工具摊销等费用（含部分现场现浇施工的材料、人工、机械费用），措施费主要是防护脚手架、模板及支撑费用，如果预制率很高，可以大量节省措施费。

3. 装配整体式混凝土工程对传统设计方式有较大冲击，传统现浇方式施工和装配整体式施工由于设计因素对造价的影响是明显的，具体设计方式对造价的影响见表 11.1-1。

设计方式对造价的影响表　　　　　　　　　　表 11.1-1

| 对比内容 | 传统现浇结构 | 装配整体式结构 | 造价差异和对策 |
|---|---|---|---|
| 设计图纸内容对工程影响 | 设计技术成熟、简单，图纸量少，各专业图纸分别表达本专业的设计内容，结构专业用平法设计表示结构特征信息，采用常规绘图表现方法。<br>容易出现"错漏碰缺"等情况。<br>设计费便宜（30～50 元/m²） | 设计技术尚不成熟，图纸量大，除了各专业图纸分别表达本专业的设计内容外，还需要设计出每个预制构件的拆分图，拆分图上要综合多个专业内容，例如在一个构件图上需要反映构件的模板、配筋以及埋件、门窗、保温构造、装饰面层、留洞、水电暖通管线和部件、吊具等内容，包括每个构件的三视图和剖切图，必要时还要做出构件的三维立体图、整浇连接构造节点大样等图纸。<br>图纸内容完善、表达充分，构件生产不需要多专业配合，只要按图检点即可避免"错漏碰缺"的发生。<br>设计费较贵（100～500 元/m²） | 设计费的差异主要是构件拆分图工作量增加了设计成本，如果项目规模大，标准预制构件重复率高，模块种类就相对较少，设计费上升的比例就少，反之，项目规模越小，预制构件重复率越低，设计费上升的比例就越大。因此，应尽量优化深化设计，提高构件的重复率是控制设计费增加的有效手段 |
| 设计图纸内容对工程装饰的影响 | 材料消耗和损耗较高，跑冒滴漏严重，构件表面抹灰层往往高于设计标准，增加了建筑自重，抹灰层还占用一定室内使用面积 | 由于构件尺寸精准，可取消抹灰层，节约材料，建筑自重减轻 5%～10%，室内使用面积增加；可进一步优化主体和基础结构，节省造价；没有跑冒滴漏，降低了材料消耗和损耗 | 装配式建筑应优化设计，提高构件精度，使安装简便，可减少装饰修补的费用，节约成本 |

4. 装配整体式混凝土工程对传统施工方式有较大冲击，预制构件一般在专门的生产场区生产并运输到施工现场，生产场地的改变对造价的影响是明显的，具体由于预制构件生产方式的改变对造价的影响见表 11.1-2。

预制构件生产方式的改变对造价的影响表　　　　　　　　　表 11.1-2

| 对比内容 | 传统现浇结构 | 装配整体式结构 | 造价差异和对策 |
|---|---|---|---|
| 预制构件生产场地改变的影响 | 现浇构件价格主要取决于原材料、周转材料和施工措施，楼面和剪力墙的措施费最高，工艺条件差，影响质量经常造成返工，季节和天气变化造成施工效率下降也是成本上升的原因 | 预制构件生产主要依赖专业机械设备和模具，占用一定场地和采用运输车辆运输到施工现场提高成本，工人可以在一个工位同时完成多个专业和多个工序的施工，生产质量、进度、成本受季节和天气变化影响较小 | 提高建筑的预制率可以发挥装配整体式的优势，预制率过低将导致两种工艺并存，大量现浇工艺不能节省人力，同时又增加了施工机具的投入成本，装配式结构安装施工只有提高生产和施工的效率才能降低成本 |
| 预制构件质量影响 | 质量难以控制，普遍存在大量的质量通病 | 质量易于控制，基本消除各种质量通病，复杂构件的生产难度、运输风险较大 | 合理拆解构件降低生产难度，减少返工浪费可节约成本 |
| 管理费用 | 分包较多，专业交叉施工，管理难度大，工期长导致管理成本高 | 多个分部分项工程在工厂里集成生产，分包较少，管理成本低 | 能在厂里集成生产的尽量集成，减少分包，可节约管理成本 |
| 材料采购和运输 | 原材料分散采购和运输，采购单价较高 | 原材料集中采购和运输有价格优势，但增加了二次运输 | 由于存在二次运输，应选择项目就近的预制企业生产 |
| 增加固定资产影响 | 现浇方式所需周转材料一般为租赁，基本不需要太大的投入 | 预制生产企业的场地厂房、设备、模具投资较大，模具价格高昂，一般生产企业按照产能需要先行投资 $500\sim 1000$ 元/m³，全部要摊销在预制构件价格之中 | 应优化工艺流程，采用流水线生产提高生产效率降低摊销，采用专业模台或固定模台，延长使用寿命 |

　　5. 装配整体式混凝土工程对工程施工单位的传统施工方式有较大冲击，在同一工程中，预制构件安装工序和现浇混凝土浇筑工序、后浇混凝土浇筑工序并存，对工程造价的影响是明显的，传统施工方式的改变对造价的影响见表 11.1-3。

传统施工方式的改变对造价的影响表　　　　　　　　　表 11.1-3

| 对比内容 | 传统现浇结构 | 装配整体式结构 | 造价差异和对策 |
|---|---|---|---|
| 施工速度影响 | 现浇施工主体结构可做到 $3\sim5$ 天一层，各专业不能和主体同时交叉施工，实际工期为 7 天左右一层，各层构件从下往上顺序串联式施工，主体封顶完成总工作量的 50% 左右 | 构件提前发包，可做到各层的构件同时并联式生产，在同一构件生产过程可集成多专业的技术同时完成，现场装配式安装施工上可做到 1 天一层，实际 $3\sim4$ 天一层，主体封顶即完成总工作量的 80% | 如果预制率过低，工期仍由现浇部分决定（例如内浇外预制体系），拉长工期会造成重型吊装设备闲置浪费而增加成本 |
| 施工措施影响 | 满堂支撑脚手架模板系统，外防护架封闭到顶，不断重复搭拆，人工费用高 | 取消支撑脚手架模板系统，外工具式防护架只需要两层，周转使用，搭设费用低 | 楼面、楼梯采用预制构件可节省内脚手架和模板，外墙保温装饰在工厂一体完成，可节省外脚手架使用 |

6. 从设计、预制构件生产、施工安装等方面情况可以看出，建筑原材料成本可节约的空间有限，装配整体式结构要想取得价格优势，由于生产方式不同，直接费的构成内容有很大的差异，两种方式的直接费高低直接决定了造价成本的高低，如果要使装配整体式结构的建造成本低于传统现浇结构，就必须降低预制构件的生产、运输和安装成本，使其低于传统现浇方式的直接费，这就必须研究装配整体式结构的结构形式、生产工艺、运输方式和安装方法，从优化工艺、集成技术、节材降耗、提高效率着手，综合降低装配整体式工法的建设成本。

7. 优化设计对降低造价的设想

（1）优化装配式建筑设计，采用适合预制的设计方案，应满足建筑使用功能、模数、标准化要求，采用现浇与预制相结合的方式。

（2）根据模数协调原则标准，装配整体式混凝土结构上通用设计和生产标准化构配件，减少构件规格，提高模具周转次数。消除构件部品非标准化。结构构件以及楼梯、阳台、隔墙、空调板、管道井等配套构件、室内装修材料尽量采用工业化、标准化产品。

（3）采用主体结构、装修和设备管线的装配化集成技术。设备管线应进行综合设计、减少平面交叉，采用同层排水设计。厨房和卫生间的平面尺寸满足标准化整体橱柜及整体卫浴的要求。

（4）采用外墙装饰、保温与结构一体化成熟体系。外墙饰面采用耐久、不易污染的材料。采用反打一次成型的外墙饰面材料。做成"清水混凝土"和"装饰混凝土"，以减少后续装饰装修的成本。门窗采用标准化部件安装。

## 11.1.3　工程成本划分

1. 按成本控制需要，从成本管理时间来划分，可分为预算成本、计划成本和实际成本。

2. 按工程生产费用计入成本的方法来划分，可分为直接成本和间接成本。

3. 按照耗用对象和耗用层次来划分，可分为固定成本和变动成本。

## 11.1.4　施工项目责任成本确定

### 1. 人工费的确定

（1）人工费单价

由项目部同劳务分包方或作业班组签订的合同确定；一般按技术工种、技术等级和普通工种分别确定人工费单价，预制构件安装和套筒或金属波纹管灌浆工因当前较稀缺，单价应高于其他工种；按承包的实物工程量和预算定额计算定额人工，作为计算人工费费用的基础。如采用定额人工数量×市场单价、平方米人工费单价包干、每层预制构件安装人工费单价包干、预算人工费×（1+取费系数）。

（2）定额人工以外的零工

定额人工以外的零工，可以按定额人工的一定比例一次包死，或按照一定的系数包干，也可以按实计算。

（3）奖励费用

为了加快施工进度和提高工程质量，对于劳务分包方或作业班组，由项目经理或专业工长根据合同工期、质量要求和预算定额确定一定数额奖励费用。

### 2. 材料费的确定

材料费包括主要材料费、周转工具费和零星小型材料费。由于主要材料一般是由市场采购，其中的预制构件是委托专业单位加工制备。

预制构件材料费根据施工总包单位同生产厂家的合同确定，也可以将预制构件生产、安装均分包给一家专业公司。预制构件安装辅助材料应根据相似工程经验确定，安装辅助材料可以包含在安装专项分包合同内。

（1）施工现场主要材料费确定

$$材料费 = \sum（预算用量 \times 单价） \tag{11.1-1}$$

$$预算用量 = 实际工程量 \times 企业施工定额材料消耗量 \tag{11.1-2}$$

当企业没有施工定额时，可以采用如下公式：

$$施工定额材料消耗量 = 预算定额材料消耗量 \times（1 - 材料节约率） \tag{11.1-3}$$

材料费的高低，同消耗数量有关，又与采购价格有关。即在"量价分离"的条件下，既要控制材料的消耗数量，又要控制材料的采购价格，两者不可缺一。一是采用当地的市场指导价，二是当地工程建设造价管理部门发布的《材料价格信息》中的中准价；三是预算定额中的计划价格；预制构件由于类似工程偏少，只能参考各地的工程补充定额。

（2）零星小型材料费

主要指辅助施工的低值易耗品以及定额内未列入的其他小型材料，其费用可以按照定额含量乘以适当降低系数包干使用，也可以按照施工经验测算包干。

（3）周转工具费

周转工具一般是从市场租赁，情况各不相同，分别采用不同的方法确定。

降低周转工具费是降低施工成本的重要方面，周转工具费有两种方法确定，一般按照预算定额含量乘以适当的降低系数确定，也可以根据施工方案中的具体数量确定计划用量，再根据计划用量乘以租赁单价确定。装配式整体式结构由于大量预制构件使用，模板、钢架管扣件等周转工具使用量大大减少，传统的满堂脚手架或悬挑钢管脚手架不需搭设，采用独立钢支撑和钢斜撑及专业轻便工具式钢防护架即可，但是预制构件运输和堆放需要从市场租赁专用插放架或靠放架也会产生租赁费用，故周转工具费用综合平衡后会有一定幅度的降低。

### 3. 机械费的确定

由定额机械费和大型机械费组成，由于装配整体式混凝土结构使用塔式起重机、履带式起重机或汽车起重机，其吨位较大，使用频次较多，定额机械费根据施工实际工程量和预算定额中的机械费计取可能不够，机械费也会随着预制构件数量和单件重量增加而增加，因此应根据实际使用大型机械适当按一定比例摊销。由于施工现场减少了现浇混凝土构件的钢筋制作、模板加工及混凝土泵送，因此钢筋、模板加工的机械消耗及泵送机械的使用量大幅度降低。

### 4. 其他直接费

其他直接费例如季节施工费、材料二次搬运费、生产工具用具使用费、检验试验费和特殊工种培训费等由项目部统一核定。由于装配整体式混凝土当前经验正在积累，上述几项费用近期仍会一定程度上升，分摊到专项工程责任成本内，随着装配整体式混凝土不断增多，预制构件安装施工经验积累足够多，上述几项费用近期将会下降。

# 11.2 装配整体式混凝土结构专项分包目标成本

专项分包目标成本是由项目部有关人员根据工程实际情况和具体方案，在专项工程责任成本基础上，通过采用先进的管理手段和技术进步措施，进一步降低成本后确定的项目部内部指标，是进行项目部对于专项施工成本控制的依据。可以作为岗位责任成本和签订项目内部岗位责任合同的经济责任指标。专项分包目标成本分为专项分包目标成本和专项分包项目成本计划两部分。

## 11.2.1 专项工程分包形式

### 1. 劳务分包

专项劳务分包形式就是有施工总承包方负责提供机具、材料等物质要素，并负责工期、质量、安全等全面管理，专项分包方只提供专项劳务服务的分包形式。

### 2. 专项分包

专项分包一般为包工包料，即专项分包方负责提供所需材料、机具和人工并对专项分包施工全过程负责。施工总承包方负责总包管理，并对专项分包的各项指标负责。装配整体式混凝土结构安装预制构件工序或钢套筒灌浆工序适用于专项分包。

## 11.2.2 专项分包目标成本编制依据

专项分包目标成本是根据施工图计算的工程量及专项施工方案、专项分包合同或劳务分包合同，项目部岗位成本责任控制指标确定。

专项分包目标成本公式如下：

$$专项分包目标成本 = 专业分包工程量 \times 市场价[1 - (1\% \sim 5\%)] \qquad (11.2-1)$$

## 11.2.3 专项分包目标成本确定

### 1. 人工费目标成本

当前，装配整体式混凝土结构施工安装熟练程度较低，专业分包人工费实际支出大大超过预算定额的现象非常普遍，因此，在项目施工成本管理中，应通过加强安装施工技能培训和演练，预算管理、经济签证管理和分包管理，确保工程量不漏算，分包人工费不超付，对于预制构件安装或部品安装应实事求是的确定基数，实行小包干管理。人工费降低率由项目经理组织有关人员共同协商确定。

$$人工费目标成本 = 项目施工责任成本人工费 \times (1 - 降低率) \qquad (11.2-2)$$

### 2. 主要材料费目标成本

材料种类多数量大、价值高，是成本控制的重点和难点，一般采用如下两种方法。

（1）加权平均法

由工程造价人员根据工程设计图纸列出材料清单，由项目经理、材料员和专业施工员从材料价格和数量两方面综合考虑，逐一审核确定材料费降低率。

（2）综合系数评估法

根据以前相似工程的材料用量和材料降低率水平，采取分别预估，取其平均值的方法，根据经验系数确定材料成本降低率。

**3. 周转工具费目标成本**

周转工具费的目标成本可根据专项施工方案和专项工程施工工期，合理计算租赁数量和租赁期限，确定费用支出和租赁费的摊销比例，装配整体式混凝土建筑当预制率较高时，模板及相应支撑脚手架数量应用较少，独立钢支撑、钢斜撑材料和人工使用较多，外防护脚手架或悬挑脚手架将由专业轻便工具式钢防护架代替，因此周转工具费会降幅明显。

**4. 机械费目标成本**

由于预制构件普遍较重，必须使用较大吨位的塔式起重机，也可以用移动式起重机械，如履带起重机或汽车起重机，故起重吊装及运输费用将会明显增多，通过预测使用的小型机械或小型电动工具的使用期限、租赁费用和购置费用，并考虑一定的修理费用进行汇总，再同预算收入比较，得出定额机械费的成本降低率。

**5. 安全设施和文明施工费目标成本**

装配整体式混凝土结构由于临边施工范围较少，一层到二层轻质工具式钢外防护架可以从最下层预制构件周转使用到最上层，可大大节省安全设施费用，施工现场文明施工要求标准也由较为完善，安全设施和文明施工费应根据各地建设主管部门有关规定和工程实际情况，确定一定的安全设施和文明施工费目标成本数额。

## 11.2.4 专项分包项目成本计划

专项分包项目成本计划是根据项目的目标成本制定的成本收入与成本支出计划，将成本收入与成本支出计划落实到专业施工员、作业班组、劳务队具体操作人员，分工明确，责任到人。

**1. 专项分包项目成本计划编制原则**

（1）实际发生原则：对于专业分包项目而言，在编制项目月度成本计划时要考虑专业分包工程在本月是否发生，如果发生，应按进度计划的要求，确定专业分包工程的工程量。

（2）收支口径一致的原则：适用于机械（工具）分包或材料分包。

**2. 专项分包项目施工成本收入的确定**

（1）专业分包工程成本收入：

$$专业分包成本收入 = \frac{当月计划完成分包工程量}{分包工程量} \times 分包造价 \qquad (11.2\text{-}3)$$

（2）机械（工具）分包成本收入：

$$机械（工具）分包成本收入 = \frac{当月计划完成分包工程量}{分包工程量} \times 分包造价 \qquad (11.2\text{-}4)$$

（3）专项材料分包成本收入：

$$专项材料分包成本收入 = \frac{当月计划完成分包工程量}{分包工程量} \times 分包造价 \qquad (11.2\text{-}5)$$

### 3. 专项分包项目施工成本支出的确定

（1）专业分包工程成本支出：

$$专项分包成本支出 = 实际完成工程量 \times 分包单价 \qquad (11.2-6)$$

$$专项分包成本支出 = \frac{当月计划完成分包工程量}{分包工程量} \times 分包总价 \qquad (11.2-7)$$

（2）机械（工具）分包成本支出：

$$机械（工具）分包成本支出 = \frac{当月计划完成分包工程量}{分包工程量} \times 分包总价 \qquad (11.2-8)$$

（3）专项材料分包成本支出：

$$专项材料分包成本支出 = \frac{当月计划完成分包工程量}{分包工程量} \times 分包总价 \qquad (11.2-9)$$

# 11.3　装配整体式混凝土结构专项成本过程控制

## 11.3.1　专项成本过程控制内容

专项分包成本过程控制，通常是指在项目施工成本的形成过程中，对形成成本的要素，即施工所耗费的人力、物力、机械和各种费用进行监督、调节和限制。预防发现和纠正偏差，从而把各项费用控制在目标成本的预定范围内。专项分包成本控制分两方面。既要对专项分包成本进行控制，也要对专项分包控制成本的管理体系是否健全、是否按规定运行进行管理和控制。

### 1. 专项成本管理体系建设质量的控制

考虑到专项施工的特点和分包方式的不同，施工环境的不同，首先应建立专项成本控制管理体系并具备适应性、可调性和可运行性。

### 2. 专项成本控制管理体系运行质量的控制

专项成本控制管理体系运行质量的控制表现在运行的完整性、时效性和真实性，并应正常运行。

（1）专项成本控制管理体系运行完整性：第一是指成本管理体系所设定的各项制度、程序在工程项目管理相关部门和相关岗位都能全面执行；第二是指专项成本管理体系所设定的各项制度、程序在时间上必须覆盖工程项目施工从工程成本计划编制、施工成本预测到工程竣工、工程成本决算的全过程；第三是指成本管理体系所设定的各项制度、程序运行必须覆盖工程项目施工管理的全部空间。

（2）专项成本控制管理体系运行的时效性：指运行过程控制的每一时段的成本计划是否及时编制，否则控制成本失去依据，造成成本管理失控；各项成本支出统计是否及时，综合分析和处理是否及时，否则信息得不到及时反馈，检查缺少依据，也会造成成本管理失控。

（3）专项成本控制管理体系运行的真实性：由于工程项目施工过程涉及面广，数据量大，准确性存在一定难度，因此，应在成本管理和控制中引进计算机及其网络技术等现代化管理和控制手段，同时提高成本管理人员的素质，切实提高专项成本控制管理体系运行的真实性。

### 11.3.2　专项工程成本控制原则

为了搞好专项工程成本控制，在施工成本控制管理中应当遵循以下原则。

#### 1. 项目全员成本控制原则

专项工程成本控制综合性很强，涉及项目施工成本的每一个要素以及项目部各个部门，工程成本控制牵扯到所有人员，如生产企业管理人员，作业班组，更最重要的是总包施工企业的项目部管理人员、作业班组、劳务队和操作工人。只有全员努力，才能将专项工程成本控制在计划范围内。

#### 2. 施工全过程成本控制原则

预制构件结构安装专项工程要经历预制构件加工、运输、施工准备、预制构件施工安装、专项验收、主体工程验收、工程竣工、回访保修等各个阶段，各个阶段均要有人力、物力、机械费用的消耗和管理费用的支出。由于每一个项目具有一次性的特点，因此施工过程成本控制是成本控制的重点，就是对于施工每一道工序均应控制人力、材料和机械费用及管理费用的消耗，因此工程只有从施工准备一直到工程竣工，乃至到使用保修期均要对成本进行控制，整个工程成本才能降低。

#### 3. 适时原则

成本发生过程控制的时段越短越好，最好是边干边算，适时控制，当每道工序执行完毕，操作人员应进行自我成本核算，算一算该道工序成本的节约还是超支，及时优化。

#### 4. 成本目标风险分担的原则

将项目成本指标按岗位设置情况逐项分解，落实到每个管理人员头上，做到成本控制人人有责，同时赋予相关人员一定的权力和利益，保证成本控制真正有效。

#### 5. 开源与节流相结合的原则

节约是项目经济效益的核心，通过节约可以有效的控制成本支出；但是不能忽视开源的重要性，例如，做好现场设计变更经济签证和经济索赔工作，增加附加收入，也是降低成本提高经济效益的有效途径。

#### 6. 例外管理原则

例外管理原则起源于西方决策科学中的例外原则，通常是有一些不经常出现的例外问题，往往是关键问题，对成本目标的完成有较明显的影响，通过例外管理来保证顺利进行。

### 11.3.3　专项工程成本控制方法

#### 1. "两算"对比方法

（1）工程量清单计价或定额计价是反映生产建筑产品平均劳动消耗水平，作为施工企业对外投标和同业主结算和业主付款的依据。

施工预算则是反映施工企业自身的技术和管理水平，是劳力、材料和机械使用费用具体的细化，是对作业班组或劳务队结算和进行工料分析的依据。施工定额是施工企业组织生产和加强企业内部管理，在企业内部使用的一种定额。属于企业生产定额的性质，它是以同一性质的施工过程为测定对象，规定建筑作业班组或劳务队，在正常施工条件下完成单位合格产品所需消耗的人工、材料和的数量标准。

（2）施工定额作用

施工定额是衡量工人劳动生产率的主要标准；施工定额是施工企业编制施工组织设计和施工作业计划的依据；施工定额是专业工长向作业班组或操作工人签发施工任务单和限额领料的基本依据；施工定额是编制预算定额、工程量清单和单位估价表的基础；施工定额是项目部加强成本核算和实现专项承包的基础。

（3）施工定额分类

施工定额分为劳动消耗定额、材料定额、机械台班消耗定额，预制构件和部品采用临时定额。

1）劳动消耗定额

劳动消耗定额是在一定生产技术组织条件下，生产质量合格的单位产品所需要的劳动消耗标准。一般用工日表示，如工日/m³，工日/m²，工日/t。

2）材料消耗定额

材料消耗定额是指在合理和节约使用材料的条件下，生产质量合格的单位产品所必须消耗的一定品种规格的材料、燃料、半成品、构件和水电等动力资源的数量标准。

3）机械台班消耗定额

机械台班消耗定额是指在合理劳动组织和合理使用机械正常施工条件下，由熟练工人或作业班组操作使用机械，完成单位产品所必须消耗的机械工作时间。一般用台班表示。

（4）以目标成本控制支出

可根据项目经理部制定的目标成本控制成本支出，实行"以收定支"或"量入为出"的方法。将采用工程量清单计价或定额计价产生的设计预算同施工预算比较，两者考虑的角度和粗细程度均不同。可以比较工程量清单计价或定额计价在材料的消耗量、人工的使用量和机械费用的摊销方面的差异，作出降低成本的具体方法。

**2. 人工费控制**

近年来，人工费增长远远超过工程造价增长，人工费占用工程造价的比重由过去的百分之十几变成百分之三十甚至更多，这就要求项目部应根据工程特点和施工范围，通过招标方式或内部商议确定劳务队和操作班组，对于具体分项应该按定额工日单价或平方米包干方式一次包死，控制人工费额外支出。

**3. 材料费控制**

（1）材料费控制是专项成本控制的重点和难点，要制定内部材料消耗定额，由于材料费用占工程成本的60%以上。因此，应控制材料的消耗量和进场价格两个方面，实施限额领料是控制材料成本的关键。

（2）预制构件由于生产厂家定制加工，没有多余构件备存，因此，每个构件质量和尺寸非常关键，一旦有一根或一块预制构件损坏报废，将会造成工程进度和经济损失，工程成本将会增加较多。

（3）材料消耗量控制

1）编制材料需用量计划，特别是编制分阶段需用材料计划，给采购进场留有充裕的市场调查和组织供应时间。材料进场过晚，影响施工进度和效益，材料进场早，储备时间过长，则要占用资金和场地，增大材料保管费用和材料损耗，造成材料成本增加。

2）编制预制构件需用量计划，特别是编制分阶段预制构件需用材料计划，给预制构件进场留有充裕的市场调查和组织供应时间。预制构件进场过晚，影响施工进度和效益，预制构件进场早，储备时间过长，则要占用资金和场地，增加现场二次倒运费用，材料保管费用和材料损耗增大，造成材料成本增加。对于新材料、新技术、新工艺的出现，如灌浆料、坐浆料、钢套筒、金属波纹管、金属连接件等由于缺乏经济资料，因此，应及时了解市场价格，熟悉新工艺，测算相应的材料、人工、机械台班消耗，自编估价表并报业主审批。

3）材料领用控制

实行限额领料制度，具体是专项施工员对作业班组或劳务队签发领料单进行控制，材料员对专项施工员签发的领料单进行复检控制。

4）工序施工质量控制

每道工序施工质量好坏将会影响下道工序的施工质量和成本，例如预制构件之间的后浇结构混凝土墙体平整度、垂直度较差，将会使室内抹面砂浆或水泥抗裂砂浆厚度增加，材料用量和人工耗费均会增加，成本会相应增加，因此，应强化工序施工质量控制。

5）材料计量控制

计量器具按时检验、校正，计量过程必须受控，计量方法必须全面准确。

（4）材料进场价格控制

由于市场价格处于变动之中，因此，应广泛及时多渠道收集材料价格信息，多家比较材料的质量和价格，采用质优价廉的材料，使材料进场价格应尽量控制在工程投标的材料报价之内。对于新材料的出现，由于缺乏经济资料，因此，应及时了解市场价格信息，确定比较准确的市场价格。

**4. 周转工具使用费的控制**

（1）当前，装配整体式混凝土结构独立钢支撑和钢斜支撑使用较多，部分工程由于考虑现浇混凝土所占比较大，也会采用承插盘扣式脚手架或钢管扣件式脚手架。但是基本上均是总包单位外租赁为主，具体控制措施如下：

$$周转工具使用费 = （租用费用 \times 租用时间 \times 租赁单价）$$
$$+ 自购周转材料领用部分的合计金额 \times 摊销费 \qquad (11.3-1)$$

（2）在施工阶段通过合理安排施工进度，采用网络计划进行优化，采用先进的施工方案和先进周转工具，控制周转工具使用费低于专项目标成本的要求。

（3）在施工阶段减少周转工具租赁数量，控制周转工具尽可能晚些进场时间，使用完闭后尽可能早退场，选择质优价廉的租赁单位，降低租赁费用。

（4）对作业班组和操作工人实行约束和奖励制度，减少周转工具的丢失和损坏现象。

**5. 机械使用费控制**

由于预制构件重量和形状的限制，部分工程只有使用起重量或起重力矩较大的塔式起重机、履带起重机或汽车起重机，因此市场上此类大型塔式起重机、履带起重机或汽车起重机较少，无论施工单位自行采购或外出租赁，将会比传统施工方法使用的起重机械增加较多的费用，要想机械使用费控制在一定范围内，首先应同业主明确机械使用费控制上限，大型机械应控制租赁数量，压缩机械在现场使用时间，提高机械利用率，选择质优价廉的租赁单位，降低租赁费用。对于小型机械和电动工具购置和修理费，采用由操作班组或劳务队包干使用的方法控制。

### 6. 其他

加强定额管理，及时调整经济签证，特别是预制构件生产或安装应深入分析现有混凝土结构，通过众多竣工工程的决算经济资料，得出装配式建筑的造价资料，提出针对性的补充定额，对于施工过程中出现的设计变更，应及时办理经济签证。分项工程完工后及时同业主进行工程结算，使得工程成本可控合理，为进一步降低装配式建筑施工成本提供坚实经济基础。

## 11.4　施工项目专项成本核算和分析

### 11.4.1　项目施工成本核算

项目施工成本核算是对施工过程所直接发生的各种费用进行项目施工成本核算，确定成本盈亏情况，是项目施工成本管理的重要步骤和内容之一，是施工项目进行施工成本分析和考核的基础，是对目标成本是否实现的检验。其中，专项分包项目的成本核算一般采用成本比例法或单项核算法。

#### 1. 成本比例法

就是把专业分包工程内的实际成本，按照一定比例分解为人工费、材料费（含预制构件加工费）、机械费、其他直接费，然后分别计入相应项目的成本中。分配比例可按经验确定，也可根据专业分包工程预算造价中人工费、材料费、机械费、其他直接费占专业分包工程的总价的比例确定。

采用成本比例法时，当月计入成本的专项分包造价按照下式确定：

人工费（材料费、机械费、其他直接费）＝当月实际完成的专项分包工程×分配比例

$$(11.4-1)$$

#### 2. 成本单项核算法

成本单项核算法比较简单，适用于专项分包工程成本核算，只要能够掌握专项分包工程成本收入和成本支出，通过两者对比，可以对专项分包成本进行核算，计算出成本降低率，它是由成本收入和成本支出之间对比得到的实际数量。

$$专项分包项目的成本核算降低率＝\frac{专项分包成本收入－实际支出}{专项分包成本收入}×100\%$$

$$(11.4-2)$$

施工项目的成本分析根据统计核算、业务核算和会计核算提供的资料，对项目成本的形成过程和影响成本升降的因素进行分析，寻求进一步降低成本的途径，包括项目成本中有利偏差的调整。

### 11.4.2　专项成本偏差分析

专项工程成本偏差的数量，就是对工程项目施工成本偏差进行分析，从预算成本、计划成本和实际成本的相互对比中找差距。成本间相互对比的结果，分别为计划偏差和实际偏差。

#### 1. 专项成本计划偏差

专项成本计划偏差是预算成本与计划成本相比较的差额，它反映成本事前预控制所达

到的目标。

$$计划偏差 ＝ 预算成本 － 计划成本 \qquad (11.4\text{-}3)$$

预算成本可分别指工程量清单计价成本、定额计价成本、投标书合同预算成本三个层次的预算成本。计划成本是指现场目标成本即施工预算。两者的计划偏差，也反映计划成本与社会平均成本的差异；计划成本与竞争性标价成本的差异；计划成本与企业预期目标成本的差异。如果计划偏差是正值，反映成本预控制的计划效益。

$$计划成本 ＝ 预算成本 － 计划利润 \qquad (11.4\text{-}4)$$

在一般情况下，计划成本应该等于以最经济合理的施工方案和企业内部施工定额所确定的施工预算。

### 2. 专项成本实际偏差

专项成本实际偏差是计划成本与实际成本相比较的差额，它反映施工项目成本控制的实际，也是反映和考核项目成本控制水平的依据，特别是装配整体式混凝土结构由于预制构件安装经验仍不够丰富，实际成本可能偏差较大，只有更多的装配整体式混凝土结构施工经验的积累。预制构件安装及辅助工程的实际成本才能准确，装配整体式混凝土结构计划成本同实际成本偏差更小。

$$实际偏差 ＝ 计划成本 － 实际成本 \qquad (11.4\text{-}5)$$

分析成本实际偏差的目的，在于检查计划成本的执行情况。正差意味着有盈利，负差反映计划成本控制中存在缺点和问题，应挖掘成本控制的潜力，缩小和纠正目标偏差，保证计划成本的实现。

## 11.4.3　专项成本具体分析

### 1. 人工费分析

（1）根据人工费的特点，工程项目在进行人工费分析的时候，应着重分析执行预算定额或工程量清单计价方法是否认真，人工费单价有无抬高和对零工数量的控制，当前，装配整体式混凝土结构工程的人工费仍然偏高，随着装配整体式混凝土结构工程规模效应显现，人工费将会下降。

（2）人工、材料、机械等三项直接生产要素的费用内容的差异分析如下。

1）从人工的消耗数量看，根据装配整体式混凝土结构特点分析，由于预制装配式混凝土结构体系减少了大量的湿作业，现场钢筋制作、模板搭设和浇筑混凝土的工作量大多转移到了产业化预制构件加工企业内部。因此，施工现场钢筋工、木工、混凝土的数量大幅度减少。同时，由于预制构件表面平整，可以实现直接刮腻子、刷涂料。因此，施工现场减少了抹灰工的使用量。

2）此外预制剪力墙、预制柱、预制梁、预制挂板、预制楼板、预制楼梯等构件存在构件之间连接及接缝处理的问题，因此，施工现场增加了钢套筒或金属波纹管灌浆处理、墙体之间缝隙封闭、叠合层后浇混凝土等的用工。同时增加了预制构件吊装和拼装就位用工。

3）施工现场只需要搭设外墙工具式钢防护架，传统的外防护架和模板支撑架也不需搭设，大大减少了外墙钢管脚手架的搭设用工。

4）从人工工资单价看，传统现浇模式下使用大批量的劳务用工人员，教育程度良莠不齐，文化程度普遍不高。预制装配式施工使用受过良好的教育和专业化的培训现代产业化工人，文化程度和专业化普遍较高。相对而言，预制装配式结构体系下的人工工资单价稍高。

**2. 材料费分析**

（1）采取差额计算法

在进行材料费分析的时候，要采取差额计算法。

分析数量差额对材料费影响的计算公式为

$$（定额材料用量 — 实际材料用量）× 材料市场指导价 \tag{11.4-6}$$

分析材料价格差额对材料费影响的计算公式为

$$（材料市场指导价 — 材料实际采购价）× 定额材料消耗数量 \tag{11.4-7}$$

（2）装配式建筑材料费分析。从材料的消耗量看，由于预制混凝土结构体系和传统现浇结构体系在施工内容和施工措施方案上的差异，施工现场减少了模板、商品混凝土、钢筋、脚手架、墙体砌块、抹灰砂浆等材料。同时，预制装配式混凝土结构体系中的构件连接，增加了钢套筒灌浆材料及墙缝处理用的胶条等填充材料。另外，由于某些材料已经作为预制构件的一部分预制到构件中，如墙体模塑聚苯板、挤塑板保温、接线盒、电器配管配线等，施工现场的这些材料使用量也大大减少。

（3）装配式建筑材料费增加原因

从材料的单价看，预制装配式结构中采用大量的预制构件。供货商相对稳定，质量检验到位，可成批量、按需要的供货、检验。如果预制构件标准化、模数化形成，价格将会相对较低。但由于目前预制构件生产厂家相对较少，预制装配式住宅也只是处于示范阶段，预制构件生产厂家长期处于不饱和的生产状态，导致预制构件价格中分摊的一次性投入较高，再加上预制构件组合了施工现场的多个施工内容，目前预制构件的实际价格相对较高。预制构件设计集成与传统现浇构件的对比见表 11.4-1，生产与安装方面用材的对比见表 11.4-2。

**预制构件设计集成与传统现浇混凝土构件用材的对比**　　　　　　　　表 11.4-1

| 项　目 | | 预制装配式 | 传统施工模式 |
|---|---|---|---|
| 单个构件 | 统计口径 | 混凝土外墙包括外墙保温做法及连接件，电气方面的预埋管、配电箱箱体、接线盒吊装埋设的吊钩等，出厂价中相应考虑全部费用，相应造价较高 | 建筑专业、结构专业同安装专业不一致，分别计算费用；核算混凝土单价时一般不含安装专业费用；相应造价较低 |
| | 设计增加内容 | 预埋件（调节件、固定件、吊环）、防水胶、PE胶条、物联网芯片等，相应造价较高 | 没有增加，相应造价较低 |

**生产与安装方面用材的对比**　　　　　　　　表 11.4-2

| 项　目 | | 预制装配式 | 传统施工模式 |
|---|---|---|---|
| 钢筋类型 | 楼板 | 预应力钢筋、冷拔低碳钢丝，相应造价较高 | HPB300 钢筋，HRB400 螺纹钢筋，相应造价较低 |
| | 墙体 | 冷轧带肋钢筋，HRB400 螺纹钢筋，钢套筒，金属波纹管，相应造价较高 | HPB300 钢筋，HRB400 螺纹钢筋，相应造价较低 |

续表

| 项　目 | | 预制装配式 | 传统施工模式 |
|---|---|---|---|
| 模板类型 | 所有构件 | 定型钢模板、混凝土加工场地、预制构件生产线。钢模板周转次数多，但一次性投入大，相应造价较高 | 竹、木胶合板模板；相应造价较低；铝合金模板造价较高 |
| 混凝土强度等级 | 楼板 | 钢筋桁架板为C30、40，相应造价偏高 | C25、C30，相应造价较低 |
| | 墙体 | 不低于C30，相应造价较高 | C25、C30，相应造价较低 |
| 混凝土养护 | 所有构件 | 采用蒸养工艺，相应造价较高 | 采用自然养护，相应造价较低 |
| 周转工具 | | 独立钢支撑、钢斜撑用量小，摊销成本低 | 钢管扣件式脚手架、盘扣式脚手架用量大，摊销成本高 |
| 预制构件生产 | | 均采用自动控制系统、自动加工系统，构件的场内、外运输、码放等，相应造价较高 | 相应造价较低 |

　　从表11.4-1和表11.4-2中对预制装配式混凝土构件和传统现浇混凝土构件各方面的对比看，预制装配式混凝土构件的直接成本要比传统现浇混凝土构件高，再加上预制混凝土构件分摊了大量的工厂土地费用、工厂建设费用、生产设备流水线的投入，其价格相对加高，直接造成了目前预制装配式混凝土结构体系造价高于传统现浇模式。

　　（4）材料消耗分析

　　材料消耗包括材料的操作损耗、管理损耗和盘盈盘亏，是构成材料费的主要因素。

　　（5）材料采购价格分析

　　材料采购价格是决定材料采购成本和材料费升降的重要因素。因此，在采购材料时，一定要选择价格低、质量好、运距近、信誉高的供应单位。当前，由于预制构件和部品种类繁多，生产企业较少，价格普遍偏高，分析材料采购获得情况的计算公式如下：

$$材料采购收益＝（材料市场指导价—材料实际采购价）×材料采购数量 \qquad (11.4\text{-}8)$$

　　（6）材料采购保管费分析

　　材料采购保管费也是材料采购成本的组成部分，包括材料采购保管人员的工资福利、劳动保护费、办公费、差旅费，以及材料采购保管过程中，发生的固定资产使用费、工具用具使用费、检验试验费、材料整理及零星运费、材料的盈亏和毁损等。

　　在一般情况下，材料采购保管费的多少，与材料采购数量同步增减，即材料采购数量越多，材料采购保管费也越多。因此，材料采购保管费的核算，也要按材料采购数量进行分配，即先计算材料采购保管费支用率，然后按利用率进行分配。材料采购保管费使用率的公式如下：

$$材料采购保管费使用率＝\frac{计算期实际发生的材料采购保管费}{计算期实际采购的材料总值}×100\% \qquad (11.4\text{-}9)$$

　　从上述公式看，材料采购保管费用使用率，就是材料采购保管费占材料采购总值比例。如前所述，这两个数字应同步增减，但不可能同比例增减，有时采购批量越大，而所发生的采购保管费却增加不多。因此，定期分析材料保管费对材料采购成本的影响，将有助于节约材料采购保管费，降低材料的采购成本。其分析的方法，可采用"对比法"，即与上期比，与去年同期比，与历史最低水平比，与同行业先进水平比。对比的目的在于寻找差距，寻找节约途径，减少材料采购保管费支出。

（7）材料计量验收分析

材料进场（入库），需要计量验收。在计量验收中，有可能发生数量不足或质量、规格不符合要求等情况。对此，一方面要向材料供应单位索赔；另一方面，要分析因数量不足和质量、规格不符合要求而对成本的影响。

（8）现场材料管理效益分析

现场的材料、构件，按照平面布置的规定堆放有序，既可保持场容整洁，减少丢失现象，又可减少二次搬运费用。

**3. 储备资金分析**

储备资金分析应根据施工需要合理储备材料，减少资金占用，减少利息支出。

**4. 周转材料分析**

（1）工程施工项目的周转材料

工程施工项目的周转材料，主要是钢支撑、钢斜支撑、钢管、扣件、安全网和竹木胶合板、钢模板、铝模板。周转材料在施工过程中的表现形态：周转使用，逐步磨损，直至报损报废。因此，周转材料的价值也要按规定逐月摊销。实行周转材料内部租赁制的，则按租用数量、租用时间，由租赁单位定期向租用单位收费。根据上述特点，周转材料分析的重点是周转材料的周转利用率和周转材料的赔损率的高低。

（2）周转材料的周转利用率。周转材料的特点，就是在施工中反复周转使用，周转次数越多，利用效率越高，经济效益也越好。总体来看，装配整体式结构周转材料可使用量和费用比传统现浇结构降幅较大。

对周转材料的租用单位来说，周转利用率是影响周转材料使用费的直接因素。

例［11.4-1］　某装配式结构工程项目向社会某单位租用钢支撑和钢斜支撑 10000m，租赁单价为 0.05 元/d·m，计划周转利用率 85%。后因加快施工进度，使钢支撑和钢斜撑的周转利用率提高到 95%，应用"差额计算法"计算可知：

$$可少租钢支撑和钢斜撑 = (95\% - 85\%) \times 10000m = 1000m$$

$$每日减少钢支撑和钢斜撑租赁费 = 1000m \times 0.05 元/(d·m) = 50 元/d$$

（3）周转材料赔损率分析。由于周转材料的缺损要按原价赔偿，对企业经济效益影响很大。特别是周转材料的缺损，所以只能用进场数减退场数进行计算。由此，周转材料赔损率的计算公式

$$周转材料赔损率 = \frac{周转材料进场数 - 周转材料退场数}{周转材料进场数} \times 100\% \qquad (11.4\text{-}10)$$

# 11.5　降低装配整体式建筑专项工程成本具体措施

## 11.5.1　施工管理阶段降低成本诸项具体措施

施工管理阶段施工成本控制不仅仅依靠控制工程款的支付，更应从多方面采取措施管

理，通常归纳为：组织措施、技术措施、经济措施、管理措施。

### 1. 组织措施

（1）组织措施的保障

组织措施是其他各类措施的前提和保障，施工成本管理的组织方面采取的措施，一般不需要什么费用。完善高效的组织可以最大限度的发挥各级管理人员的积极性和创造性，因此必须建立完善的、科学的、分工合理的、责权利明确的项目成本控制体系。实施有效的激励措施和惩戒措施，通过责权利相结合，使责任人积极有效地承担成本控制的责任和风险。

（2）成本控制体系建立

项目部应明确施工成本控制的目标，建立一套科学有效的成本控制体系，根据成本控制体系对施工成本目标进行分解，并量化、细化到每个部门甚至于第一个责任人，从制度上明确每个责任部门、每个责任人的责任，明确其成本控制的对象、范围。同时，要强化施工成本管理观念，要求人人都要树立成本意识、效益意识，明确成本管理对单位效益所产生的重要影响。

### 2. 技术措施

（1）技术措施筹划

采取技术措施作用是在施工阶段充分发挥技术人员的主观能动性，寻求出较为经济可靠的技术方案，从而降低工程成本。它不仅解决施工成本管理过程中的技术问题，更能纠正施工管理目标偏差。加强施工现场管理：严格控制施工质量。

对设计变更进行技术经济分析，严格控制设计变更；继续改进优化设计方案，挖掘成本节约潜力。

（2）编制施工组织设计

工程中标后，项目部必须立即组织力量，充分考虑当地自然环境、水文地质、气象气候和交通运输等条件，编制科学合理的施工组织设计，作为编制施工预算的依据。确定最佳预制构件安装施工方案，最适合的吊装施工机械、设备使用方案；审核预制构件生产企业编制的专项生产施工组织计划，对专项生产方案进行技术经济分析等。

（3）起重机械选择

施工组织设计编制要优化起重机械选型及现场平面布置，装配式结构起重机选型是实现安全生产、工程进度目标的重要环节。选型前，首先了解掌握项目工程最大预制构件的重量，根据塔式起重机半径吊装重量确定。避免选择起重能力不满足预制构件吊装重量要求的塔式起重机，提高起重吊装机械使用率，吊装预制构件的塔式起重机还要兼顾考虑现场钢筋、模板、混凝土、砌体等材料的竖向运输问题，或者选择其他种类起重机械配合使用，使得吊装施工所发生的费用保持较低水平。

（4）预制构件场地布置

合理规划布置现场堆放预制构件场地，现场施工道路要满足预制构件车辆运输通行要求，预制构件进场后的临时存放位置，必须设置在塔机起吊半径的范围之内，避免发生二次倒运费用。

### 3. 经济措施

（1）材料费的控制

材料费一般占工程全部费用的60%以上，直接影响工程成本和经济效益，主要要做好材料用量和材料价格控制两方面的工作来严格控制材料费。在材料用量方面：坚持按定额实行限额领料制度；避免和减少二次搬运等；降低运输成本；减少资金占用，降低存货成本。

（2）人工费的控制

1）人工费一般占工程全部费用的30%甚至更多，所占比例较大，所以要严格控制人工费，加强施工队伍管理；加强定额用工管理。主要是改善劳动组织、合理使用劳动力，提高工作效率；执行劳动定额，实行合理的工资和奖励制度；加强技术教育和培训工作；压缩非生产用工和辅助用工，严格控制非生产人员比例。加强对技术工人的培训，使用专业劳务操作班组，提高工人的熟练度，降低人工费用消耗。

2）从当前国内部分竣工的装配式建筑工程人工消耗数量的对比分析可以得到，人工消耗量降低了10%～15%，远远没有实现25%的预期。造成这种结果的原因是多方面的。除了装配式施工技术不够成熟及各环节的衔接还缺乏默契之外，施工技术工人的技能水平、熟练程度以及与机械配合的默契程度也有很大的影响。企业要有针对性的进行改进和优化，并且通过分段流水施工方法实现多工序同时工作，将有利于提高安装效率、降低安装成本。

（3）机械费的控制

根据工程的需要，正确选配和合理利用机械设备，做好机械设备的保养修理工作，避免不正当使用造成机械设备的闲置，从而加快施工进度、降低机械使用费。同时还可以考虑通过设备租赁等方式来降低机械使用费。

（4）间接费及其他直接费控制

主要是精减管理机构，合理确定管理幅度与管理层次，实行定额管理，制定费用分项分部门的定额指标，有计划地控制各项费用开支，对各项费用进行相应的审批制度。

（5）重视竣工结算工作

工程进入收尾阶段后。应尽快组织人员办理竣工结算手续。建筑工程项目施工成本控制措施对工程的人工费、机械使用费、材料费、管理费等各项费用进行分析、比较、查漏补缺，一方面确保竣工结算的正确性与完整性，另一方面弄清未来项目成本管理的方向和寻求降低成本的途径，项目部应尽快与建设单位明确债权债务关系，当建设单位不能在短期内清偿债务时，应通过协商，签订还款计划协议。明确还款时间，以减少催讨债务时的额外开支，尽可能将竣工结算成本降到最低。

### 4. 管理措施

（1）采用管理新技术

积极采用降低成本的管理新技术，如系统工程、全面质量管理、价值工程等，其中价值工程是寻求降低成本途径的行之有效的管理方法。建筑信息模型的建立、虚拟施工和基于网络的项目管理将会给装配式建筑起到革命性变化，经济效益和社会效益将会逐渐显现。

（2）加强合同管理和索赔管理

合同管理和索赔管理是降低工程成本、提高经济效益的有效途径。项目管理人员应保证在施工过程严格按照项目合同进行执行，收集保存施工中与合同有关的资料，必要时可根据合同及相关资料要求索赔，确保施工过程中尽量减少不必要的费用支出和损失，从法律上保护自己的合法权益。

(3) 控制预制构件采购成本

根据实证分析的结果，造成装配整体式混凝土结构建造成本高的主要原因是预制构件的采购成本较高。因此，在施工过程中要做好对预制构件采购成本的控制。大型装配式住宅组团项目预制构件需求量大，施工单位应根据设计方案事先确定需求量计划，与相关构件生产企业进行谈判，争取优惠的供货价格。同时，合理安排组团项目的施工进度计划，优化均衡构件进货时间，减少存货时间和二次搬运，降低构件的储存及吊装成本。加强材料的管理：把好采购关，在材料价格方面：在保质保量前提下，择优购料；降低采购成本；把好材料发放关，加强材料使用过程控制；加强大型周转性材料的管理与控制。

另外，为降低不合格品带来的采购成本的增加，应做到每批构件按质量验收规程进行验收，坚决避免不合格构件运到施工现场，从而降低返修成本，并避免由于二次运输带来的成本增加。

(4) 优化施工工序

1) 在施工过程中，要加强对施工工序的优化，缩短预制构件安装与现浇混凝土工序、其他辅助工序的间歇时间。装配式建筑施工中，预制构件安装是主要工序，同时也伴随着部分构件的现浇，为了进一步的优化施工，缩短工期，将预制构件拼装作为关键线路，其他工序应注意与其错开，使其能够平行施工，尽量缩短和减少关键线路的工序内容和工作时间。

2) 充分发挥大型装配式住宅组团项目的特点，合理组织流水施工，提高钢支撑、钢斜撑、模板等周转性材料的周转率。各工序间衔接顺畅，确保支撑能够及时拆除周转，防止局部积压和占用。此外，应对支撑组件进行改进，做到安拆简易、转运方便，避免拆卸转运对周转产生影响。

3) 改进预制构件安装施工工艺，提高预制构件安装精度，选择合适的起重吊装机械提高施工安装的速度，节省安装成本。预制构件安装的速度决定了安装的成本，比如预制剪力墙构件安装时，提高钢套筒灌浆连接或金属波纹管灌浆连接和螺旋箍浆锚连接方式的工作效率；加强预制构件安装质量控制，注意预制构件同相邻后浇混凝土之间的平顺非常重要。减少室内装修施工湿作业，进而降低装饰材料费用和人工费用。

4) 加强构件成品保护，由受到施工技术、人员操作熟练程度、场地限制、人工和机械的配合的影响，会造成构件的碰撞破坏，增加返修的次数。因此，在施工过程中，应对技术工人进行规范化和专业化施工的培训，保证操作的规范化、流程化，加强构件成品保护，避免由于操作不规范带来的不合格品的返工。

## 11.5.2 设计阶段降低成本诸项具体措施

### 1. 规划和设计方案阶段降低成本措施

由于设计对最终的造价起决定作用，因此项目在工程项目策划和初步设计方案阶段，就应系统考虑到建筑设计方案对深化设计、预制构件拆分设计、预制构件及部品生产、运输、安装施工环节的影响，合理确定方案，从项目规划角度对规模小区或组团项目提高装配化建筑预制率，规模出效益，大投入需要大产量才能降低投资分摊。

**2. 设计阶段降低成本措施**

（1）在设计阶段，在装配式施工和现浇施工这两种施工工艺并存的情况下，预制率越低、施工成本越高，因此必须提高预制率，减少预制构件种类规格，提高构件使用重复率，可以减少模具种类，提高模具周转次数，降低生产成本。

（2）应选择易生产、好安装的结构构造形式，不可人为地增大项目实施的难度，因为多元化个性化设计理念不利于产品标准化，造型复杂的构件如果采用预制，成本将大幅度提高；合理拆分构件模块，利用标准化的模块灵活组合来满足建筑要求，尽可能多采用设计标准图集，使构件生产成本下降。并合理设计预制构件与现浇连接之间的构造形式，降低生产和安装施工难度。采用外墙保温装饰一体化外墙板，节约成本并减少后期外装饰或外保温的施工费用。

（3）装配式结构多设计采用高强混凝土、高强高性能钢筋，使每平方米钢筋含量进一步降低，墙板适当减薄，增加室内使用面积，增加经济效益。

### 11.5.3 预制构件生产阶段降低成本诸项具体措施

**1. 预制构件生产成本分析**

装配整体式混凝土结构与传统建筑成本的差异主要是由生产方式的变化引起的。正是由于生产方式的变化造成作业内容的变化。成本的差异主要体现在直接费上。如果要使装配式结构的建设成本低于或接近传统现浇结构的成本，必须降低预制构件的生产、运输成本，使其低于或接近传统现浇模式的直接费，构件生产企业必须研究装配整体式混凝土结构的结构形式，改进生产预制构件制造工艺，从优化生产工艺、集成技术、节材降耗、提高生产和建造效率着手，综合降低装配整体式混凝土结构的建造成本。一些工业厂房和一些民用建筑中的构件属于高度标准化的产品，可以按制造业生产方式批量化连续性生产，形成工业品库存进行采购和销售。尽量减少增加生产成本的订单定制构件部品生产。

**2. 预制构件生产模具费用**

目前建筑预制构件生产普遍存在模具笨重和组模、拆模速度慢、生产效率低的弊端，且生产用钢模板当前一般为定制，成本较高，应革新模具构造并改进为流水线生产形式或固定模台方式，既提高生产效率也方便管理。同时采用磁性模板做边模，增加钢模板使用周转率，可延长模具平台的使用寿命5～10倍，大大降低模具成本。降低工厂措施摊销费用。

**3. 钢筋采用专业机械加工**

预制构件中使用的钢筋，无论是钢筋骨架还是钢筋网片，均可采用专业机械加工下料，减少绑扎钢筋人工费，提高工效，减少管理费用。

**4. 预制构件混凝土浇筑**

混凝土浇筑方面，可以采用半干硬性混凝土、挤压成型、震动成型、高频振捣、离心成型等工艺，采用专用养护窑高温养护，气温高时，采用太阳能养护，缩短构件占用场地时间，减少蒸汽能量及费用，减少管理费用。

**5. 现场生产存放构件场地方面**

与现场良好配合沟通，预制构件编号和摆放追求科学简洁，尽量将构件平放或立放，提高构件的运输效率，节省运费，减少管理费用。

# 参 考 文 献

[1] 国务院 . 中华人民共和国标准化法 [M]. 北京：中国民主法律出版社，2008.

[2] 国务院. 中华人民共和国建筑法 [M]. 北京：中国法制出版社，2010.

[3] 国务院. 建设工程质量管理条例 [M]. 北京：中国建筑工业出版社，2000.

[4] 国务院. 建设工程安全生产管理条例 [M]. 北京：中国建筑工业出版社，2004.

[5] 中华人民共和国住房和城乡建设部. 危险性较大的分部分项工程安全管理办法 [G]. 北京：中国建筑工业出版社，2009.

[6] 中华人民共和国住房和城乡建设部. 建设工程施工合同（示范文本）[M]. 北京：中国法制出版社，2013.

[7] 中国建筑工业出版社. 书稿著译编校工作手册 [M]. 北京：中国建筑工业出版社，2006.

[8] 中华人民共和国住房和城乡建设部. GB 50009—2012. 建筑结构荷载规范 [S]. 北京：中国建筑工业出版社，2013.

[9] 中华人民共和国住房和城乡建设部. GB T50204—2015 混凝土结构工程施工质量验收规范 [S]. 北京：中国建筑工业出版社，2015.

[10] 中华人民共和国住房和城乡建设部. GB 50300—2013 建筑工程施工质量验收统一标准 [S]. 北京：中国建筑工业出版社，2013.

[11] 中华人民共和国住房和城乡建设部. GB 50720—2011 建设工程施工现场消防安全技术规范 [S]. 北京：中国建筑工业出版社，2011.

[12] 中华人民共和国住房和城乡建设部. GB 50666—2011 混凝土结构工程施工规范 [S]. 北京：中国建筑工业出版社，2011.

[13] 中华人民共和国住房和城乡建设部. GB/T 51129—2015 工业化建筑评价标准 [S]. 北京：中国建筑工业出版社，2015.

[14] 中华人民共和国住房和城乡建设部. GB/T 51231—2016 装配式混凝土建筑技术标准 [S]. 北京：中国建筑工业出版社，2016.

[15] 中华人民共和国住房和城乡建设部. GB 50210—2001 建筑装饰装修工程质量验收规范 [S]. 北京：中国建筑工业出版社，2001.

[16] 中华人民共和国住房和城乡建设部. GB 50303—2002 建筑电气工程施工质量验收规范 [S]. 北京：中国建筑工业出版社，2002.

[17] 中华人民共和国住房和城乡建设部. GB 50242—2002 建筑给水排水及采暖工程施工质量验收规范 [S]. 北京：中国建筑工业出版社，2002.

[18] 中华人民共和国住房和城乡建设部. GB 50738—2011 通风与空调工程施工规范 [S]. 北京：中国建筑工业出版社，2011.

[19] 中华人民共和国住房和城乡建设部. JGJ—2010 建筑施工工具式脚手架安全技术规范 [S]. 北京：中国建筑工业出版社，2010.

[20] 中华人民共和国住房和城乡建设部. JG/T 398—2012 钢筋连接用灌浆套筒 [S]. 北京：中国标准出版社，2012.

[21] 中华人民共和国住房和城乡建设部. JGJ/T 258—2011 预制带肋底板混凝土叠合楼板技术规程 [S]. 北京：中国建筑工业出版社，2011.

［22］中华人民共和国住房和城乡建设部. JGJ1—2014 装配式混凝土结构技术规程［S］. 北京：中国建筑工业出版社，2014.

［23］中华人民共和国住房和城乡建设部. JGJ/T 185—2009 建设工程资料管理规程［S］. 北京：中国建筑工业出版社，2009.

［24］中华人民共和国住房和城乡建设部. JGJ 107—2010 钢筋机械连接技术规程.［S］. 北京：中国建筑工业出版社，2010.

［25］中华人民共和国住房和城乡建设部. JGJ 130—2011 建筑施工扣件式钢管脚手架安全技术规范［S］. 北京：中国建筑工业出版社，2011.

［26］中华人民共和国住房和城乡建设部. GJJ 300—2013 建筑施工临时支撑结构技术规范［S］. 北京：中国建筑工业出版社，2014.

［27］中华人民共和国住房和城乡建设部. JGJ 59—2011 建筑施工安全检查标准［S］. 北京：中国建筑工业出版社，2011.

［28］中华人民共和国住房和城乡建设部. JGJ 162—2008 建筑施工模板安全技术规范［S］. 北京：中国建筑工业出版社，2008.

［29］中华人民共和国住房和城乡建设部. JGJ 80—2016 建筑施工高处作业安全技术规范［S］. 北京：中国建筑工业出版社，2016.

［30］中华人民共和国住房和城乡建设部. JGJ 33—2012 建筑机械使用安全技术规程［S］. 北京：中国建筑工业出版社，2012.

［31］中华人民共和国住房和城乡建设部. JGJ 196—2010 建筑施工塔式起重机安装、使用、拆卸安全技术规程［S］. 北京：中国建筑工业出版社，2010.

［32］中华人民共和国住房和城乡建设部. JGJ 46—2005 施工现场临时用电安全技术规范［S］. 北京：中国建筑工业出版社，2006.

［33］中华人民共和国住房和城乡建设部. JGJ 55—2011 普通混凝土配合比设计规程［S］. 北京：中国建筑工业出版社，2011.

［34］中华人民共和国住房和城乡建设部. JGJ/T 157—2014 建筑轻质条板隔墙技术规程［S］. 北京：中国建筑工业出版社，2014.

［35］中华人民共和国住房和城乡建设部. JGJ 355—2015 钢筋套筒灌浆连接应用技术规程［S］. 北京：中国建筑工业出版社，2015.

［36］中华人民共和国住房和城乡建设部. JG/T 408—2013 钢筋连接用套筒灌浆料［S］. 北京：中国标准出版社，2013.

［37］中华人民共和国住房和城乡建设部. JC/T 829—2010 石膏空心条板［S］. 北京：中国标准出版社，2010.

［38］中华人民共和国住房和城乡建设部. GB/T 50358—2005 建设项目工程总承包管理规范［S］. 北京：中国建筑工业出版社，2005.

［39］山东省住房和城乡建设厅. DB37/T 5018—2014 装配整体式混凝土结构设计规程［S］. 北京：中国建筑工业出版社，2014.

［40］山东省住房和城乡建设厅. DB37/T 5019—2014 装配整体式混凝土结构工程施工与质量验收规程［S］. 北京：中国建筑工业出版社，2014.

［41］山东省住房与城乡建设厅. DB37/T 5020—2014. 装配整体式混凝土结构工程预制构件制作与验收规程［S］. 北京：中国建筑工业出版社，2014.

［42］中国建筑标准设计研究院. 装配式建筑系列标准应用实施指南［M］. 北京：中国建筑工业出版社，2016.

［43］济南市城乡建设委员会建筑产业领导小组办公室. 装配整体式混混凝土结构工程施工［M］. 北京：

中国建筑工业出版社，2015.

[44] 济南市城乡建设委员会建筑产业领导小组办公室. 装配整体式混凝土结构工程工人操作实务［M］北京：中国建筑工业出版社，2016.

[45] 全国一级建造师执业资格考试编写委员会. 建筑工程项目管理［M］. 北京：中国建筑工业出版社，2009.

[46] 注册建造师继续教育必修课教材编写委员会. 建筑工程［M］. 北京：中国建筑工业出版社，2012.

[47] 宋亦工. 节能保温施工工长手册［M］. 北京：中国建筑工业出版社，2009.